城 市 能 源
碳 中 和
丛 书

城市污水热能资源化
理论与技术应用

Theory and Technology Application of Urban
Sewage Thermal Energy Resource Utilization

张承虎 黄欣鹏 孙德兴 编著

中国建筑工业出版社

前　言

城市污水作为一种污物和能量的载体，在城市下水道中流动汇集，就像城市的血脉一样，不但将城市的污物进行汇集和输运，同时也将其蕴含的低品位热能进行汇集和输运。将城市污水的热能资源进行利用，是21世纪初兴起的城市污废再利用技术的重要组成部分。

城市污水热能资源化的早期阶段，在国家建筑节能政策和奖励的推动下，污水源热泵供暖工程如雨后春笋般异军突起，工程技术和一些特殊设备被很多工程师重视，发展迅速。这一阶段的特点是工程领先于理论，工程技术缺乏理论指导。作为高校的科研工作者，本书作者团队不但实施了我国最早的大型原生污水源热泵供暖工程，而且一直致力于污水热能资源化的应用基础理论研究，例如城市污水的热工特性、流变特性、流动与换热特性、污垢特性、防阻原理等，期望奠定城市污水热能资源化的理论根基，保障污水热能资源化技术的健康成长。进入21世纪的第二个十年，污水热能资源化的工程技术日渐成熟且多样化。城市污水是一种资源的观点开始被越来越多的人接受，并受到越来越多的关注。城市污水作为一种公共社会资源，它的合理利用、公平分配、科学规划与严格监管已被提上日程。作者团队最早展开了污水热能资源化的城市级规划与评估研究及实践工作。城市污水热能资源化利用接受统筹规划和政府监管，标志着城市污水热能资源化市场的成熟。

全书内容广泛且具有前瞻性，共分三篇十四章。第1篇为"污水工质的热工特性"，主要介绍污水热能资源化的应用基础理论与成果，内容包括：①污水成分及基本热工参数；②污水流变特性与本构方程；③污水的流动特性；④污水的换热特性；⑤污水的软垢特性。第2篇为"污水热能资源化工程技术"，主要介绍污水源热泵的主流工程技术与设备，内容包括：①污水源热泵系统形式与结构；②污水输送换热系统；③污水防阻原理与设备；④污水换热器；⑤污水源热泵系统设计。第3篇为"污水热能资源评估与规划"，主要介绍城市污水热能资源化的规划与节能环保评估方法，内容包括：①城市污水热能资源勘察技术；②城市污水热能资源评估技术；③城市污水热能资源化环境评估技术；④城市污水热能资源规划技术。

　　本书在编著过程中力求内容深度的层次清晰，既能满足普通的非专业读者，又可满足专业人士的需要。对前者写出的是知识普及性的内容，对后者则是有相当深度的科研内容。两者被编排在一本书里，读者可以自行选择阅读不同的章节。本书除可作为建筑环境与能源应用工程及其相关专业本科生、研究生的教学参考书，也可以作为相关课程的选用教材；同时也合于建筑能源设计与运维人员阅读参考，让读者在阅读和学习后对污水热能资源化技术有较为全面的了解。

　　本书将作者团队近二十年来在污水热能资源化利用领域取得的成果与经验进行了整理与总结，与同行相互交流和学习，以共同推动我国建筑节能减排事业的发展。在此，对作者团队的成员张吉礼、吴荣华、马广兴、钱剑锋、刘志斌、吴学慧、徐莹、庄兆意、吴德珠、肖红侠、李桂涛、黄磊、李鑫、潘亚文、刘晓鑫、赵明明、魏巧兰、孙琼、潘文琦、蒙建东、张力隽、徐猛等多年来付出的辛苦工作表示衷心感谢。限于作者水平，书中难免存在疏漏和不妥之处，敬请广大读者批评指正。

目　录

第1篇　　　污水工质的热工特性

第2篇　污水热能资源化工程技术

第 1 篇

污水工质的热工特性

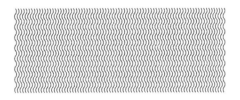

第 1 章

污水成分及基本热工参数

　　城市污水中蕴含有丰富的低位热能，作为建筑的冷热源具有巨大的开发利用价值。城市污水的水质极为恶劣，其热工和流动性能与清水有很大不同，而污水处理厂的二级出水（排放水）水质接近清水，但多位于远离城市建筑群的郊区。因此真正具有巨大开发利用价值的是遍布城区污水渠中的原生污水。

　　本章详细阐述了城市污水物理和化学成分以及污水热工参数等相关概念，并对污水的分类做出梳理，从污水种类、污水的固态悬浮物成分、污水的水质指标、污水基本热物性参数四个方面分别进行阐述。

1.1　污水种类

1.1.1　污水按水质分类

　　按照水质划分，目前能回收利用的污水主要有城市原生污水、一级污水、二级污水三类，表 1-1 为三类污水主要情况对比。

三类城市污水对比　　　　　　　　　　　　　　　　　　表 1-1

	原生污水	一级污水	二级污水
处理措施	无	物理处理	生化处理
大尺度污杂物	很多	很少	无
微尺度污杂物	很多	较多	很少
生化成分	很多	很多	较少
空间的优越性	有	无	无
堵塞情况	严重	轻微	无
结垢情况	较严重	中等	轻微
腐蚀情况	不严重	不严重	轻微
应用前景	广阔	受限	受限

　　原生污水就是未经任何手段处理的污水。具有两大特点：其一，原生污水在空间位置上普遍存在于城市污水管渠网络中，即空间优越性；其二，原生污水中含有大量的大、小、微尺度的污杂物和复杂的生物化学成分，即成分恶劣性。

　　一级污水是指原生污水经过汇集输运到污水处理厂之后，经过隔栅过滤或沉砂池沉淀后没有经过任何生化处理的污水。工程中目前普遍在经过沉砂池后的污水中取热，利用的就是一级污水。

二级污水是指经过物理处理后的一级污水再通过活性污泥法或生物膜法等生化方法进行深度处理后的城市污水。工程中如果在污水处理厂的污水排放口处进行取热，利用的一般为二级污水。

1.1.2　污水污物性质分类

根据工程经验以及相关文献可知，堵塞换热器的污杂物成分主要为大尺寸的柔性污杂物或者某一维尺寸较大的污杂物。柔性污杂物在壳管换热器封头部位减速，容易在涡流中产生变形，增加了其黏附挂壁的概率，经过长期积累，最终堵塞换热器换热管的管头。某一维尺寸较大的污杂物与同体积的球状或者块状污杂物相比较，前者穿过上游过滤装置的概率比后者要大许多，因此也容易造成壳管换热器堵塞。显然，在对污杂物的尺寸进行分类之后，仍需对其性质和形状进行分类。

污杂物性质指污杂物在流动过程中其外观形状是否可能发生明显变化，即其变形能力，变形能力较好的污杂物更容易堵塞换热器。污杂物性质可分为硬性、脆性、柔性三类：

（1）硬性污杂物在运动过程中，其尺寸和形状基本不变；

（2）脆性污杂物主要是各种未完全腐烂有机物的松散结合物，经过搅拌和碰撞容易碎裂成更小的颗粒，可一定程度上减轻过滤装置的负荷；

（3）柔性污杂物几乎可以变化为各种形状，一旦穿透滤网，将给换热器造成堵塞危险。

1.1.3　污水污物性状分类

污杂物的形状可分为五类：球状、块状、条状、片状、丝状。

（1）球状污杂物的三维尺寸较均匀，主要是细颗粒的泥沙等，一般为硬性；

（2）块状污杂物的三维尺寸比约为 1∶10∶10，一维尺寸比其他两维要小一个数量级，主要是植物茎根、腐木、橡胶等，一般为硬性或者脆性；

（3）条状污杂物的三维尺寸比约为 1∶1∶10，两维尺寸比另一维要小一个数量级，主要是树枝、腐骨等，一般为硬性或者脆性；

（4）片状污杂物的三维尺寸比约为 1∶100∶100，一维尺寸比其他两维要小两个数量级，主要是树叶、动物毛皮、塑料袋碎片等，一般为脆性或者柔性；

（5）丝状污杂物的三维尺寸比约为 1∶1∶100，两维尺寸比另一维要小两个数量级，主要是毛发、纤维等，一般为柔性。

1.2   污水的固态悬浮物成分

1.2.1   污水污物的分级浓度

实际工程中过滤装置的网眼只有一种尺寸，例如4mm，被其过滤截留的污杂物尺寸可能比4mm大，也可能比其小，但是我们一般认为这些污杂物的尺寸大于4mm。为了能用一维尺寸客观地描述污杂物的大小，规定在一定条件（时间和流速）下被一定直径的滤网充分过滤所截留的污杂物即为尺寸在这一直径以上的污杂物，其滤液再被另一较小直径的滤网充分过滤所截留的污杂物即为尺寸在这两个直径之间的污杂物。另外，由于实际工程中都是以污水的体积流量作为设计或运行参数的，因此污水污杂物采用质量—体积浓度更为合理实用。污杂物的分级浓度即为单位体积所含某一直径以上或某二直径之间的污杂物的湿质量，单位为kg/m^3，其计算式为：

$$c_i = \frac{\Delta M_{i,i+1}}{V} \tag{1-1}$$

式中 c_i——分级浓度，kg/m^3；

$\Delta M_{i,i+1}$——介于d_i和d_{i+1}的滤网孔径之间的污杂物质量，kg；

V——污水的体积，m^3。

湿质量指在短时间内滴尽聚集态液态水之后的过滤截留物的质量，采用湿质量的目的也是为了可以直接用于工程实际。例如$2\sim3mm$污杂物的浓度为$0.25kg/m^3$，即$1m^3$污水被$3mm$滤网充分过滤之后再被$2mm$滤网充分过滤所截留污杂物的湿质量为$0.25kg$。规定$0\sim1mm$的污杂物浓度为单位体积的$1mm$滤网污水滤液再经滤纸过滤截留物的质量。因此，各分级浓度之和即为污杂物总浓度，其计算式为：

$$c = \sum_i^n c_i \qquad i = 0, 1, \cdots, n \tag{1-2}$$

由以上两式也可以推得污杂物的总浓度为：

$$c = \frac{M}{V} \tag{1-3}$$

式中 c——污杂物的浓度，kg/m^3；

M——污杂物的质量，kg；

V——污水的体积，m^3。

1.2.2   污水污物分级浓度的测量方法

实验器材：网眼直径分别为$1mm$、$2mm$、$3mm$、$4mm$、$5mm$、$8mm$的钢质滤筛，厚$0.8mm$，滤孔等边三角形分布，孔心距与直径之比为$3:2$；体积为$0.050m^3$的量桶两个；精度为$0.01g$的天平；搅拌器。

取水方法：模拟实际工程取水状态，将污水干渠进行充分搅拌，并从污水干渠中底部，利用吊桶人工取水$50L$。

实验步骤：由大到小进行污杂物尺寸级别测定。先将污水通过 8mm 网眼的滤筛倒入量桶，再将滤筛浸入水中，用搅拌器缓慢地搅拌滤筛内的污水，5min 之后称量被截留污杂物的湿质量，即为尺寸在 8mm 以上的污杂物湿质量。将上述滤液再通过 5mm 网眼的滤筛倒入另一个量桶，同样的方法可测得尺寸在 5~8mm 之间污杂物的湿质量。通过计算可得各级尺

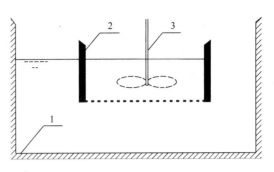

图 1-1　分级浓度测试装置简图
1—量桶；2—滤筛；3—搅拌器

寸污杂物的质量—体积浓度。同一地点进行 5 次取水测量，取平均值作为实验结果。实验过程中同时按照上述污杂物的性质和形状分类方法，对过滤截留物进行分类测量和统计。实验装置如图 1-1 所示。

1.2.3　分级浓度测量案例

按照上节所述方法，选择两个不同取水点进行测量。

（1）取水地点一为哈尔滨市南岗区嵩山路污水干渠，渠宽 1.2m，水深 0.25m，流速 0.14m/s，属小型干渠。附近有两所高校、多家饭店。测试时间：下午 2：00 到 3：00。实验测得结果如表 1-2 所示。

通过计算，各种尺寸的污杂物占总质量的比例如图 1-2 所示。可以看出其中小于 4mm 污杂物的总浓度占 57%，约为 1.5kg/m³；大于 4mm 的污杂物占 43%。约为 1.13kg/m³。

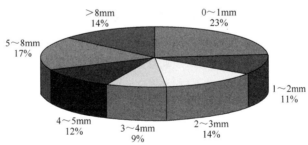

图 1-2　取水点一污杂物的分级百分比

取水点一污水的各级尺寸污杂物的质量—体积浓度　　表 1-2

尺寸	0~1mm	1~2mm	2~3mm	3~4mm	4~5mm	5~8mm	>8mm	总浓度
硬性	0.610	0.252	0.303	0.174	0.126	0.119	0.074	1.658
脆性	0.000	0.000	0.000	0.008	0.016	0.029	0.026	0.079
柔性	0.013	0.035	0.061	0.040	0.160	0.317	0.266	0.892
球状	0.610	0.180	0.198	0.078	0.072	0.071	0.039	1.248

续表

尺寸	0~1mm	1~2mm	2~3mm	3~4mm	4~5mm	5~8mm	>8mm	总浓度
块状	0.000	0.087	0.087	0.072	0.095	0.110	0.063	0.514
条状	0.000	0.000	0.025	0.016	0.028	0.062	0.058	0.189
片状	0.000	0.000	0.012	0.019	0.044	0.107	0.091	0.273
丝状	0.013	0.020	0.042	0.037	0.063	0.115	0.115	0.405
浓度	0.623	0.287	0.364	0.222	0.302	0.465	0.366	2.629

三种性质的污杂物占各种尺寸污杂物的比例如图 1-3 所示。可见尺寸越小，柔性成分越少，越不容易堵塞换热器，而随着尺寸的增大，柔性成分的比例大幅度增加，且脆性成分所占比例较小。各种形状污杂物占各种尺寸污杂物的比例如图 1-4 所示。与污杂物的性质规律类似，尺寸越小，球状比例越大，随着尺寸增大，条状、片状、丝状相继出现且比例逐渐增加。

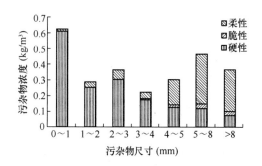

图 1-3 取水点一污杂物的性质特点   图 1-4 取水点一污杂物的形状特点

数据表明，大于 4mm 的污杂物总浓度为 1.133kg/m³，其中柔性成分和丝片状成分较多，比较容易被过滤装置截留清除，但是该浓度是一般普通过滤装置难以承受的。例如，1 万 m² 的某工程大约需要污水 150m³/h，则每天污杂物截留量为 4.08t。

取水点一测定数据可作为商业服务区域污水的典型，同时也可作为小型干渠的代表。测试时间在下午 2：00 到 3：00，正是午餐完毕洗刷盘碟的高峰期，水量和污杂物浓度都较高，因此其数据可作为商业服务区内小型干渠污水污杂物浓度的高峰值。

（2）取水地点：为哈尔滨市道外区南勋街污水干渠，渠宽 2.0m，水深 0.5m，流速 0.23m/s，属中型干渠。附近有住宅小区、多家浴池和饭店。测试时间：晚间 9：00 至 10：00 时。实验测得结果如表 1-3 所示。

取水点二污水的各级尺寸污杂物的质量—体积浓度   表 1-3

尺寸	0~1mm	1~2mm	2~3mm	3~4mm	4~5mm	5~8mm	>8mm	浓度
硬性	1.895	0.271	0.094	0.062	0.060	0.124	0.188	2.694
脆性	0.000	0.000	0.002	0.004	0.010	0.032	0.124	0.172
柔性	0.000	0.049	0.019	0.014	0.035	0.096	0.358	0.571

续表

尺寸	0~1mm	1~2mm	2~3mm	3~4mm	4~5mm	5~8mm	>8mm	浓度
球状	1.895	0.276	0.081	0.041	0.034	0.061	0.121	2.509
块状	0.000	0.018	0.014	0.014	0.017	0.062	0.131	0.256
条状	0.000	0.012	0.007	0.009	0.016	0.034	0.084	0.162
片状	0.000	0.000	0.003	0.006	0.012	0.027	0.105	0.153
丝状	0.000	0.014	0.010	0.010	0.026	0.068	0.229	0.357
浓度	1.895	0.320	0.115	0.080	0.105	0.252	0.670	3.437

　　各种尺寸的污杂物占总质量的比例如图 1-5 所示。可以看出其中小于 4mm 污杂物的总浓度占 70%，约为 2.4kg/m³；大于 4mm 的污杂物占 30%，约为 1.0kg/m³。与取水点一不同，0~1mm 的污杂物占据很大比例，而且>8mm 的污杂物所占比例也很突出。对于前者，分析其原因为该时段的中型干渠污水污杂物的化学和物理分解都比较充分；对于后者，通过对截留污杂物的观察发现，这部分污杂物中含有许多大长度的丝状或者片状污杂物，它们要么分割网眼，使网眼尺寸变小，要么贴附于网眼将其堵塞，因此许多小于 8mm 的污杂物也被截留。

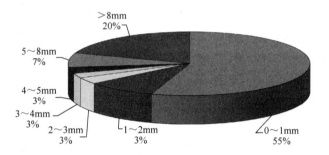

图 1-5　取水点二污杂物的分级百分比

　　污杂物的各种性质成分和形状成分所占比例如图 1-6 和图 1-7 所示，呈现出与取水点一相同的规律。堵塞危险程度较高的污杂物主要集中在 4mm 以上。

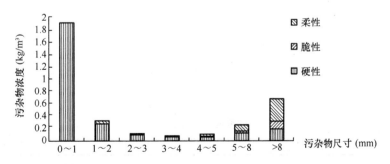

图 1-6　取水点二污杂物的性质特点

　　取水点二测定数据可作为住宅生活区域污水的典型，同时也可作为中型干渠的代表。测试时间在夜晚 9：00 到 10：00 之间，已是用水低峰期和污水汇流期，水量和污杂物浓度较为稳定，因此该数据可作为住宅生活区内中型干渠污水污杂物浓度的平均值。

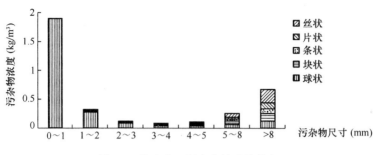

图 1-7　取水点二污杂物的形状特点

1.3　污水的水质指标

污水水质是对污水进行处理的关键之一，水质表征的主要参数为污水的温度、COD、BOD5、SS、pH 等。

COD：化学需氧量，是指在一定条件下，用强氧化剂处理水样时所消耗氧化剂的量，以所需氧的毫克数来表示。化学需氧量反映了水受还原性物质污染的程度。

BOD5：五日生化需氧量，是指在规定条件下，微生物分解存在水中的某些可氧化物质（特别是有机物）所进行的生物化学过程中消耗溶解氧的量。五日生化需氧量反映了水体中可被生物降解的有机物的含量。

SS：悬浮物，是指在 103～105℃烘干的总不可滤残渣。水中存在悬浮物时会使水体浑浊，降低透明度，影响水生生物的呼吸和代谢。

TN：总氮，是衡量水质的重要指标之一，水体中含有一定量的氮时，会造成浮游生物繁殖旺盛，出现富营养状态。

NH3-N：氨氮，以游离氨或氨盐的形式存在于水中。水中氨氮的来源主要为生活污水中含氮有机物受微生物作用的分解产物。测定水中氨氮含量，有助于评价水体被污染和"自净"状况。

TP：总磷，磷是生物生长的必须元素之一，但水体中磷含量过高，可造成藻类的过度繁殖，使水体富营养化。

水温：影响生化反应速度的重要指标。

依据国家环境保护总局水和废水监测分析方法编委会编制的《水和废水监测分析方法》，各项水质指标检验方法如表 1-4 所示。

监测项目及分析方法　　　　　　　　　　　　　　　　　　表 1-4

项目名称	分析方法
COD	重铬酸钾法
BOD	稀释培养法
NH3-N	纳氏分光光度法
TN	过硫酸钾氧化—紫外分光光度法
TP	铝锑抗分光光度法
SS	重量法

在测试过程中，每天 24h 连续取样，每 2h 测量一次所监测的项目。该项测试主要在污水处理厂的水质监测实验室完成。

1.4　基本热物性参数

城市污水在不同的处理阶段有着不同的组成成分，不同阶段的污水有如下定义。

原生污水：直接从污水干渠中底部抽取的，没有经过任何物理、化学、生物处理的污水。水力连续滤面再生装置处理的就是这种污水。

污水粗滤液：为了防止污杂物阻塞换热设备，一般都要对原生污水进行过滤，滤网尺寸一般在 3~5mm，经过这种粗效过滤后得到的只含有小尺度污杂物的滤液称为污水粗滤液。污水换热器处理的就是污水粗滤液，其比热容、导热系数、密度等热工参数均会对对流换热产生影响，此外，粗滤液的成分与换热器的软垢污染也有紧密联系。

污水本体：污水粗滤液经过滤纸过滤后所得滤液称为污水本体。

城市原生污水是一种典型的固液两相流，为了便于实验和理论分析，可以合理假设污水粗滤液是污水本体与小尺寸污物的简单物理混合。由于一种液体中加入少量小尺度固体微杂物后，形成的新固液两相流体与其本体在流变特性上没有本质上的变化，所以要研究原生污水的流变特性只需对污水本体进行流变实验。此外，基于质量分数加权的混合流体的比热容、导热系数及基于体积分数加权的密度仍然是合理可用的。鉴于实验条件的限制，目前主要采取质量分数加权的方法来分析污水粗滤液的热工参数。

污水粗滤液的比热容、导热系数、密度按下式计算：

$$\rho_{sf} = \rho_{sb} \cdot \varphi_{sb} + \sum \rho_i \cdot \varphi_i \tag{1-4}$$

$$c_{sf} = c_{sb} \cdot \frac{\rho_{sb}}{\rho_{sf}} \cdot \varphi_{sb} + \sum c_i \cdot \frac{\rho_i}{\rho_{sf}} \cdot \varphi_i \tag{1-5}$$

$$\lambda_{sf} = \lambda_{sb} \cdot \frac{\rho_{sb}}{\rho_{sf}} \cdot \varphi_{sb} + \sum \lambda_i \cdot \frac{\rho_i}{\rho_{sf}} \cdot \varphi_i \tag{1-6}$$

式中　φ ——污水各成分的体积比例；

ρ ——污水各成分的密度，kg/m^3；

c ——污水各成分的定压比热容，$J/(kg \cdot K)$；

λ ——污水各成分的导热系数，$W/(m \cdot K)$；

sf——污水粗滤液；

sb——污水本体；

i——第 i 种固态污物成分。

仍然采用 1.2.2 节中的测量方法，实际测量了取水点二的污水粗滤液成分的数据。为了便于分析，将粗滤液用滤纸过滤后，测量污物的总体积，再将污物分成黏土类、细沙类、有机颗粒类、纤维类、纸屑类等五大类，洗净晾干后分别测量其体积。测得相关参数如表 1-5 所示。

可假设污水本体的比热容和导热系数与清水相同，且后续的数据分析表明，这一假设是合理的。在温度为 20℃，压力为哈尔滨地区正常的冬季室内大气压下，取水点一进行 5 次测量的平均密度为 998.8kg/m³，取水点二进行 5 次测量的平均密度为 999.3kg/m³。

将其数据代入式(1-4)、式(1-5)、式(1-6)中，计算可得污水粗滤液的相关热工参数如下：污水粗滤液的密度为 992.87kg/m³，污水粗滤液的比热容为 4.054kJ/(kg·K)，污水粗滤液的导热系数为 0.598W/(m·K)。

取水点二的污水粗滤液各成分的相关热工参数　　　　　　　　表 1-5

	污水本体	黏土类	细沙类	有机颗粒类	纤维类	纸屑类
体积分数(%)	94.8	1.4	1.7	0.9	0.7	0.5
密度(kg/m³)	999.3	880	1420	230	500	700
质量分数(%)	95.4	1.2	2.4	0.2	0.4	0.4
比热容[kJ/(kg·K)]	4.183	1.17	1.51	1.84	0.88	1.47
导热系数[W/(m·K)]	0.599	0.94	0.59	0.057	0.027	0.17

将之与清水的相关参数进行比较，可以看出，污水粗滤液的密度、比热容、导热系数都较小。利用清水相关参数进行工程设计计算所带来的相对误差分别为：

$$\Delta\rho = \frac{\rho_w - \rho_{sf}}{\rho_{sf}} = \frac{998.2 - 992.87}{992.87} \times 100 = 5.37\%$$

$$\Delta c = \frac{c_w - c_{sf}}{c_{sf}} = \frac{4.183 - 4.054}{4.054} \times 100 = 3.18\%$$

$$\Delta\lambda = \frac{\lambda_w - \lambda_{sf}}{\lambda_{sf}} = \frac{0.599 - 0.598}{0.598} \times 100 = 0.17\%$$

不难看出，在数据缺乏的情况下，可以利用清水数据进行近似考虑，其带来的误差在可接受范围内。若是为了精确地了解污水粗滤液的热工参数，必须对污水本体进行比热容和导热系数的测定。

第2章

污水流变特性与本构方程

城市原生污水是一种固液两相且固相多组分流体，污物的尺度分布广且不规则，其微观的流动机理是十分复杂的。两相流体力学模型分为双流体模型、扩散模型和单流体模型。双流体模型主要是采用宏观方法，对固液两相以连续性方程和 N-S 方程为基础进行分析和计算。相对于双流体模型，扩散模型是一种近似模型，其近似程度依赖于扩散速度式的完善程度。单流体模型可分为牛顿流体型和非牛顿流体型，对于固—液两相流，当两相的浓度和速度差比较悬殊，且固相成分的浓度和速度都较小时，可采用非牛顿流体模型。考虑到污水中固相颗粒所占的质量比例甚少（0.2%～0.4%），以及在作为工质运行时，固相成分与液相成分充分混合，并且城市污水冷热源系统需要的是污水宏观的流动与换热特性，因此可将城市污水视为均质的非牛顿流体，并将其固相污物存在的影响归结到非牛顿流体黏度特性之中。

根据流体力学理论，流体层间的剪切是最基本的流动特性，如果准确掌握了流体在流动过程中的剪切特性，理论上可以准确地推导出速度分布、流动阻力与换热等一系列关系式。本章将对城市污水进行流变特性实验，给出其本构方程，并对其精度进行分析与评价。

2.1 流变特性辨识基础

黏度是根据牛顿内摩擦定律来定义的，对于非牛顿流体，其表观黏度仍是效仿牛顿流体黏度的定义而来。但是由于非牛顿流体的黏度在一定的温度和压力下不是常数，影响因素甚为复杂，至今对于非牛顿流体的"黏度"的定义还不统一，以至在有关文献中符号不同，内容各异。常见的对非牛顿流体黏度的简述有如下内容：

对牛顿流体来说，黏度为：

$$\mu = \frac{\tau_{\mathrm{w}}}{\left|\dfrac{\mathrm{d}u}{\mathrm{d}y}\right|} = \frac{\dfrac{\Delta PD}{4L}}{\dfrac{8u}{D}} \tag{2-1}$$

式中　　ΔP——压降，Pa；

L——管长，m；

u——断面平均流速，m/s。

对于非牛顿流体，由于 $\left|\dfrac{\mathrm{d}u}{\mathrm{d}y}\right| \neq \dfrac{8u}{D}$，因此仿效牛顿流体来定义黏度，会出现两个黏度的概念，即

表观黏度：

$$\eta = \frac{\tau}{\left|\dfrac{\mathrm{d}u}{\mathrm{d}y}\right|} \tag{2-2}$$

有效黏度：

$$\eta_e = \frac{\dfrac{\Delta PD}{4L}}{\dfrac{8u}{D}} \tag{2-3}$$

式中　η_e ——有效黏度，Pa·s。

一般来说，如果黏度计直接测出的是剪应力和应变速度 $\dfrac{\mathrm{d}u}{\mathrm{d}y}$，则使用表观黏度。若直接测出的是流量和压降等管流数据，则使用有效黏度。在有些流变实验装置中，直接测出的就是流量和压降的数据，整理得到的黏度即是有效黏度。

2.2 非牛顿流体流变测量的特点及方法

2.2.1 非牛顿流体流变测量的特点

流变参数是非牛顿流体固有的物料参数，是表征流变特性的特征量。由于非牛顿流体在物质结构上的复杂性，其流变测量比牛顿流体复杂得多。非牛顿流体的流变测量主要有以下特点：

(1) 非单项性：对于牛顿流体，剪应力 τ 和剪应变速度 $\dot{\gamma}$ 呈线性分布，本构方程由动力黏度 μ 一项就可完全确定。即牛顿流体的流变测量，只进行动力黏度 μ 的单项测量。

非牛顿流体的流变特性，需要2个或3个乃至更多的参数来表征。例如，通常表征假塑性流体和胀塑性流体特性的稠度系数 k 与流动指数 n；表征宾汉流体特性的屈服值和塑性黏度 η_p；表征卡森流体特性的卡森屈服值 τ_0 及卡森黏度 η_c 等。对于触变性流体和震凝性流体，流变特性除由稠度系数和流动指数表征外，还涉及测量的过程。至于黏弹性流体，尚需要测量动黏度、法向应力等量值。

(2) 非单值性：常见的非牛顿流体的表观黏度，不是唯一确定值，随剪切变形速度（或剪应力）变化而变化。因此，往往需要在较宽的范围内测量相对于不同剪应变速度的表观黏度值，或者实测 τ-$\dot{\gamma}$ 曲线以满足工程要求。

(3) 非可逆性：对于时变性非牛顿流体，如触变性流体和震凝性流体，表观黏度不仅与剪应变速度有关，还与剪切作用持续时间有关，因此需要根据测量过程来判定所得数据的应用可靠性。

2.2.2　非牛顿流体流变测量的方法

非牛顿流体流变参数一般是在一定条件下，通过对试料施加剪应力（或变形），跟踪受力后的应变（或应力）对时间的函数关系而得到。所施加的剪应力在理论上应是简单解析的，在实验上应是能够实现的。对于不同的测量系统，测量原理和方法不尽相同。

1. 细管式流变仪

细管式流变仪是最早应用于流变测量的仪器。Hagen-Poiseuille 公式建立了剪切应力与剪应变速率的关系，为细管式流变仪测定牛顿流体的黏度奠定了理论基础。在 1890 年 Couette 设计的同轴旋转黏度计问世前，细管式流变仪是测量黏度的唯一手段。由于其结构简单、便于设计制造，至今仍有着广泛应用。

细管式流变仪是通过测量细管内恒定剪切流的压降和流速，推算剪应力与剪应变速率的关系，从而测定流体的黏度。细管式流变仪的原理是在以下假设基础上建立的：①黏性层流；②恒定流；③均匀流；④沿管壁无滑动。其优点为：①结构简单、便于设计制造；②仪器装料比较容易；③在测量黏度的同时，还可以根据挤出物膨大的数据粗略估计聚合物的黏弹性；④可以用来研究影响挤出物表面组织结构的因素和聚合物熔体破裂现象。缺点为：①考虑到毛细管入口处黏性和弹性效应所产生的非理想情况的影响，为了得到正确的黏度值，通常需要对细管式流变仪的测量数据进行修正；②流体沿管壁无滑动是细管式流变仪的原理中的一个假定，如果出现滑移，测量结果将有很大的误差；③如果测量时间过长，可能出现悬浮液沉淀的现象，影响测量数据的准确性。

测量原理为 Hagen-Poiseuille 公式：

$$Q = uA = \frac{\pi r^4 \Delta P}{8 \mu L} \tag{2-4}$$

式中　　ΔP ——压降，Pa：

r ——圆管半径，m；

L ——细管式流变仪测试段管长，m。

2. 旋转流变仪

旋转流变仪的原理是依靠旋转运动，形成简单剪切流，从而测定液体的黏度。很多旋转流变仪还可以同时测量动态参数或法向应力。旋转流变仪有两种方式引起流动：一是驱动旋转，测定力偶，这种方法由 Couette 于 1888 年率先发明；另一种是施加力偶，测定旋转速率，这种方法由 Searle 于 1912 年发明。根据系统结构的不同，旋转流变仪又可以分为同轴圆筒式、锥板式和平行板式三种类型。

（1）同轴圆筒式流变仪

这种流变仪的测量系统采用圆柱形转筒，向同轴的内、外筒中间的环形空间填入流体，旋转形成简单剪切流，从而测定液体的黏度、法向应力和动态参数。由于其适用范围广、测量精度高且操作方便，自 1890 年问世以来得到普遍的重视，现在已经成为最常用的流变仪。

（2）锥板式流变仪

锥板式流变仪是另一种常见的流变仪，由一个圆平板和一个线性同心锥构成，平板和锥体之间的狭窄空隙内填充被测流体。锥板式流变仪分为旋转圆锥—定平板系统和旋转平板—定圆锥系统两类。主要优点有：①整个被测流体的切变速率均相同，这对聚合物熔体的测定尤为重要；②试样用量少，所以这种流变仪特别适合只能得到很少被测流体的流变测量，在高剪切速率下产生的热量也比同轴圆筒式流变仪少；③样品装填容易，测试结束后试样回收和仪器的清理也非常方便，适用于一些价值很高、需要回收被测试样的测定工作。

其基本的测量原理为：

$$\eta = \frac{3\alpha M}{2\pi R^3 \omega} \tag{2-5}$$

$$\tau = \frac{3M}{2\pi R^3} \tag{2-6}$$

式中　α——锥体与平面的夹角，rad；

　　　ω——锥体的旋转角速度，rad/s；

　　　M——当转子测头以角速度 ω 旋转时所需的扭矩，N·m；

　　　R——圆板的半径，m。

（3）平行板式流变仪

平行板式流变仪是将黏性流体置于两块平行圆板之间，其中一圆板以一定的角速度旋转，另一圆板固定，用扭丝悬吊，由扭丝偏转角测量剪切力矩。平行板式流变仪的原理是在以下假设基础上建立的：①平行板间流体的运动是层流；②平行板间流体的运动是恒定流；③流体与圆板间没有滑动；④两平板上下同轴。

平行板式流变仪的基本计算公式是：

$$\eta = \frac{2hM}{\pi R^4 \omega} \tag{2-7}$$

式中　h——平板转子测头与板底间的距离，m。

这类流变仪的缺点及其对实验结果的影响有：①转子测头板顶和板必须保持上下同轴，任何微小的偏斜都会造成非常大的系统误差；②在高速旋转时，由于离心力的作用试样可能会被甩出或在转子测头板顶与板中间形成中空，这样就造成流体与圆板之间的滑动，影响测量的准确性；③如果样品中有粒子存在，就不得不考虑粒子的大小对间距的影响。通常间距都选择粒子大小的十倍，但是如果间距太大，旋转时容易造成上平板和样品之间产生滑移。因此，平板间距不宜大于1mm，还应对试样进行充分的搅拌，以使水样中的固体颗粒与液体达到均匀混合的程度。

3. 其他常见的流变仪

（1）落体式黏度计：包括落球、滚球和圆柱下落等类型，原理是根据物体在流体中下落一定距离所用时间计算出流体的黏度；

（2）气泡黏度计：在试样中注入一定量的空气，根据气泡的上升速度求得液体的黏度；

（3）杯式黏度计：根据杯中一定体积液体的倒空时间来粗略判断流体的黏度，特点是造价低、操作简单，缺点是数据的准确性差，仅用于对精度要求不高的场合。

通过以上的介绍可以发现，在众多的流变仪中选择一种最适合的流变测量方法绝非易事。各种流变仪的特点已在上面进行了简要的分析，如何根据被测试样和客观条件选择适合仪器，则需要综合考虑以下几方面：

（1）被测物质的黏度范围：应对被测试样的黏度有大致估计，进而选择适当的仪器；

（2）流变仪的剪切速率范围：黏度的测量应在合适的剪切速率范围内进行以保证正确性和精度，所以选择仪器前应对实际的剪切速率有估算；

（3）动态振荡和温度宽度；

（4）对时变性的要求；

（5）仪器的精度和自动化程度；

（6）仪器的价格；

（7）仪器的稳定性和维修是否方便。

2.3　污水的流变特性

2.3.1　水平管式流变实验

1. 理论基础

在进行实验数据处理之前，应对水平管式流变仪的原理及相关的公式进行推导。首先需要建立管流中压降和切应力的关系，即均匀流动方程式，此式可根据均匀流动的力平衡关系得到。

考虑流体在内径为 $2R$ 的圆管中进行层流流动，在速度分布稳定段中取一段长度为 L 的控制体，如图 2-1 所示，设控制体两断面的压降为 ΔP。设想控制体内半径为 r 的圆柱面上的剪应力为 τ，则可建立剪应力与压降的关系：

$$2\pi rL\tau = \pi r^2 \Delta P \tag{2-8}$$

式中　　τ——半径为 r 处的切应力，Pa。

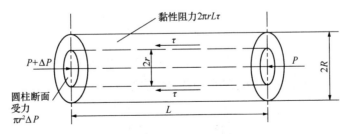

图 2-1　控制体受力图

于是可得：

$$\tau = \frac{\Delta P r}{2L} \tag{2-9}$$

管壁处的剪应力为：

$$\tau_w = \frac{\Delta P R}{2L} = \frac{\Delta P D}{4L} \tag{2-10}$$

式中　τ_w——壁面处的切应力，Pa。

对比式（2-9）和式（2-10），可以得到：

$$\frac{\tau}{\tau_w} = \frac{r}{R} \tag{2-11}$$

以上得到的公式适用于所有流体。之后，推导一般黏性流体圆管层流的基本方程，包括流速、流量和压降的一般关系式。在推导过程中，假设流动为充分发展的稳定层流流动，流体常物性，壁面无滑移且忽略质量力。

对于黏性流体，其本构方程的一般形式为：

$$\dot{\gamma} = f(\tau) \text{ 或} -\frac{\mathrm{d}u}{\mathrm{d}r} = f(\tau) \tag{2-12}$$

不同流体具有不同的 $f(\tau)$ 形式，现把黏性流体一元流动的本构方程式和均匀流动方程式联立，求解圆管层流参数的一般表达式：

（1）流速分布

由式（2-12）得：

$$u = -\int_0^r f(\tau)\mathrm{d}r + C \tag{2-13}$$

根据管壁上流速为零（ $r = R, u = 0$ ）的边界条件，可得积分常数：

$$C = \int_0^R f(\tau)\mathrm{d}r \tag{2-14}$$

因此：

$$u = \int_r^R f(\tau)\mathrm{d}r \tag{2-15}$$

由式（2-11）得 $\tau = \dfrac{\tau_w}{R}r$ 或 $r = \dfrac{R}{\tau_w}\tau$ ，代入式（2-15），更换积分变量可得：

$$u = \frac{R}{\tau_w}\int_\tau^{\tau_w} f(\tau)\mathrm{d}\tau \tag{2-16}$$

这就是黏性流体流速分布的一般形式。只要黏性流体的本构方程 $\dot{\gamma} = f(\tau)$ 的具体形式已知，代入式（2-16），就可得流速分布的具体表达式。

（2）流量

$$Q = \int_0^R 2\pi r u\,\mathrm{d}r = 2\pi\int_0^R r u\,\mathrm{d}r \tag{2-17}$$

式中　Q——流量，m^3/s。

对上式进行分部积分，可写成：

$$Q = \pi r^2 u \Big|_0^R + \int_0^R \pi r^2 \left(-\frac{\mathrm{d}u}{\mathrm{d}r}\right) \mathrm{d}r \tag{2-18}$$

有边界条件 $r = R, u = 0$，因此 $\pi r^2 u \big|_0^R = 0$，于是：

$$Q = \int_0^R \pi r^2 f(\tau) \mathrm{d}r \tag{2-19}$$

以 $r = \dfrac{R}{\tau_w} \tau$ 代入，则上式（2-19）成为：

$$Q = \frac{\pi R^3}{\tau_w^3} \int_0^{\tau_w} f(\tau) \tau^2 \mathrm{d}\tau \tag{2-20}$$

只要 $f(\tau)$ 已知，代入上式即可求出流量公式的具体形式。以 $\tau_w = \dfrac{\Delta PR}{2L}$ 代入后，式（2-20）就表示压降和流量的关系。

（3）平均流速

$$u = \frac{Q}{\pi R^2} \tag{2-21}$$

将式（2-21）代入上式，则：

$$u = \frac{R}{\tau_w^3} \int_0^{\tau_w} f(\tau) \tau^2 \mathrm{d}\tau \tag{2-22}$$

以上各式对所有非时变性黏性流体都成立。应用水平管式流变仪测量未定性试料的流变参数，可以根据纯黏性流体管壁剪应变速度的一般表达式，即罗宾诺维奇—莫纳方程式进行，以下为该方程的推导过程。

由式（2-22）可改写成：

$$\frac{8u}{D} = \frac{4}{\tau_w^3} \int_0^{\tau_w} \tau^2 f(\tau) \mathrm{d}\tau \tag{2-23}$$

上式适用于所有的黏性流体。它说明不论 $f(\tau)$ 取什么形式，只要流量一定，τ_w 就一定，切应力的分布也一定。这样，等式右侧仅为 τ_w 的函数，即：

$$\frac{8u}{D} = F(\tau_w) \text{ 或 } \frac{8u}{D} = F\left(\frac{\Delta PD}{4L}\right) \tag{2-24}$$

对于非时变黏性流体，$\dfrac{8u}{D}$ 和 $\dfrac{\Delta PD}{4L}$ 之间存在函数关系，即在层流条件下，在 $\dfrac{8u}{D}$ 和 $\dfrac{\Delta PD}{4L}$ 的坐标系统中，对同一种流体，实验点将落在同一条曲线上。

将式（2-23）写成：

$$\frac{8Q}{\pi D^3} \cdot \tau_w^3 = \int_0^{\tau_w} \tau^2 f(\tau) \mathrm{d}\tau \tag{2-25}$$

对上式两侧求导：

$$\frac{\mathrm{d}\left(\frac{8Q}{\pi D^3}\right)}{\mathrm{d}\tau_w} \tau_w^3 + \frac{8Q}{\pi D^3} \frac{\mathrm{d}\tau_w^3}{\mathrm{d}\tau_w} = \tau_w^2 f(\tau_w) \tag{2-26}$$

$$\frac{1}{4}\frac{\mathrm{dln}\left(\frac{8u}{D}\right)}{\mathrm{dln}\tau_\mathrm{w}}\frac{8u}{D}+\frac{3}{4}\frac{8u}{D}=f(\tau_\mathrm{w}) \tag{2-27}$$

令 $n'=\dfrac{\mathrm{dln}\tau_\mathrm{w}}{\mathrm{dln}(8u/D)}$，则有：

$$f(\tau_\mathrm{w})=\left(-\frac{\mathrm{d}u}{\mathrm{d}r}\right)_\mathrm{w}=\frac{1+3n'}{4n'}\frac{8u}{D} \tag{2-28}$$

式中　n'——流变指数。

式（2-28）就是罗宾诺维奇—莫纳方程，它是非时变黏性流体管壁应变速度的一般表达式。若 n' 是常数，则式 $n'=\dfrac{\mathrm{dln}\tau_\mathrm{w}}{\mathrm{dln}\left(\frac{8u}{D}\right)}$ 积分后可得：

$$\tau_\mathrm{w}=k'\left(\frac{8u}{D}\right)^{n'} \tag{2-29}$$

或写成：

$$\frac{\Delta PD}{4L}=k'\left(\frac{8u}{D}\right)^{n'} \tag{2-30}$$

式中　k'——流变系数，即稠度系数。

式（2-30）对于不同流体只是 n' 和 k' 不同而已。方程直接给出了压降 ΔP 和流量 Q 的关系，用作管流计算时十分方便。

对于牛顿流体，对比式（2-1）和式（2-30）可知：

$$n'=1,k'=\mu$$

对于剪切稀化和剪切稠化这类幂律流体来说，有

$$\tau_\mathrm{w}=k\left(\dot{\gamma}_\mathrm{w}\right)^n$$

式中　$\dot{\gamma}_\mathrm{w}$——壁面的剪应变速率，对于幂律流体有 $\dot{\gamma}_\mathrm{w}=\left(\dfrac{3n+1}{4n}\right)\dfrac{8u}{D}$，1/s。

将 $\dot{\gamma}_\mathrm{w}$ 的关系式代入式（2-30），则：

$$n'=n,\quad k'=k\left(\frac{1+3n}{4n}\right)^n \tag{2-31}$$

从以上推导的公式出发，水平管式流变仪测量数据的整理分析步骤包括：

（1）实测流量 Q 和相应的压降 Δp，整理成 $\tau_\mathrm{w}=\dfrac{\Delta PD}{4L}$ 和 $\dfrac{8u}{D}$ 两组数据；

（2）绘制 $\left(\dfrac{\Delta PD}{4L}\right)\sim\left(\dfrac{8u}{D}\right)$ 双对数坐标曲线，曲线上各点的斜率即为 n' 值。在此基础上，按 $\dot{\gamma}_\mathrm{w}=\left(\dfrac{3n+1}{4n}\right)\dfrac{8u}{D}$ 计算该点的剪应变速度 $\dot{\gamma}_\mathrm{w}$；

（3）由已得到的一组 $\tau_\mathrm{w}=\dfrac{\Delta PD}{4L}$ 及 $\dot{\gamma}_\mathrm{w}=\dfrac{1+3n'}{4n'}\cdot\dfrac{8u}{D}$ 数值，绘制 τ_w-$\dot{\gamma}_\mathrm{w}$ 曲线，即未知试料的流动图。

若按步骤（2）绘制的 τ_w-$\dot{\gamma}_\mathrm{w}$ 双对数坐标图呈直线，即 n' 是常数，对式（2-30）取

对数：

$$\lg \tau_w = \lg k' + n' \lg \left(\frac{8u}{D}\right)$$

可知直线的斜率和截距就是 n'、k' 值。幂律流体的流变指数 n 和稠度系数 k 与 n' 和 k' 的关系为式 (2-31)。

根据以上步骤和数据处理过程可以得到试料的流动曲线，即城市污水的流变特性，可观察出城市污水是否为牛顿流体。若实验结果曲线过原点，为牛顿流体；若实验结果曲线与纵轴有交点，则为非牛顿流体。

2. 数据的分析处理

使用管径 $DN10$ 的水平管式流变仪进行实验，共测得 9 组数据，对其进行分析处理后，计算结果见表 2-1。

水平管式流变仪测量数据处理表　　　　　　表 2-1

序号	$8u/D$	τ_w	$\lg (8u/D)$	$\lg (\tau_w)$
1	167.868	0.203	2.224	−0.690
2	164.291	0.193	2.215	−0.712
3	129.992	0.155	2.113	−0.808
4	87.993	0.112	1.944	−0.947
5	95.588	0.107	1.980	−0.970
6	52.052	0.059	1.716	−1.222
7	47.567	0.059	1.677	−1.222
8	42.703	0.056	1.630	−1.248
9	43.495	0.050	1.638	−1.292
10	23.277	0.0466	1.366	−1.331

根据表中的数据进行曲线拟合，拟合得到的方程为：

$$\lg \tau_w = -2.60131 + 0.84091 \lg \left(\frac{8u}{D}\right)$$

其中，$n' = 0.841$，$\lg k' = -2.60131$，$k' \approx k = 0.00251$。

即本构方程为：

$$\tau = 0.00251(\dot{\gamma}_w)^{0.841} \tag{2-32}$$

从计算结果可以看出，城市污水已经不是牛顿流体，而且拟合得到的方程为直线方程（拟合度为 0.974），所以可以判断城市污水为幂律流体中的剪切稀化流体。

为了求得城市污水更加精确的本构方程，下一节中将采用另一种形式的流变仪来进一步测量污水的流变特性。

2.3.2　旋转式流变仪实验

如图 2-2 所示为 RS150 系列平板式哈克流变仪的两圆板，圆板中间填充的试料即为采

图 2-2 RS150 系列哈克流变仪中两平板

集的实验所用污水。测定时，上板以一定角速度旋转，下板固定在一扭丝上，于是可测出一定角速度下的剪切力矩，具体的实验原理见式（2-7）。根据该流变仪自带的软件，可以对实验数据进行采集和分析，从而得到相关参数，包括剪应变速率、剪切力及表观黏度等。

1. 实验条件及步骤

（1）实验条件

实验在常温常压下进行。尽管城市污水的温度随季节变化，但是污水一般在地下渠内流动，因而全年温度变化幅度较小。以哈尔滨地区为例，3 月污水温度最低为 10℃，7 至 8 月污水温度最高为 18℃，全年温度变化幅度仅为 8℃。在我国南方地区，1 月和 8 月的大气温差、河水温差均在 24℃左右，而城市污水的温差只有 10℃。全年渠内温度变化不大，致使城市污水的温度变化也不大。

此外，由于城市污水并没有呈现出明显的黏滞性，其黏度随温度的变化率的数量级可以近似看作与纯水相同。当温度在 0～100℃范围内变化时，纯水黏度变化范围在 1.792～0.284（10^{-3}Pa·s），黏度随温度的变化速率为 0.015 [10^{-3}（Pa·s）/℃]。因此，在小温差的变化幅度内，城市污水的黏度变化并不是很大。所以，在实验中可以忽略温度对其黏度的影响，温度取环境平均温度 16℃。

（2）实验仪器的标定

为了考察实验仪器的精确性，在做城市污水水样实验之前，先对仪器进行标定。本文采用黏度标准液为标模进行标定。黏度的量值传递程序可以直观表示如下：基准黏度计——一级标准黏度液—标准黏度计—二级标准黏度液—工作黏度计。黏度标准液是黏度量值传递的重要媒介，实验选取的油类标准液为碳氢基化合物，包括矿物油和聚丁烯，精度一般为黏度值的±（0.1～0.8）%，具有很好的时间稳定性和温度稳定性。两种标准黏度液的标号为 400 号和 700 号，进行标定测量后，400 号标准黏度液的黏度为 0.265Pa·s，700 号标准黏度液的黏度为 0.638Pa·s。两标准液均为牛顿流体，实验数据稳定。

（3）实验步骤

1）使用水准仪并结合仪器的护脚对流变仪进行调平；

2）根据流变仪提供的几种直径的转子测头，选择较大直径的转子测头，直径越大，可测量的黏度越小，本实验选用 D45 转子测头；

3）冲洗转子测头，并用吹风机进行吹干，避免转子测头上沾到颗粒状或悬浮状的杂物，影响测量的准确性；

4）安装转子测头，将水样搅拌，使其中的大颗粒沉淀物与液体充分混合；

5）用滴管取适量水样滴到测板上，以不溢出测板为准；

6）开启仪器，调节参数，进行测量；

7）重复上述步骤，对水样进行 10 次测量，记录测量结果。

2. 流变特性辨识的步骤

系统辨识是根据部分信息寻找确定函数来描述系统特性的一种方法。在实际中，人们往往不可能找到一个与实际系统完全等价的数学模型，因此系统辨识常常是从一组模型中选择一个模型，按照某种特定的规则，使之能最好地拟合系统的输入输出观测数据，从而最逼真地描述实际系统的特性。

按照已知系统信息的多少，系统辨识可分为黑箱问题与灰箱问题两种。前者又叫完全辨识问题，这时被辨识系统的基本特性是完全未知的，例如系统是线性的还是非线性的、是动态的还是静态的，这些最基本的信息都一无所知，要解决这类问题很困难，目前尚无有效的方法。灰箱问题又叫不完全辨识问题，在这类问题中，已知系统的一些基本特性，如系统是否线性等，不能确切知道的只是系统动态方程的阶次及方程的系数。工程上大多数辨识问题都属于第二类问题，目前，这类问题已经积累了大量的研究经验，特别是参数估计问题，可以说是整个系统辨识领域中最重要，也是研究最成熟的部分。

城市污水流变特性的辨识问题属于灰箱问题。当不确定其流变特性即本构方程时，可以通过输入已知的激励，测量相应的响应，从而确定反映污水源热泵工质流变特性的本构方程及其方程中的参数。

本实验采用哈克流变仪，见图 2-3。以哈尔滨污水处理厂内的原生污水为水样，每一次输入已知的激励信号——剪切速率 $\dfrac{\mathrm{d}u}{\mathrm{d}y}$，都可以测出相应的响应信号——黏滞应力 τ。这样，通过多组实验，得到数据集合 $\left[\left(\dfrac{\mathrm{d}u}{\mathrm{d}y}\right)_k, \tau_k\right]$，$k = 1, 2, \cdots, n$，分析 τ 和 $\dfrac{\mathrm{d}u}{\mathrm{d}y}$ 的关系，从而得到流体的表观黏度。

根据前人研究成果，将牛顿流体、幂律流体、宾汉流体以及屈服-假塑性流体的本构模式作为污水源热泵工质流变特性辨识的模式集合。

设 $\Delta\tau_k = \tau_k - \tau_k'$，其中 τ_k 和 τ_k' 分别是黏滞应力的实验值和计算值，则标准差 $\sigma = \sqrt{\dfrac{\sum\limits_{k=1}^{n}\Delta\tau_k^2}{n}}$。

以 σ 最小为优化目标，确定污水源热泵工质的流变模式及其相应的参数。具体辨识步骤如下：

（1）在模式集合中选择一种可能的流体本构模式，如牛顿流体本构模式，由实验数据 $\left[\left(\dfrac{\mathrm{d}u}{\mathrm{d}y}\right)_k, \tau_k\right]$，应用最小二乘法拟合相应的本构参数。根据牛顿流体本构方程，通过给定的

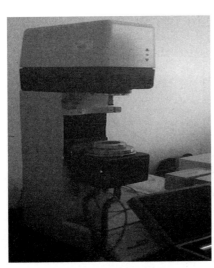

图 2-3　RS150 系列哈克流变仪

$\left(\dfrac{\mathrm{d}u}{\mathrm{d}y}\right)_k$ 计算出 τ'_k ，并计算相应的 $\Delta\tau_k$ ；

（2）计算牛顿流体本构模式下的标准差 σ_N ；

（3）依次选择模式集合中的幂律流体、宾汉流体和屈服-假塑性流体本构模式，重复步骤1和2，计算对应的标准差 σ_P 、σ_B 及 σ_{P-B} ；

（4）选择 $\sigma = \min(\sigma_N, \sigma_P, \sigma_B, \sigma_{P-B})$ ，其对应的本构模式及参数即为城市污水的流变特性本构方程。

由于流变仪可以直接将测得的数据进行处理，并且得到相关的曲线和参数值列表，此处不列出详细的测试数值，仅给出辨识分析的结果。

3. 实验数据处理及辨识分析

根据上述实验原理和方法对水样进行10次重复性实验，得到城市污水剪切力随剪切速率变化的数据，分别对这些数据进行系统辨识、数据处理各步骤，得到标准差最小的一组曲线，结果见图2-4～图2-7。

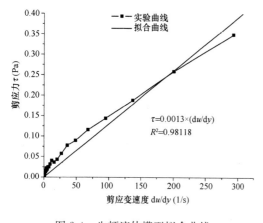

图 2-4　牛顿流体模型拟合曲线

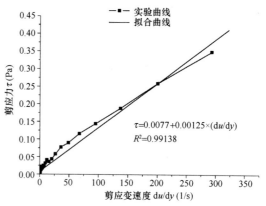

图 2-5　宾汉流体模型拟合曲线

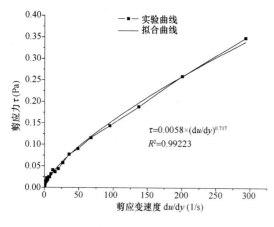

图 2-6　剪切稀化流体模型拟合曲线

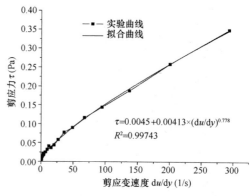

图 2-7　屈服-假塑性流体模型拟合曲线

表 2-2 为 4 种流体模式下计算的标准差 σ，从表中可知 $\min(\sigma_N,\sigma_P,\sigma_B,\sigma_{P-B})=0.00251$。按照系统辨识的方法，屈服-假塑性流体模型是与实验结果吻合最好的模型，从而确定实验中城市污水为屈服-假塑性流体。

标准差 σ 的计算结果　　　　　表 2-2

流体模式	牛顿流体	宾汉流体	剪切稀化流体	屈服—假塑性流体
$\sigma_{Ni}=\sqrt{\dfrac{\sum_{k=1}^{n}\Delta\tau_{ki}^2}{n}}$	0.01006	0.00676	0.00437	0.00251

根据实验结果，确定所选城市污水水样的本构方程为：

$$\tau = 0.0045 + 0.00413\dot{\gamma}^{0.778} \tag{2-33}$$

2.4　污水的本构方程

上述两节中，对同一水样分别使用水平管式流变仪和平板式流变仪进行测量，前者的结果为"城市污水是剪切稀化流体"，后者的结果为"城市污水是屈服-假塑性流体"。这两种结果看似矛盾，但是从工程应用角度来说，结果可以统一为剪切稀化流体。原因如下：

(1) 平板式流变仪属于旋转式流变仪，该仪器的特点是计算机程控性强，自动化程度高，操作简便。但是，在高速旋转过程中，试料的大颗粒分子结构逐渐被破坏，且试料可能被大量地甩出测试平板，这样就使得试样产生了逐渐"变稀"的现象，导致测量结果的误差大量增加。

(2) 根据已有文献，尽管旋转式流变仪经过调整能够使测量本构常数时的相对误差不大于 2%，但是其工作状态位于引起流动指数 n 的敏感区，易对测量精度带来较严重的影响。

(3) 通过分析两种流变测量方法的不确定度，比较表 2-1 和表 2-2 的计算结果，也可以明显发现水平管式流变仪的测量结果比平板式流变仪的测量结果准确，这也间接印证了 (1) 和 (2) 的结论。

(4) 在采用旋转流变仪测量流变特性时，得到水样的本构方程为式 (2-33)，其屈服值为 0.0045，数量级在 10^{-3}，这在非实验条件下不可能测出，所以在工程角度，城市污水源热泵系统中的流动工质——原生污水的性质应与假塑性流体相同，即为剪切稀化流体。

此时采用系统辨识时幂律流体的模型，本构方程为式 (2-32)，即：

$$\tau = 0.00251(\dot{\gamma})^{0.841}$$

在以后对城市污水流动及换热特性的推导中，都将采用剪切稀化流体模型进行分析。

剪切稀化流体存在两种极限黏度。当应变速度甚小时，不足以破坏原有的结构，不能使卷曲的分子伸展和定向。此时黏度与应变速度无关，为常数。而当应变速度很大时，已经最大限度地使分子伸展和定向，此时再增大应变速度，表观黏度也不再变小了。上述实验所取城市污水样本的表观黏度随剪切速率变化的曲线如图2-8所示：当初始剪切速率甚小时，黏度趋于定值；当剪切速率增大时，黏度下降很快；当剪切速率增大至 5（1/s）后，黏度减小缓慢，当剪切速率继续增大，黏度变化甚小，趋于极限黏度，此时黏度约为清水的 2 倍。

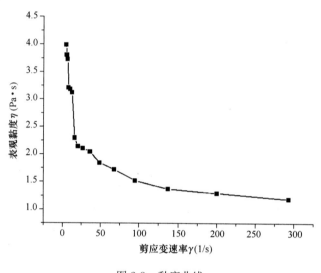

图 2-8   黏度曲线

虽然由于所处地域功能、人居环境的不同，城市污水的成分可能有所改变，但是，实验中采用的是集中了市区中各地域功能的城市污水。因此，实验结果可以代表城市污水的普遍特征，得到的结论可以普遍适用于广泛的城市污水。对于城市原生污水源热泵技术而言，污水的流变特性差别对其影响不明显，以上结论更加适用于工程实践。

2.5   污水的流态判别

临界雷诺数 Re_c 是牛顿流体的流态判别准则，当 $Re_c = 2100$ 时，流动由层流状态进入紊流状态。但是不同的非牛顿流体，由层流向紊流过渡时的广义雷诺数不同。广义雷诺数虽然可以由统一的层流计算公式得到，却不能作为统一的流态判别准则，本节将由牛顿流体临界雷诺数展开，介绍剪切稀化流体的流态判别方法，主要是稳定性系数 Z 的定义和推导，并给出剪切稀化流体流态判别的步骤。

从层流到紊流的过渡，并不是在整个断面上同时出现的。通常在达到临界雷诺数时，边界层外缘的流线首先发生弯曲。随着雷诺数的增大，流线的波动幅度以及断面上产生波动的范围也增大。牛顿流体在 $Re = 1500 \sim 2100$ 的范围内，流体由于波动呈螺旋运动最终出现旋涡。$Re > 2100$ 时，旋涡产生加快，直至邻近管壁的区域全部发生紊动，即断面上由层流至紊流的整个过渡是在 $Re=2100\sim4000$ 的范围内完成的。主要的变化发生在 $Re=2100$ 时，这就是牛顿流体的临界雷诺数。

圆管中的紊流首先发生在紊动性最大的半径为 r 的某一层流体中，用该层流体的雷诺数 $(Re_r)_{max}$，来代替整个断面上的牛顿雷诺数，作为判别流态的准则。

$$Re_r = \frac{\rho\,ur}{\eta} \tag{2-34}$$

式中　u——半径为 r 处的流体流速，m/s；

　　　η——流体的表观黏度，Pa·s。

Re_r 在管轴处 $(r=0)$ 和管壁处 $(u=0)$ 均为零，因此其最大值必然在管轴心与管壁之间。

对于牛顿流体有：

$$\tau = -\mu\frac{du}{dr} \tag{2-35}$$

由式 (2-9) 和式 (2-35) 联立，可得：

$$-\mu\frac{du}{dr} = \frac{\Delta Pr}{2L} \tag{2-36}$$

其边界条件为：$r=R, u=0$。

对式 (2-36) 积分，并利用上述边界条件，可得牛顿流体断面速度分布公式：

$$u = \frac{\Delta P}{4L\mu}(R^2 - r^2) \tag{2-37}$$

因此，牛顿流体流动的断面平均流速为：

$$u_m = \frac{\Delta PR^2}{8\mu L} \tag{2-38}$$

对牛顿流体，$\eta=\mu$，将式 (2-37) 代入式 (2-34) 可得牛顿流体在半径为 r 处的雷诺数：

$$Re_r = \frac{\Delta P\rho}{4L\mu}(R^2r - r^3) \tag{2-39}$$

令 $\frac{dRe}{dr}=0$，则有：

$$\frac{\Delta P\rho}{4L\mu^2}(R^2 - 3r^2) = 0 \tag{2-40}$$

对式 (2-40) 求解，可得出紊动最大的流层位置，即紊动起始于：

$$r = \frac{1}{\sqrt{3}}R \tag{2-41}$$

将式 (2-41) 代入式 (2-37)，可得此时的速度为：

$$u = \frac{\Delta P}{6L\mu}R^2 \tag{2-42}$$

将式 (2-41) 和式 (2-42) 代入式 (2-39) 得：

$$(Re_r)_{max} = \frac{\Delta P R^3 \rho}{6\sqrt{3} L \mu^2} \tag{2-43}$$

因此：

$$(Re_r)_{max} = \frac{4}{3\sqrt{3}} \frac{\rho u_m R}{\mu} = 0.3849 Re \tag{2-44}$$

令 $Z = (Re_r)_{max}$ ，则：

$$Z = 0.3849 Re \tag{2-45}$$

Z 称为稳定性参数，是判别剪切稀化流体流动状态的一个准则数。对牛顿流体来说，临界雷诺数 $Re_C = 2100$，则：$Z = 0.3849 \times 2300 = 808$。

对于剪切稀化流体，Z_c 仍为 808。因此，当 $Z < 808$ 时为层流；当 $Z > 808$ 时为紊流。

根据上述结论，给出剪切稀化流体的流态判别方法：

半径为 r 处的雷诺数为：

$$Re_r = \frac{\rho u r}{\eta} \tag{2-46}$$

式中　η——假塑性流体的表观黏度，Pa·s；

　　　u——流体的速度分布公式，对于特定的流体，$u = f(u_m, r)$。

对于剪切稀化流体，η 与 u 有如下形式：

$$\eta = k\dot{\gamma}^{n-1} = k\left(\frac{\tau}{k}\right)^{\frac{n-1}{n}} = k\left(\frac{\Delta P r}{2kL}\right)^{\frac{n-1}{n}} \tag{2-47}$$

$$u = \frac{n}{n+1}\left(\frac{\Delta P}{2kL}\right)^{\frac{1}{n}}(R^{\frac{n+1}{n}} - r^{\frac{n+1}{n}}) \tag{2-48}$$

将式 (2-47) 和式 (2-48) 代入式 (2-46)，整理后可得：

$$Re_r = \frac{n}{n+1} \frac{\rho}{k}\left(\frac{\Delta P}{2kL}\right)^{\frac{2-n}{n}}(R^{\frac{n+1}{n}} r^{\frac{1}{n}} - r^{\frac{n+2}{n}}) \tag{2-49}$$

求 Re_r 的最大值，便得到 Z 值。

令 $\dfrac{dRe_r}{dr} = 0$ ，可得：

$$r = \left(\frac{1}{n+2}\right)^{\frac{n}{n+1}} R \tag{2-50}$$

将式 (2-50) 代入式 (2-49) 有：

$$Z = (Re_r)_{max} = \frac{n}{n+1} \frac{\rho}{k}\left(\frac{\Delta P}{2kL}\right)^{\frac{2-n}{n}} r^{\frac{1}{n}}(R^{\frac{n+1}{n}} - r^{\frac{n+1}{n}})$$

$$= \frac{n}{n+1} \frac{\rho}{k}\left(\frac{\Delta P}{2kL}\right)^{\frac{2-n}{n}} \left[\left(\frac{1}{n+2}\right)^{\frac{n}{n+1}} R\right]^{\frac{1}{n}}\left[R^{\frac{n+1}{n}} - \frac{1}{n+2}R^{\frac{n+1}{n}}\right]$$

上式整理简化后可得：

$$Z = (Re_r)_{max} = n\left(\frac{1}{n+2}\right)^{\frac{n+2}{n+1}} \frac{\rho}{K}\left(\frac{\Delta P}{2kL}\right)^{\frac{2-n}{n}} R^{\frac{n+2}{n}} \tag{2-51}$$

由剪切稀化流体的平均流速公式：

$$u = \left(\frac{\Delta P}{2kL}\right)^{\frac{1}{n}} \frac{n}{1+3n} R^{\frac{1+n}{n}}$$

得：

$$Z = \frac{\rho u^2}{\tau_{\mathrm{w}}} f(n) \tag{2-52}$$

式中　$\phi(n) = n\left(\dfrac{3n+1}{n}\right)^2 \left(\dfrac{1}{n+2}\right)^{\frac{n+2}{n+1}}$。

由于摩阻系数 $f = \dfrac{2\tau_{\mathrm{w}}}{\rho u^2}$，因此 $Z = \dfrac{2\varphi(n)}{f}$。当处于层流至紊流的临界状态时，$Z_{\mathrm{c}} = 808$。于是：

$$f_{\mathrm{c}} = \frac{2\varphi(n)}{808} = \frac{\varphi(n)}{404} \tag{2-53}$$

因此，只要知道剪切稀化流体的 n 值，便可计算出 f_{c}。

同时，根据层流的阻力系数公式：

$$f_{\mathrm{c}} = \frac{16}{(Re')_{\mathrm{c}}} \text{ 或 } (Re')_{\mathrm{c}} = \frac{16}{f_{\mathrm{c}}}$$

剪切稀化流体的临界广义雷诺数也可以求得，之后便可计算出临界流速。

根据假塑性流体确定临界流速的方法，以水样在 $DN20$ 管道中流动为例，计算其临界流速。

计算过程如下：

（1）计算出 $\varphi(n)$

$$\varphi(n) = n\left(\frac{1+3n}{n}\right)^2 \left(\frac{1}{n+2}\right)^{\frac{n+2}{n+1}} = \left(\frac{1+3\times0.841}{0.841}\right)^2 \left(\frac{1}{0.841+2}\right)^{\frac{0.841+2}{0.841+1}} = 3.50$$

（2）再计算出摩阻系数的临界值

$$f_{\mathrm{c}} = \frac{2\varphi(n)}{808} = \frac{\varphi(n)}{404} = 0.0087$$

（3）临界广义雷诺数

$$(Re')_{\mathrm{c}} = \frac{16}{f_{\mathrm{c}}} = 1845$$

（4）临界流速

$$(Re')_{\mathrm{c}} = 1845 = \frac{\rho D^n u_{\mathrm{c}}^{2-n}}{k\left(\frac{1+3n}{4n}\right)^n 8^{n-1}} = \frac{973.92 \times 0.02^{0.841} u_{\mathrm{c}}^{2-0.841}}{0.00251 \times \left(\frac{1+3\times0.841}{4\times0.841}\right)^{0.841} 8^{0.841-1}}$$

所以，$u_{\mathrm{c}} = 0.132\mathrm{m/s}$。

上述得到的结果是水样在管径为 $DN20$ 管道内流动的临界流速，根据临界流速，即可判别出层流和紊流的流动状态。

第3章

污水的流动特性

水力计算是城市污水源热泵系统工程的重要内容，涉及污水的取排、机房污水输运管道、污水换热器等的设计与阻力计算。如果采用重力非满管流的沟渠进行引退水，其水力计算可应用给水排水专业的谢才公式。而在污水换热器内，由于污水成分复杂，表现出非牛顿流体特性，建议采取本章介绍的方法进行计算和分析。

3.1 层流流动特性

3.1.1 流速

（1）屈服-假塑性流体模型：剪应力在管轴上为零，在管壁处最大，在断面上剪应力呈直线分布。在剪应力小于屈服值 τ_0 的区域内，流体将不发生相对运动，如果管壁剪应力小于屈服值，则整个断面上流速都等于零，因此屈服-假塑性流体在管内产生流动的条件为 $\tau_w > \tau_0$ ，即：

$$\frac{\Delta PR}{2L} > \tau_0 \tag{3-1}$$

设在半径为 r_0 处的剪应力等于屈服-假塑性流体的屈服值 τ_0 ，这样在 $r > r_0$ 区域内，其剪应力大于屈服值，即 $\tau > \tau_0$ ，因此产生流动。而 $r \leqslant r_0$ 的区域内，剪应力小于屈服值，因而不能产生相对运动，只能像固体一样随着半径为 r_0 处的液体向前滑动。这样管内固液两相并存，流动就分为两个区域，流体质点间无相对运动的部分称流核区，流核以外的区域称为速梯区，如图 3-1 所示。

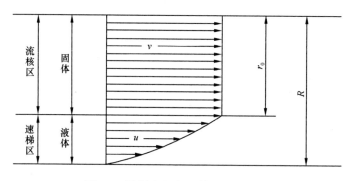

图 3-1　屈服-假塑性流体的流速分布

屈服应力发生在两区的交界面上，当 $r=r_0$ 时，$\tau=\tau_0$ ，代入均匀流动方程式即可得：

$$r_0 = \frac{2\tau_0 L}{\Delta P} \tag{3-2}$$

随着压差 ΔP 的增大，流核半径 r_0 逐渐缩小，速梯区的范围逐渐扩大。

对于速梯区，即 $r_0 \leqslant r \leqslant R$ ，屈服—假塑性流体有：

$$f(\tau) = \left[\frac{1}{k}(\tau-\tau_0) \right]^{\frac{1}{n}} \tag{3-3}$$

代入式 (2-22)：

$$u = \frac{R}{\tau_w} \int_\tau^{\tau_w} \left[\frac{1}{k}(\tau-\tau_0) \right]^{\frac{1}{n}} d\tau = \frac{R}{\tau_w} \left(\frac{1}{k} \right)^{\frac{1}{n}} \frac{n}{n+1} \left[(\tau_w-\tau_0)^{\frac{n+1}{n}} - (\tau-\tau_0)^{\frac{n+1}{n}} \right]$$

$$\tag{3-4}$$

式中　$\tau = \frac{\Delta Pr}{2L}$ ，$\tau_w = \frac{\Delta PR}{2L}$ 。

以 2.3 节中水样为例，根据式 $\tau = 0.0045 + 0.00413\dot{\gamma}^{0.778}$ 分别代入式 (3-4)，得：

$$u = 507.43 \times \frac{R}{\tau_w} \left[(\tau_w-0.0045)^{2.285} - (\tau-0.0045)^{2.285} \right] \tag{3-5}$$

由式 (3-4) 可以看出，当 $\tau=\tau_0$ 时，u 可取得最大值，即 u_{max} 。这时，$\tau_0 = \frac{\Delta Pr}{2L}$ ，可得 $r = \frac{\tau_0 \cdot 2L}{\Delta P}$ 。

$$u_{max} = \frac{R}{\tau_w} \left(\frac{1}{k} \right)^{\frac{1}{n}} \cdot \frac{n}{n+1} \left[(\tau_w-\tau_0)^{\frac{n+1}{n}} \right] \tag{3-6}$$

所以：

$$\frac{u}{u_{max}} = \frac{\frac{R}{\tau_w} \left(\frac{1}{k} \right)^{\frac{1}{n}} \cdot \frac{n}{n+1} \left[(\tau_w-\tau_0)^{\frac{n+1}{n}} - (\tau-\tau_0)^{\frac{n+1}{n}} \right]}{\frac{R}{\tau_w} \left(\frac{1}{k} \right)^{\frac{1}{n}} \cdot \frac{n}{n+1} \left[(\tau_w-\tau_0)^{\frac{n+1}{n}} \right]} = 1 - \left(\frac{\tau-\tau_0}{\tau_w-\tau_0} \right)^{\frac{n+1}{n}} \tag{3-7}$$

(2) 剪切稀化流体模型：由于污水的剪切稀化特性，其剪切应力和速度分布形式将和牛顿流体有所不同，下文将从理论上推导其速度场分布形式，图 3-2 所示即为污水在圆管层流时剪切应力和速度的分布示意图。

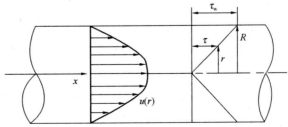

图 3-2　剪切稀化流体在圆管中的剪切应力和流速分布

剪切稀化流体在圆管内进行流动时，有如下的关系式成立：

$$\frac{\tau}{\tau_w} = \frac{r}{R} \tag{3-8}$$

以剪切稀化流体的变形速度：

$$f(\tau) = \left(\frac{\tau}{k}\right)^{\frac{1}{n}} \tag{3-9}$$

代入式 (2-16)，有：

$$u = \frac{R}{\tau_w} \int_\tau^{\tau_w} \left(\frac{\tau}{k}\right)^{\frac{1}{n}} d\tau = \frac{R}{\tau_w} \left(\frac{1}{k}\right)^{\frac{1}{n}} \frac{n}{n+1} (\tau_w^{\frac{n+1}{n}} - \tau^{\frac{n+1}{n}}) \tag{3-10}$$

式中 τ 和 τ_w 以 $\tau = \frac{\Delta P r}{2L}$ 和 $\tau_w = \frac{\Delta P R}{2L}$ 代入，经整理后可得：

$$u = \frac{n}{n+1} \left(\frac{\Delta p}{2kL}\right)^{\frac{1}{n}} (R^{\frac{n+1}{n}} - r^{\frac{n+1}{n}}) \tag{3-11}$$

故剪切稀化流体模型下，该水样的本构方程式即为：

$$\frac{du}{dr} = \left(\frac{\tau}{0.00251}\right)^{\frac{1}{0.841}} = 1235.81 \tau^{1.189} \tag{3-12}$$

将相关参数代入上式，有：

$$u(r) = \int_r^R 1235.81 \left(\frac{r}{R}\tau_w\right)^{1.189} dr = 564.55 \tau_w^{1.189} R\left[1 - \left(\frac{r}{R}\right)^{2.189}\right] \tag{3-13}$$

于是，利用式 (3-13) 可计算流体的截面平均流速，如式 (3-14)：

$$u_m = \frac{1}{\pi R^2} \int_0^R 2\pi r u \, dr = \frac{2}{R^2} \int_0^R r\left[564.55 \frac{\tau_w^{1.189}}{R^{1.189}} (R^{2.189} - r^{2.189})\right] dr$$

$$= \frac{564.55 \times 2.189}{4.189} R \cdot \tau_w^{1.189} \tag{3-14}$$

于是，$u(r)$ 跟 u_m 之间应该存在这样的关系式：

$$u(r) = 1.914 u_m \left[1 - \left(\frac{r}{R}\right)^{1.189}\right] \tag{3-15}$$

综上，可分别得到屈服-假塑性流体模型和剪切稀化流体模型的流速分布式，现将其与牛顿流体的圆管层流的速度分布进行比较分析。

对于牛顿流体有：

$$u = \frac{\rho g J}{4\mu} (R^2 - r^2) = \frac{\rho g J}{4\mu} R^2 \left[1 - \left(\frac{r}{R}\right)^2\right] \tag{3-16}$$

式中 J——水力坡度；

   μ——牛顿流体黏度，$Pa \cdot s$。

对于剪切稀化流体有：

$$u = \frac{n}{n+1} \left(\frac{\Delta p}{2kL}\right)^{\frac{1}{n}} (R^{\frac{n+1}{n}} - r^{\frac{n+1}{n}}) = \frac{n}{n+1} \left(\frac{\rho g J}{2k}\right)^{\frac{1}{n}} \left[1 - \left(\frac{r}{R}\right)^{\frac{n+1}{n}}\right] \tag{3-17}$$

比较牛顿流体和剪切稀化流体的速度分布式可以发现，剪切稀化流体与牛顿流体具有类似的流速分布形式，区别在于剪切流体的流变参数 n、k 反映在流速分布式里面，使其结构形式发生了变化。如果当流变参数 $n=1$、$k=\mu$ 时，式 (3-17) 变为式 (3-16) 的形式，即为牛顿流体的圆管层流速度分布式。

对于屈服-假塑性流体有：

$$u(r) = \frac{R}{\tau_\mathrm{w}} \left(\frac{1}{k}\right)^{\frac{1}{n}} \cdot \frac{n}{n+1}\left[(\tau_\mathrm{w} - \tau_0)^{\frac{n+1}{n}} - (\tau - \tau_0)^{\frac{n+1}{n}}\right] \tag{3-18}$$

比较式（3-4）和式（3-10），可以发现当选择屈服—假塑性流体模型和剪切稀化流体模型时，圆管内层流的流速分布形式基本相同，区别在于屈服-假塑性流体带有屈服值。

根据有关的数学知识，采用公式（3-19）对上式进行简化：

$$(a \pm x)^m = a^m + ma^{m-1} + \frac{m(m-1)}{2!}a^{m-1}x^2 \pm \frac{m(m-1)(m-2)}{3!}a^{m-3}x^3 + \cdots$$

$$+ (\pm 1)^n \cdot \frac{m(m-1)\cdots(m-n+1)}{n!}a^{m-n}x^n + \cdots (|x| \leqslant |a| m > 0) \tag{3-19}$$

对比式（3-4）和式（3-19），有 $m \sim \frac{n+1}{n}$，$a \sim (-\tau_0)$。所以，经过化简可以得到：

$$u(r) = \frac{\varrho g J}{4}\left(-\frac{\tau_0}{k}\right)^{\frac{1}{n}}R^2\left[1 - \left(\frac{r}{R}\right)^2\right] + O(\tau_\mathrm{w}, \tau) \tag{3-20}$$

其中，$O(\tau_\mathrm{w}, \tau)$ 为关于 τ_w 和 τ 的高阶无穷小。

比较式（3-20）与牛顿流体的流速分布式（3-16），当忽略式（3-20）中的高阶无穷小时，其基本形式与牛顿流体的形式很相似，当流变参数 $n=1$、$k = \mu$ 时，式（3-16）与式（3-20）仅相差 $(-\tau_0)$，这是由屈服-假塑性流体特性决定的。

由本节内容可知，不同流体的流速分布取决于流体的本构方程。

3.1.2 流量

当采用屈服-假塑性流体模型时，将 $f(\tau) = \left(\frac{1}{k}(\tau - \tau_0)\right)^{\frac{1}{n}}$ 代入式（2-20），得到：

$$Q = \frac{\pi D^3}{32}\frac{4n}{3n+1}\left(\frac{\tau_\mathrm{w}}{k}\right)^{\frac{1}{n}}\left(1 - \frac{\tau_0}{\tau_\mathrm{w}}\right)^{\frac{1}{n}} \times \left\{1 - \frac{1}{2n+1}\frac{\tau_0}{\tau_\mathrm{w}}\left[1 + \frac{2n}{n+1}\frac{\tau_0}{\tau_\mathrm{w}}\left(1 + n\frac{\tau_0}{\tau_\mathrm{w}}\right)\right]\right\} \tag{3-21}$$

当 $\tau_0 = 0$ 时，上式就化为假塑性流体的流量计算式：

$$Q = \pi\left(\frac{\Delta p}{2kL}\right)^{\frac{1}{n}}\frac{n}{1+3n}R^{\frac{1+3n}{n}} \tag{3-22}$$

3.1.3 压降

由流量的关系式可得出，屈服-假塑性流体的压降按下式计算：

$$\frac{Q}{\pi R^3} = \left(\frac{\tau_\mathrm{w}}{k}\right)^{\frac{1}{n}}(1-x)^{1+\frac{1}{n}}\left[\frac{(1-x)^2}{3+\frac{1}{n}} + \frac{2x(1-x)}{2+\frac{1}{n}} + \frac{x}{1+\frac{1}{n}}\right] \tag{3-23}$$

式中　$x = \frac{\tau_0}{\tau_\mathrm{w}}$。

同样，当 $\tau_0 = 0$ 时，上式就化为假塑性流体的压降计算式：

$$\Delta p = Q^n\left(\frac{1+3n}{\pi n}\right)^n\frac{2kL}{R^{1+3n}} \tag{3-24}$$

根据第 2 章流变特性可知，如果将污水源热泵工质视为假塑性流体，则 $n = 0.841$，

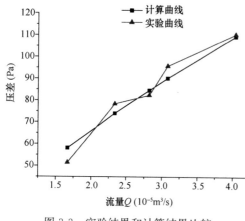

图 3-3 实验结果和计算结果比较

流量测量所用管道管径为 DN20，管长为 4.76m，代入上式后与实验测得数据进行对比，结果如图 3-3 所示。从图中可以看出，所得结果误差在 10% 以内。考虑到实验管道中局部阻力的损失、测压管读数的误差、污水源热泵工质体积测量的误差以及测试管受到污染等因素的影响，实验结果是可靠的。而且在实际工程上 τ_0 值太小的情况不可能精确测得，完全可以将 τ_0 的影响忽略不计，从而将屈服－假塑性流体当作假塑性流体处理，这样可使计算结果大大简化。

3.2 紊流流动特性

污水源热泵流动工质层流状态下可以由压降公式直接计算流动阻力，而水力与换热工况常常处于紊流状态，紊流摩阻计算的一般方法是通过实验及因次分析，确定阻力系数的经验或半经验公式，再按达西公式计算压降。在此计算过程中，紊流阻力系数是探讨紊流换热特性的重要依据。为了得到城市污水源热泵工质紊流流动阻力系数与管径、流速的关系，本节将对之前章节中的实验数据作进一步的分析归纳。

实验水样的本构参数为：$n' = 0.841$，在第 2 章得到的流变方程范围内。由于城市污水源热泵系统的流速范围在 $0.5 \sim 2\text{m/s}$ 内，所以仅选取该范围内的流速进行测定。由于水头损失满足关系式 (3-25)，所以，可以根据实验数据得到阻力系数。

$$\lambda = \frac{d}{l} \times \frac{2}{v^2 \rho} \Delta P \tag{3-25}$$

再定义广义雷诺数 Re'，Re' 采用的是假塑性流体的广义雷诺数，公式如下：

$$Re' = \frac{\rho v D}{\eta_e} = \frac{\rho v D}{\left(\frac{\Delta p D}{4L}\right) \Big/ \left(\frac{8v}{D}\right)} = \frac{\rho v D}{k' \left(\frac{8v}{D}\right)^{n'-1}} = \frac{\rho D^{n'} v^{2-n'}}{k' 8^{n'-1}} \tag{3-26}$$

式中 $k' = k \left(\frac{1+3n}{4n}\right)^n$，$n' = n$。

通过式 (3-25) 和式 (3-26) 分别计算出 Re' 和 λ，并将结果绘出曲线，见图 3-4。由图中的曲线可以看出，λ 与 Re' 的关系基本是降幂指数形式，对曲线进行拟合，得到经验公式：

$$\lambda = 0.344 \, (Re')^{-0.275} \tag{3-27}$$

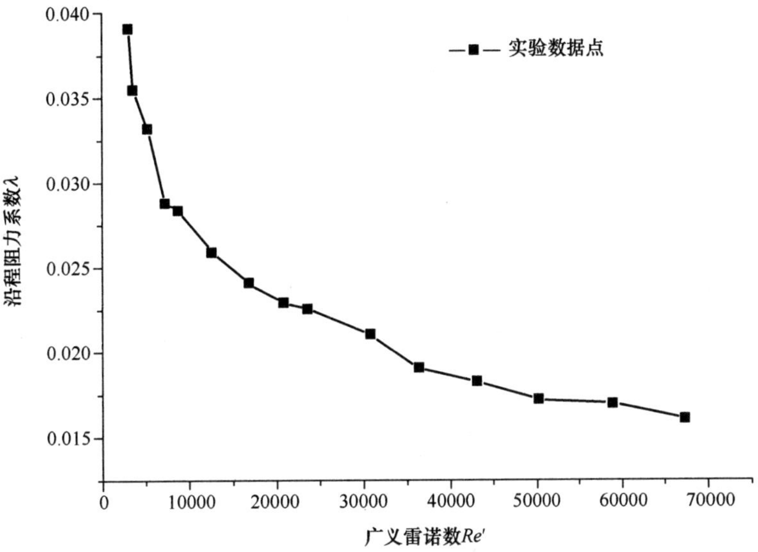

图 3-4　广义雷诺数与沿程阻力系数关系图

3.3　工程应用简化

3.3.1　层流

对牛顿流体 $f(\tau) = \tau/\mu$，将受力体简化为单元圆柱体有 $Q = \pi R^3 \tau_{\mathrm{w}} / 4\mu$，其中

$$\tau_{\mathrm{w}} = \Delta p \cdot R / 2L \tag{3-28}$$

则有：

$$Q = \pi R^3 \Delta p / 8\mu L \tag{3-29}$$

式（3-29）为牛顿流体泊谡叶方程的一种形式。

对幂律流体 $\tau = K\dot{\gamma}^n$，有：

$$f(\tau) = (\tau/K)^{\frac{1}{n}} \tag{3-30}$$

$$Q = \frac{n\pi R^3}{3n+1}\left(\frac{R\Delta p}{2LK}\right)^{\frac{1}{n}} \tag{3-31}$$

可推得：

$$\Delta p = \left(\frac{Q(3n+1)}{n\pi R^3}\right)^n \frac{2LK}{R} \tag{3-32}$$

已知：　　$Q = \dfrac{V}{t} = v_{\mathrm{m}}\pi R^2$，$v_{\mathrm{m}} = \dfrac{V}{\pi R^2 t}$，$\Delta p = \rho g \Delta H$

可得：

$$\Delta H = \frac{\Delta p}{\rho g} = \left(\frac{Q(3n+1)}{n\pi R^3}\right)^n \frac{2LK}{\rho g R} = \frac{64K\left(\frac{3n+1}{4n}\right)^n}{8^{1-n}D^n v_{\mathrm{m}}^{2-n}\rho} \frac{L}{D} \frac{v_{\mathrm{m}}^2}{2g} = \frac{64}{Re'} \frac{L}{D} \frac{v_{\mathrm{m}}^2}{2g} \tag{3-33}$$

而黏性流体的沿程损失为：

$$\Delta H = \lambda \frac{L}{D} \frac{v_{\mathrm{m}}^2}{2g} \tag{3-34}$$

对比两式可得非牛顿流体层流区内的阻力系数为：

$$\lambda = \frac{64}{Re'} \tag{3-35}$$

图 3-5 为层流状态下沿程损失与速度的实验结果与式（3-33）计算结果的关系曲线。

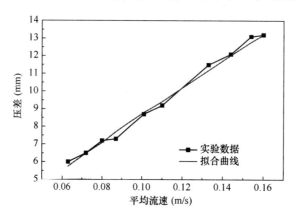

图 3-5   层流状态下压力沿程损失与速度关系曲线

3.3.2   紊流

非牛顿流体的圆管紊流计算，目前还没有成熟的计算方法，经常使用的一些经验或半经验公式一般也仅限于光滑区。由于工程计算的精度要求不高，因此光滑区的计算公式一般能满足工程上的要求。通常有两种计算方法，即布拉修斯型经验公式和根据卡门公式及有关实验资料整理出来的半经验公式。由于之前章节得到的公式形如布拉修斯公式，所以下文将采用卡门公式对得到的经验公式进行对比验证。

根据流变性的测定结果，得到城市原生污水为剪切稀化流体、属于幂律流体的结论。当城市污水的本构方程确定为幂律流体以后，即可以根据卡门（Karman）公式计算阻力系数。

$$\frac{1}{\sqrt{\frac{\lambda}{4}}} = \frac{4}{(n')^{0.75}} \lg \left\{ Re' \left(\frac{\lambda}{4} \right)^{\left[1 - \left(\frac{n'}{2} \right) \right]} \right\} - \frac{0.4}{(n')^{1.2}} \tag{3-36}$$

当 $n' = 1$ 时，上式就转化为牛顿流体的光滑区尼古拉兹公式，即：

$$\frac{1}{\sqrt{\lambda}} = 2\lg Re' \sqrt{\lambda} - 0.8 \tag{3-37}$$

分别比较不同管径情况下的沿程阻力系数公式（3-27）与卡门公式的计算结果，见表3-1。

经验公式与卡门公式计算结果比较　　　　　　　　**表 3-1**

DN20			DN32			DN40		
Re'	λ_K	λ_J	Re'	λ_K	λ_J	Re'	λ_K	λ_J
5434.14	0.0300	0.0323	7380.02	0.0273	0.0297	18072.64	0.0211	0.0232
8899.52	0.0258	0.0282	17483.79	0.0213	0.0234	19358.30	0.0207	0.0228
17923.11	0.0212	0.0233	26320.49	0.0191	0.0209	27767.14	0.0189	0.0206
25340.81	0.0193	0.0212	32510.58	0.0181	0.0198	33011.62	0.0181	0.0197
30014.78	0.0185	0.0202	34068.98	0.0179	0.0195	35191.30	0.0178	0.0193

注：λ_K 为卡门公式计算的沿程阻力系数；λ_J 为前文实验数据计算的沿程阻力系数。

　　分析表 3-1 中各管径下的误差，最小误差为 7.67%，最大误差为 10.14%，整个误差范围在 10% 左右。由此可以看出，可能存在的系统误差影响了整体实验结果的精确性，但是对于工程应用的经验公式来说，其结果可信，可以应用。此外，对公式形式而言，式 (3-36) 满足布拉修斯公式的形式，相对于卡门公式，是显式求解，计算比较简便，便于工程上直接求解和应用。

第 4 章

污水的换热特性

换热计算是城市污水源热泵系统工程的基本内容，主要涉及污水侧对流换热系数、污水侧污垢热阻、总传热系数、传热温差和换热面积等内容。一般而言，非污水侧的对流换热系数和污垢热阻，采用常规方法进行计算或取值。而污水侧由于污水成分复杂，表现出非牛顿流体特性，建议采取本章介绍的方法进行对流换热系数的计算和分析。

4.1 层流换热特性

4.1.1 圆管层流充分发展段

一般所谓充分发展对流换热，是指截面上流体的无量纲温度分布与流动方向上的坐标无关的一种换热工况。设 x 为流动方向的坐标，则上述条件可以表示为：

$$\frac{\partial}{\partial x}\left(\frac{T_w - T}{T_w - T_b}\right) = 0 \tag{4-1}$$

式中　T_w——截面上的平均壁温，℃；

$\quad\quad T_b$——流体的截面平均温度，℃；

$\quad\quad T$——流体的局部温度，℃。

式（4-1）中，无论 T、T_b 还是 T_w 都可能是 x 的函数，但是上述无量纲过余温度则与 x 无关。

截面流体平均温度 T_b，又称质量平均温度、整体平均流体温度或者混合室温度，它是表征流体的平均热能状态的温度。

热能轴向对流传递率 $Q = \dot{m}cT_b = (A_c u_m \rho)cT_b = \int_A u\rho cT \mathrm{d}A_c$，式中 $\dot{m}$ 为单位面积上的质量流率（kg/（m² · s））。

于是：

$$T_b = \frac{1}{A_c u_m}\int_{A_c} uT \mathrm{d}A_c = \frac{1}{\pi R^2 u_m}\int_0^R uT \cdot 2\pi r \mathrm{d}r = \frac{2}{R^2 u_m}\int_0^R uTr \mathrm{d}r \tag{4-2}$$

式中　A_c——圆管的断面积，m²；

$\quad\quad u_m$——断面平均流速，m/s。

下面对污水圆管层流充分发展区温度场进行推导。其物理模型为：温度均匀的污水流进足够长的管道内，管道外壁面有恒定热通量 q_m 加热，对流换热系数视为常数，从而确定在充分发展换热区域管内的换热准则关联式即 Nu 数。为便于分析，有以下假设：①流体物性为常数；②流体中的轴向导热忽略不计；③管壁很薄，通过管壁的热阻忽略不计；④不考虑流体中的黏性耗散。

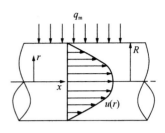

图 4-1　分析圆管内充分发展段对流换热的坐标系

在充分发展区，速度分布已给出，可进行其温度场分布求解。利用充分发展的条件及上述假设，坐标系如图 4-1 所示。

能量平衡方程式如下：

$$\rho\, c_p u \frac{\partial T}{\partial x} = \lambda \left[\frac{1}{r} \frac{\partial}{\partial r} \left(r \frac{\partial T}{\partial r} \right) + \frac{\partial^2 T}{\partial x^2} \right] \tag{4-3}$$

因为 x 轴方向由热传导传递的热量与由对流传递的热量相比是很小的，可以忽略，即：$\partial^2 T / \partial x^2 = 0$，于是能量方程可简化为：

$$\rho\, c_p u \frac{\partial T}{\partial x} = \lambda \left[\frac{1}{r} \frac{\partial}{\partial r} \left(r \frac{\partial T}{\partial r} \right) \right] \tag{4-4}$$

适用的边界条件为：

$$r = 0,\ \frac{\partial T}{\partial r} = 0;\ r = R,\ T = T_w \tag{4-5}$$

要确定充分发展区域的 Nu 数，关键在于获得截面上的温度分布，为此定义一个与主流方向的位置无关的无量纲温度，以把式（4-4）化成关于该无量纲温度的常微分方程式。值得指出的是，充分发展换热区的根本特点是无量纲温度与主流方向的位置无关，至于该无量纲温度的定义则并无一定的模式，随问题的不同而定，有时同一个问题可以采用几种不同的定义。本问题定义无量纲温度如下：

$$\Theta = \frac{T - T_w}{T_b - T_w} \tag{4-6}$$

式中　T_b——流体的截面平均温度，即 $\dfrac{2}{R^2 u_m} \displaystyle\int_0^R u T r\, \mathrm{d}r$，℃；

　　　T_w——壁面平均温度，℃。

于是有：$\dfrac{\partial \Theta}{\partial x} = 0$。

对式（4-6）微分并整理得：

$$\frac{\partial T}{\partial x} = \frac{\partial}{\partial x}[\Theta(T_b - T_w)] + \frac{\mathrm{d}T_w}{\mathrm{d}x} = \Theta \frac{\mathrm{d}}{\mathrm{d}x}(T_b - T_w) + \frac{\mathrm{d}T_w}{\mathrm{d}x} \tag{4-7}$$

本问题中壁面有恒定热流 q_m，因而在壁面处应有：

$$q_m = h(T_w - T_b) \tag{4-8}$$

在 h 为常量时，$T_w - T_b = \mathrm{const}$，于是有：

$$\frac{\mathrm{d}(T_w - T_b)}{\mathrm{d}x} = 0 \Rightarrow \frac{\mathrm{d}T_w}{\mathrm{d}x} = \frac{\mathrm{d}T_b}{\mathrm{d}x}$$

代入式（4-7）变为：

$$\frac{\partial T}{\partial x} = \frac{dT_b}{dx} \tag{4-9}$$

式 (4-9) 代入式 (4-4) 可得壁面恒定热通量时温度控制方程:

$$\rho\, c_p u \frac{dT_b}{dx} = \frac{1}{r} \frac{\partial}{\partial r}\left(\lambda r\, \frac{\partial T}{\partial r}\right) \tag{4-10}$$

边界条件为式 (4-5),根据第 3 章结论对式 (4-10) 处理得:

$$\rho\, c_p \frac{4.189 u_m}{2.189 R^{2.189}} (R^{2.189} - r^{2.189}) \frac{dT_b}{dx} = \frac{1}{r} \frac{\partial}{\partial r}\left(\lambda r\, \frac{\partial T}{\partial r}\right) \tag{4-11}$$

对于确定的流体,ρ、c_p、R 为常数,u_m 与 r 无关,因而为了计算方便可令 $\rho\, c_p \frac{4.189 u_m}{2.189 R^{2.189}} = A$,于是式 (4-11) 化为:

$$A(R^{2.189} - r^{2.189}) \frac{dT_b}{dx} = \frac{1}{r} \frac{\partial}{\partial r}\left(\lambda r\, \frac{\partial T}{\partial r}\right) \tag{4-12}$$

上式对 r 积分两次,并由式 (4-11) 边界条件确定积分常数,即可得温度分布:

$$T = T_w - 0.198 \frac{A}{\lambda} \frac{dT_b}{dx} R^{4.189} + \frac{1}{4} \frac{A}{\lambda} \frac{dT_b}{dx} R^{2.189} r^2 - \frac{1}{19.32} \frac{A}{\lambda} \frac{dT_b}{dx} r^{4.189} \tag{4-13}$$

于是根据 $T_b = \frac{2}{R^2 u_m} \int_0^R uTr\,dr$,并将式 (4-13) 代入,即可计算流体的截面平均温度如下:

$$T_b = T_w - 0.121 \frac{A}{\lambda} \frac{dT_b}{dx} R^{4.189} \tag{4-14}$$

将 $A = \rho\, c_p \frac{4.189 u_m}{2.189 R^{2.189}}$ 代入上式,并化简可得:

$$T_b = T_w - 0.22 \rho c_p \frac{u_m}{\lambda} \frac{dT_b}{dx} R^2 \tag{4-15}$$

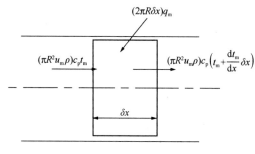

于是可以得到壁面热通量 q_m 的计算式:

$$q_m = h(T_w - T_b) = 0.22 h \rho\, c_p \frac{u_m}{\lambda} \frac{dT_b}{dx} R^2 \tag{4-16}$$

壁面热通量可由微元体能量平衡式来计算,如图 4-2 所示,取一个微元控制体,于是可得:

$$q_m = \frac{R u_m \rho\, c_p}{2}\left(\frac{dT_b}{dx}\right) \tag{4-17}$$

图 4-2   圆管中微元控制体的热量流通示意图

式 (4-16) 和式 (4-17) 联立即可解得:

$$h = 4.55 \frac{\lambda}{D} \tag{4-18}$$

式中 $D = 2R$。

可得污水流动层流区充分发展段的 Nu 数为 4.55。已知牛顿流体圆管层流充分发展段在均匀热流边界条件下 Nu 数为 4.36,此时污水在圆管层流充分发展段的 Nu 数比牛顿流体稍大。其原因可能是污水在低剪切速度时,剪切稀化特性表现明显,因而换热特性可能受到组分的热物理性质的影响，而且组分间可能存在一些微观的作用力，从而提高了污水的对流换热特性。

从式 (4-18) 可以看出，传热系数 h 只与 λ 和 D 有关，而与 u_m、ρ、c_p 等参数无关。同时，由于在推导过程中代入了经流变性实验测定的流变参数，该准则关联式仅适用于上文实验水样。

4.1.2 圆管层流热力入口段

污水圆管层流热力入口段的能量平衡式依然为式 (4-3)，但是在热力入口段，形如式 (4-1)的无量纲温度将不再存在，因而理论上无法对其求解，只能借助于数值解法或者实验手段。

当流体从大空间进入一根圆管时，流动边界层有一个从零开始增长直到汇合于管子中心线的过程。类似的，当流体与管壁之间有热交换时，管壁面上的热边界层也有一个从零开始增长直到汇合于管中心线的过程。当流体边界层及热边界层汇合于管中心线后称流动及换热已经充分发展，此后的换热强度将保持不变。从进口到充分发展段之间的区域称为入口段，入口段的热边界层较薄，局部表面传热系数比充分发展段的要高，且沿着主流方向逐渐降低。因此工程技术中可以考虑利用入口段换热效果好这一特点来强化换热。

根据相关文献，在一般情况下，热力入口段长度可由下式确定：

$$\frac{L}{D} \approx 0.05 RePr \tag{4-19}$$

实验加热段长度 L 为 4.47m，管径 D 经清水滤定测得为 0.0194mm：

$$\frac{L}{D} = 0.05 \times (\rho u^{2-n} D^n / K_{psu}) \times (c_p K_{psu} D^{1-n} / \lambda u^{1-n}) \tag{4-20}$$

代入数据，即可得到实验管段全部处于热力入口段时的流速，即：

$$u = \frac{L \times \lambda}{0.05 \times D^2 \rho c_p} = \frac{4.47 \times 0.5782}{0.05 \times 0.0194^2 \times 973.919 \times 4037.13} = 0.03226\text{m/s}$$

此时的雷诺数为：

$$Re = \rho u^{2-n} D^n / K_{psu} = 973.919 \times 0.03226^{1.283} \times 0.0194^{0.717} / 0.0058 = 121.4$$

实验中，流速在 0.05~0.2m/s 范围内变化，因而可确定管段完全处于热力入口段。

实验中，对管段采用电阻丝加热，然后通过改变污水流速，测得对应流速下污水进出口温度和管壁温度。通过实验数据分析，整理得到对应无量纲准则数之间的关系，即经验换热准则关联式。污水圆管层流热力入口段的实验数据处理结果如图 4-3 和图 4-4 所示。

图 4-3 为实验管段层流热力入口段在恒热流的工况下，多次测量结果平均以后的对流换热系数 h 随着污水流速的变化趋势。从图中可以看出，随着流速的增大，对流换热系数 h 也在增大。

由图 4-4 中可以看出，污水层流热力入口段，实验过程中随着流速的增大，Pr 数减小，Nu 数却在增大；Re 数增大的同时，Nu 数也在增大。由于其无量纲准则数与牛顿流体的定义不同，因此与牛顿流体不具可比性，其具体的变化趋势将由曲线拟合表达式表述。

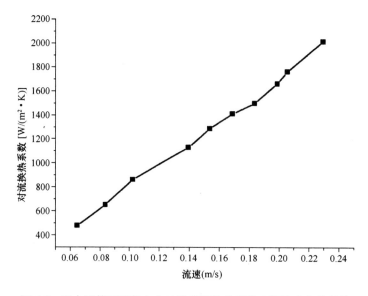

图 4-3   污水圆管层流热力入口段对流换热系数 h 随流速变化趋势

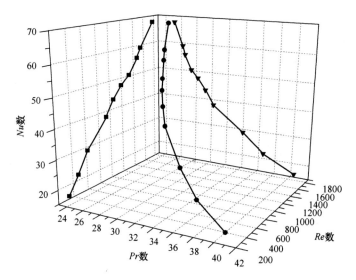

图 4-4   污水圆管层流热力入口段 Nu 数受 Pr 数和 Re 数的影响

拟合图 4-4 中的曲线可得如下的换热准则关联式：

$$Nu = 2.206Re^{0.7}Pr^{-0.53} \tag{4-21}$$

其拟合度为 0.9742，定性温度为流体的平均温度。流速在 0.05~0.2m/s 范围内变化时，此式可以很好地描述污水圆管层流热力入口段的对流换热特性。

污水在此工况下的换热准则关联式中，Re 数的指数为 0.70，说明污水此时的 Nu 数较大受 Re 数的影响；Pr 数的指数为 -0.53，为负值主要是由于此时污水的剪切稀化特性表现得比较明显。

由上文结论可得：$\eta = 0.00251\left(\dfrac{\mathrm{d}u}{\mathrm{d}r}\right)^{-0.159}$。此时污水的黏度可由对应流速代入上式求

得，即：

当 $u=0.05\text{m/s}$ 时，$\eta_{0.05} = 0.00251\left(\dfrac{\mathrm{d}u}{\mathrm{d}r}\right)^{-0.159} = 2.16\times10^{-3}\text{kg/(m·s)}$

当 $u=0.2\text{m/s}$ 时，$\eta_{0.05} = 0.00251\left(\dfrac{\mathrm{d}u}{\mathrm{d}r}\right)^{-0.159} = 1.73\times10^{-3}\text{kg/(m·s)}$

而清水在 10℃时，其黏度 $\eta = 1.306\times10^{-3}\text{kg/(m·s)}$，因此可知此时污水的黏度要比清水大很多，大致可认为是清水的 1.5～2 倍，而且黏度随着流速增大而减小的趋势很明显，从而使得污水 Pr 数在本阶段也随流速增大而陡降，这与 Nu 数增大的趋势显得格格不入，因而导致 Pr 数指数为负值。

4.2 紊流换热特性

4.2.1 圆管内污水紊流的温度场

由于污水紊流圆管内的速度场较为复杂，在求解能量方程、计算分析其温度场分布前，应先对紊流区的速度分布进行分析。

污水紊流状态下主流区管内的速度分布为：
$$v^+ = 2.5\ln y^+ + 5.7 \tag{4-22}$$
即：
$$v = v^*(2.5\ln y^+ + 5.7) \tag{4-23}$$
$$v_{\max} = v^*(2.5\ln y^+(R) + 5.7) \tag{4-24}$$
式中 v^*——溶场的剪切速率，m/s。
则：
$$\frac{v}{v_{\max}} = \frac{2.5\ln y^+ + 5.7}{2.5\ln y^+(R) + 5.7} \tag{4-25}$$

根据污水源热泵系统换热时流速的应用范围，当 $Re' = 12000$ 时（对 D2 管，流速约为 1m/s），将式（4-25）中 $v/v_{\max}$ 拟合为 y/R 的幂函数形式，即 $\dfrac{v}{v_{\max}} = \left(\dfrac{y}{R}\right)^{\frac{1}{s}}$。图 4-5 为 $\dfrac{v}{v_{\max}}$ 与 $\dfrac{y}{R}$ 拟合关系图。

得到：
$$\frac{v}{v_{\max}} = \left(\frac{y}{R}\right)^{\frac{1}{7}} \tag{4-26}$$

即 $s = 7$，其拟合均方差为 0.031；拟合优度为 99.99%。则：
$$\frac{v}{v_{\mathrm{m}}} = \frac{v}{v_{\max}}\frac{v_{\max}}{v_{\mathrm{m}}} = \left(\frac{y}{R}\right)^{\frac{1}{s}}\frac{1}{\dfrac{1}{\pi R^2}\int_0^R\left(\dfrac{R-r}{R}\right)^{\frac{1}{s}}2\pi r\mathrm{d}r} = \left(\frac{y}{R}\right)^{\frac{1}{s}}\frac{(s+1)(2s+1)}{2s^2} \tag{4-27}$$

对不可压缩流体在圆管内非高速紊流流动稳态传热过程，忽略能量方程的耗散项和压缩项，设 z 为流体流动方向，则能量方程为：

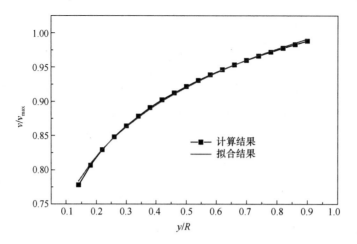

图 4-5 $v/v_{\max}$ 与 y/R 拟合关系

$$v_r \frac{\partial(c\rho t)}{\partial r} + \frac{v_\theta}{r}\frac{\partial(c\rho t)}{\partial \theta} + v_z\frac{\partial(c\rho t)}{\partial z} = \lambda\left(\frac{1}{r}\frac{\partial}{\partial r}\left(r\frac{\partial t}{\partial r}\right) + \frac{1}{r^2}\frac{\partial^2 t}{\partial \theta^2} + \frac{\partial^2 t}{\partial z^2}\right) \tag{4-28}$$

式中　　λ——污水的导热系数，$W/(m \cdot K)$。

在湍流成熟发展段，$v_r = v_\theta = 0$；等式左边的 $\frac{\partial^2 t}{\partial z^2}$ 为沿管段方向流体间的导热，远小于第一项，而 $\frac{\partial^2 t}{\partial \theta^2}$ 也可忽略。而且在污水冷热源的应用中，一般传热温差较小，污水温度变化也较小，故可假定流体的 λ、c_p、K、n 等物性参数为常数。则有：

$$v_z\frac{\partial(c\rho t)}{\partial z} = \lambda\frac{1}{r}\frac{\partial}{\partial r}\left(r\frac{\partial t}{\partial r}\right) \tag{4-29}$$

考虑紊流脉动引起的热扩散影响，则：

$$\frac{1}{r}\frac{\partial}{\partial r}\left[r(a+\varepsilon_H)\frac{\partial t}{\partial r}\right] = v_z\frac{\partial t}{\partial r} \tag{4-30}$$

对定热流边界，由式 (4-30) 可知 $\frac{\partial t}{\partial r} = \frac{2q_w}{r_0 c\rho v_m}$ 为常数。令式 (4-30) 中的坐标 $r = R - y$，y 为离壁距离，代入式 (4-30) 有：

$$\frac{-1}{R-y}\frac{\partial}{\partial y}[(R-y)q] = \frac{2q_w}{r_0}\frac{v}{v_m} \tag{4-31}$$

式中　　$q = c\rho(a+\varepsilon_H)\frac{\partial t}{\partial r}$，为任意位置的径向热流，$W/m^2$。

将式 (4-27) 代入并积分得：

$$q = \frac{-2Rq_w}{R-y}\frac{(1+s)(2s+1)}{2s^2}\left[\frac{s}{s+1}\left(\frac{y}{R}\right)^{\frac{s+1}{s}} - \frac{s}{2s+1}\left(\frac{y}{R}\right)^{\frac{2s+1}{s}} + c\right] \tag{4-32}$$

当 $y = R$ 时，$q = 0$，故 $c = \frac{n}{2n+1} - \frac{n}{n+1} = \frac{-n^2}{(2n+1)(n+1)}$，则有：

$$q = \frac{q_w}{1-\frac{y}{R}}\left[1 - \left(2+\frac{1}{s}\right)\left(\frac{y}{R}\right)^{\frac{s+1}{s}} + \left(1+\frac{1}{n}\right)\left(\frac{y}{R}\right)^{\frac{2s+1}{s}}\right] \tag{4-33}$$

当 $y \to R$ 时，得 $q = 0$；当 $y = 0$ 时，$q = q_{\mathrm{w}}$。

令

$$D = \left[1 - \left(2 + \frac{1}{s} \right) \left(\frac{y}{R} \right)^{\frac{s+1}{s}} + \left(1 + \frac{1}{n} \right) \left(\frac{y}{R} \right)^{\frac{2s+1}{s}} \right]$$

为简化计算，取 $D = 1$，代入式（4-33）有：

$$q_{\mathrm{w}} \left(1 - \frac{y}{R} \right) = -c\rho (a + \varepsilon_{\mathrm{H}}) \frac{\partial t}{\partial y} \tag{4-34}$$

定义无因次温度：

$$t^+ = \frac{t}{q_{\mathrm{w}} / c\rho v^*} \tag{4-35}$$

又 $y^+ = \dfrac{y \left(\tau_{\mathrm{w}} / \rho \right)^{\frac{2-n}{2n}}}{(K / \rho)^{1/n}} = \dfrac{y \left(v^* \right)^{\frac{2-n}{n}}}{(K / \rho)^{1/n}}$；

对非牛顿流体在圆管内的热传递可假设：

$$\frac{\tau}{\rho} = \frac{\tau_{\mathrm{w}}}{\rho} \left(1 - \frac{y}{R} \right) = \frac{K}{\rho} \left(\frac{\mathrm{d}v}{\mathrm{d}y} \right)^n + \varepsilon_{\mathrm{M}} \frac{\mathrm{d}v}{\mathrm{d}y} \tag{4-36}$$

并假定热扩散系数 ε_{H} 与紊流黏滞系数 ε_{M} 满足 $\dfrac{\varepsilon_{\mathrm{H}}}{\varepsilon_{\mathrm{M}}} = 1$，则：

$$\varepsilon_{\mathrm{M}} = \frac{\dfrac{\tau_{\mathrm{w}}}{\rho} \left[1 - \dfrac{y^+}{R^+} - \left(\dfrac{\mathrm{d}v^+}{\mathrm{d}y^+} \right)^n \right]}{\left(\dfrac{\tau_{\mathrm{w}}}{K} \right)^{\frac{1}{n}} \left(\dfrac{\mathrm{d}v}{\mathrm{d}y} \right)} \tag{4-37}$$

代入式（4-34）得：

$$1 - \frac{y^+}{R^+} = -\left(\frac{\lambda}{c\rho} + \varepsilon_{\mathrm{M}} \right) \left| \frac{\left(\dfrac{\tau_{\mathrm{w}}}{\rho} \right)^{\frac{1-n}{n}}}{\left(\dfrac{K}{\rho} \right)^{\frac{1}{n}}} \right| \frac{\partial t^+}{\partial y^+} \tag{4-38}$$

（1）在层流区，$0 \leqslant y^+ \leqslant 5$，$v^+ = y^+$，而且 y^+ 远小于 R^+，即：$\dfrac{y^+}{R^+} \to 0$，则 $\varepsilon_{\mathrm{M}} = 0$，又 $y^+ = 0$ 时，$t^+ = t_{\mathrm{w}}^+$，则该区温度分布为：

$$t^+ = \frac{-\left(\dfrac{K}{\rho} \right)^{\frac{1}{n}}}{\dfrac{\lambda}{c\rho} \left(\dfrac{\tau_{\mathrm{w}}}{\rho} \right)^{\frac{1-n}{n}}} y^+ + t_{\mathrm{w}}^+ \tag{4-39}$$

则 $y^+ = 5$ 处的温度 t_5 满足：

$$t_5 - t_{\mathrm{w}} = -\frac{5 q_{\mathrm{w}}}{\lambda} \frac{\left(\dfrac{K}{\rho} \right)^{\frac{1}{n}}}{\left(\dfrac{\tau_{\mathrm{w}}}{\rho} \right)^{\frac{2-n}{2n}}} \tag{4-40}$$

(2) 在过渡区，$5 \leqslant y^+ \leqslant 30$；$v^+ = 5.11 \ln y^+ - 3.22$，由于该层较薄且靠近壁面，故可取 $1 - \dfrac{y^+}{R^+} = 1$；$\dfrac{\mathrm{d}v^+}{\mathrm{d}y^+} = \dfrac{5.11}{y^+}$；由式 (4-38) 得：

$$\frac{\partial t^+}{\partial y^+} = -\cfrac{1}{\cfrac{\lambda}{c\rho} \cfrac{\left(\frac{\tau_w}{\rho}\right)^{\frac{1-n}{n}}}{\left(\frac{K}{\rho}\right)^{\frac{1}{n}}} + \cfrac{1 - \left(\frac{5.11}{y^+}\right)^n}{\frac{5.11}{y^+}}} \tag{4-41}$$

上式积分可得此区间的无因次温度场。由于积分过程很复杂，当 $n = 0.5 \sim 1.5$，$y^+ = 5 \sim 30$ 时，为了简化计算，根据上式中的 $\left[1 - \left(\frac{5.11}{y^+}\right)^n\right] \Big/ \frac{5.11}{y^+}$ 项的分布特点可知，能够用 $A + By^+$ 进行替代，其中 A、B 为常数，可由拟合得到。则上式变为：

$$\frac{\partial t^+}{\partial y^+} = -\cfrac{1}{\cfrac{\lambda}{c\rho} \cfrac{\left(\frac{\tau_w}{\rho}\right)^{\frac{1-n}{n}}}{\left(\frac{K}{\rho}\right)^{\frac{1}{n}}} + A + By^+} \tag{4-42}$$

积分得：$t^+ = -\dfrac{1}{B} \ln \left| \dfrac{\lambda}{c\rho} \dfrac{\left(\frac{\tau_w}{\rho}\right)^{\frac{1-n}{n}}}{\left(\frac{K}{\rho}\right)^{\frac{1}{n}}} + A + By^+ \right| + c$，又 $y^+ = 5$ 时，$t^+ = t_5^+$，则该层温度分布为：

$$t^+ - t_5^+ = -\frac{1}{B} \ln \left| \frac{\lambda}{c\rho} \frac{\left(\frac{\tau_w}{\rho}\right)^{\frac{1-n}{n}}}{\left(\frac{K}{\rho}\right)^{\frac{1}{n}}} + A + By^+ \right| + \frac{1}{B} \ln \left| \frac{\lambda}{c\rho} \frac{\left(\frac{\tau_w}{\rho}\right)^{\frac{1-n}{n}}}{\left(\frac{K}{\rho}\right)^{\frac{1}{n}}} + A + 5B \right| \tag{4-43}$$

故 $y^+ = 30$ 处的温度为：

$$
\begin{aligned}
t_{30} - t_5 = & -\frac{q_w}{Bc\rho\sqrt{\tau_w/\rho}} \ln \left| \frac{\lambda}{c\rho} \frac{\left(\frac{\tau_w}{\rho}\right)^{\frac{1-n}{n}}}{\left(\frac{K}{\rho}\right)^{\frac{1}{n}}} + A + 30B \right| \\
& -\frac{q_w}{Bc\rho\sqrt{\tau_w/\rho}} \ln \left| \frac{\lambda}{c\rho} \frac{\left(\frac{\tau_w}{\rho}\right)^{\frac{1-n}{n}}}{\left(\frac{K}{\rho}\right)^{\frac{1}{n}}} + A + 5B \right|
\end{aligned}
\tag{4-44}
$$

(3) 在紊流核心区，$30 \leqslant y^+$，$u^+ = 2.5 \ln y^+ + 5.7$，$\dfrac{\mathrm{d}u^+}{\mathrm{d}y^+} = \dfrac{2.5}{y^+}$，则：

$$\varepsilon_m = \frac{\frac{\tau_w}{\rho} \left[1 - \frac{y^+}{R^+} - \left(\frac{2.5}{y^+}\right)^n\right]}{\left(\frac{\tau_w}{K}\right)^{\frac{1}{n}} \left(\frac{2.5}{y^+}\right)} = \frac{\frac{\tau_w}{\rho} \left[1 - \frac{y^+}{R^+} - \left(\frac{2.5}{y^+}\right)^n\right] y^+}{2.5 \left(\frac{\tau_w}{K}\right)^{\frac{1}{n}}} \tag{4-45}$$

故：

$$-\frac{\partial t^+}{\partial y^+} = \frac{1 - \dfrac{y^+}{R^+}}{\left[\dfrac{\left(\dfrac{\tau_w}{\rho}\right)^{\frac{1-n}{n}}}{\left(\dfrac{K}{\rho}\right)^{\frac{1}{n}}}\right]\left[\dfrac{\left(\dfrac{\tau_w}{\rho}\right)y^+}{2.5\left(\dfrac{\tau_w}{K}\right)^{\frac{1}{n}}}\left(1 - \dfrac{y^+}{R^+} - \left(\dfrac{2.5}{y^+}\right)^n\right) + \dfrac{\lambda}{c\rho}\right]} \tag{4-46}$$

在紊流核心区域，一般认为，式（4-46）分母中 $\dfrac{\lambda}{c\rho}$ 远小于 ε_m，而 y^+ 大于 30，相对于其他项，分母中 $\left(\dfrac{2.5}{y^+}\right)^n$ 可略去，故上式可简化为：

$$-\frac{\partial t^+}{\partial y^+} = \frac{1 - \dfrac{y^+}{R^+}}{\left[\dfrac{\left(\dfrac{\tau_w}{\rho}\right)^{\frac{1-n}{n}}}{\left(\dfrac{K}{\rho}\right)^{\frac{1}{n}}}\right]\left[\dfrac{\left(\dfrac{\tau_w}{\rho}\right)y^+}{2.5\left(\dfrac{\tau_w}{K}\right)^{\frac{1}{n}}}\left(1 - \dfrac{y^+}{R^+}\right)\right]} = \frac{2.5}{y^+} \tag{4-47}$$

积分得：

$$t^+ = 2.5\ln y^+ + c \tag{4-48}$$

故：

$$t_c^+ - t_{30}^+ = 2.5\ln\left(\frac{R^+}{30}\right) \tag{4-49}$$

$$t_c - t_{30} = -\frac{2.5 q_w}{c\rho\sqrt{\tau_w/\rho}}\ln\frac{R^+}{30} \tag{4-50}$$

式中　t_c——管中心处温度，℃。

式（4-39）、式（4-43）与式（4-48）表示了污水在圆管内紊流时的温度场分布。

4.2.2　污水紊流换热的理论解析

根据前文所得温度场分布，本节经分析得到了定热流边界条件下污水的对流换热准则关联式。

将式（4-40）、式（4-44）与式（4-50）相加得：

$$\begin{aligned}
t_c - t_w = &-\frac{5q_w}{\lambda}\frac{\left(\dfrac{K}{\rho}\right)^{\frac{1}{n}}}{\left(\dfrac{\tau_w}{\rho}\right)^{\frac{2-n}{2n}}} - \frac{2q_w}{c\rho\left(\dfrac{\tau_w}{\rho}\right)^{\frac{1}{2}}}\ln\left(\frac{R^+}{30}\right) \\[2ex]
&-\frac{q_w}{Bc\rho\sqrt{\tau_w/\rho}}\ln\left[\frac{\dfrac{\lambda}{c\rho}\dfrac{\left(\dfrac{\tau_w}{\rho}\right)^{\frac{1-n}{n}}}{\left(\dfrac{K}{\rho}\right)^{\frac{1}{n}}} + A + 30B}{\dfrac{\lambda}{c\rho}\dfrac{\left(\dfrac{\tau_w}{\rho}\right)^{\frac{1-n}{n}}}{\left(\dfrac{K}{\rho}\right)^{\frac{1}{n}}} + A + 5B}\right]
\end{aligned} \tag{4-51}$$

则管断面的热力学平均温度为：

$$t_{\mathrm{m}} = \frac{1}{\pi R^2} \int_0^R t \frac{v}{v_{\mathrm{m}}} 2\pi r \mathrm{d}r \tag{4-52}$$

由式（4-39）、式（4-43）与式（4-48）积分即可得到管内平均温度 t_{m}；但计算过程十分繁杂，在此假设温度分布与速度分布一样，即：

$$\frac{t - t_{\mathrm{w}}}{t_{\mathrm{c}} - t_{\mathrm{w}}} = \left(\frac{y}{R}\right)^{\frac{1}{7}} \tag{4-53}$$

由式（4-27）及式（4-53）积分得：

$$\frac{t_{\mathrm{m}} - t_{\mathrm{w}}}{t_{\mathrm{c}} - t_{\mathrm{w}}} = 0.831 \tag{4-54}$$

对流换热系数 h 与定热流 q_{w} 的关系为：

$$Q_{\mathrm{w}} = 2\pi h R L (t_{\mathrm{w}} - t_{\mathrm{m}}) = 2\pi q_{\mathrm{w}} R L \tag{4-55}$$

将式（4-51）、式（4-54）代入式（4-55），并令 $X = \dfrac{\dfrac{\lambda}{c\rho} \dfrac{\left(\frac{\tau_{\mathrm{w}}}{\rho}\right)^{\frac{1-n}{n}}}{\left(\frac{K}{\rho}\right)^{\frac{1}{n}}} + A + 30B}{\dfrac{\lambda}{c\rho} \dfrac{\left(\frac{\tau_{\mathrm{w}}}{\rho}\right)^{\frac{1-n}{n}}}{\left(\frac{K}{\rho}\right)^{\frac{1}{n}}} + A + 5B}$

得：

$$\frac{5h}{\lambda} \frac{\left(\frac{K}{\rho}\right)^{\frac{1}{n}}}{\left(\frac{\tau_{\mathrm{w}}}{\rho}\right)^{\frac{2-n}{2n}}} + \frac{h}{Bc\rho \left(\frac{\tau_{\mathrm{w}}}{\rho}\right)^{\frac{1}{2}}} \ln X + \frac{2.5h}{c\rho \left(\frac{\tau_{\mathrm{w}}}{\rho}\right)^{\frac{1}{2}}} \ln\left(\frac{R^+}{30}\right) = \frac{1}{0.831} \tag{4-56}$$

即：

$$\frac{hD}{\lambda}\left[\frac{5\left(\frac{K}{\rho}\right)^{\frac{1}{n}}}{D\left(\frac{\tau_{\mathrm{w}}}{\rho}\right)^{\frac{2-n}{2n}}} + \frac{\lambda}{Bc\rho D\left(\frac{\tau_{\mathrm{w}}}{\rho}\right)^{\frac{1}{2}}}\ln X + \frac{2.5\lambda}{c\rho D\left(\frac{\tau_{\mathrm{w}}}{\rho}\right)^{\frac{1}{2}}}\ln\left(\frac{R^+}{30}\right)\right] = \frac{1}{0.831}$$

有：

$$\frac{h}{v\,c\rho} = \frac{\left(\frac{c_{\mathrm{f}}}{2}\right)^{\frac{1}{2}}}{0.831\left[5\left(\frac{c_{\mathrm{f}}}{2}\right)^{\frac{n-1}{n}}\left(\frac{v^{2-n}D^n}{k/\rho}\right)^{\left(1-\frac{1}{n}\right)}\left(\frac{ckD^{1-n}}{\lambda v^{1-n}}\right) + \frac{1}{B}\ln X + 2.5\ln\left(\frac{\left(\frac{c_{\mathrm{f}}}{2}\right)^{\frac{2-n}{2n}}\left[\frac{v^{2-n}D^n}{k/\rho}\right]^{\frac{1}{n}}}{60}\right)\right]}$$

定义对流换热时有：

$$Nu_{\mathrm{h}} = hD/\lambda \tag{4-57}$$

$$Re_{\mathrm{h}} = \frac{v^{2-n}D^n}{\frac{K}{\rho}} \tag{4-58}$$

$$Pr_{\rm h} = \frac{cKD^{1-n}}{\lambda v^{1-n}} \tag{4-59}$$

则其换热准则关联式为：

$$St = \frac{\left(\dfrac{c_{\rm f}}{2}\right)^{\frac{1}{2}}}{0.831\left[5\left(\dfrac{c_{\rm f}}{2}\right)^{\frac{n-1}{n}} Re_{\rm h}^{\left(1-\frac{1}{n}\right)} Pr_{\rm h} + \dfrac{1}{B}\ln X + 2.5\ln\left(\dfrac{\left(\dfrac{c_{\rm f}}{2}\right)^{\frac{2-n}{2n}} Re_{\rm h}^{\frac{1}{n}}}{60}\right)\right]} \tag{4-60}$$

其中，$X = \dfrac{(c_{\rm f}/2)^{\frac{1-n}{n}} Pr_{\rm h}^{-1} Re_{\rm h}^{\frac{1-n}{n}} + A + 30B}{(c_{\rm f}/2)^{\frac{1-n}{n}} Pr_{\rm h}^{-1} Re_{\rm h}^{\frac{1-n}{n}} + A + 5B}$，$A$、$B$ 的值参见表 4-1。式（4-60）适合于

污水流动时雷诺数在 4000～20000 之间的换热计算。

常数 A、B 取值　　　　　　　　　　　　　　　　　　　　　表 4-1

n	0.5	0.75	1	1.25	1.5
A	-0.86	-0.98	-1	-0.99	-0.91
B	0.14	0.18	0.2	0.21	0.21

当 $n=0.92$，$A=-1$，$B=0.2$，式（4-60）化为：

$$St = \frac{Nu_{\rm h}}{Re_{\rm h} Pr_{\rm h}} = \frac{\left(\dfrac{c_{\rm f}}{2}\right)^{\frac{1}{2}}}{0.831\left\{5\left(\dfrac{c_{\rm f}}{2}\right)^{-0.087} Re_{\rm h}^{-0.087} Pr_{\rm h} + 5\ln X + 2.5\ln\left[\left(\dfrac{c_{\rm f}}{2}\right)^{0.59} Re_{\rm h}^{1.087}/60\right]\right\}}$$

其中，$X = \dfrac{(c_{\rm f}/2)^{0.087} Pr_{\rm h}^{-1} Re_{\rm h}^{0.087} + 5}{(c_{\rm f}/2)^{0.087} Pr_{\rm h}^{-1} Re_{\rm h}^{0.087}}$。

4.2.3　紊流换热实验结果与分析

实验时测量污水进出口温度 t_1、t_2 及管外壁温度 $t_{\rm sw}$；同时测量管内平均流速 $v_{\rm m}$。由能量守恒定律可知：

$$c\rho\pi R^2 v_{\rm m}(t_2 - t_1) = Q_{\rm w} \tag{4-61}$$

则污水的质量热容量 c 为：

$$c = \frac{Q_{\rm w}}{\pi R^2 \rho v_{\rm m}(t_2 - t_1)} \tag{4-62}$$

其中，$Q_{\rm w}$ 由电加热带提供，在实验中取定值 4000W。

由于污水导热系数的测定非常复杂，而污水的密度与质量热容量与清水相当，在以下的计算中对污水的导热系数采用相同温度下清水对应的数值，且污水换热过程中温度变化较小，可忽略温度对污水黏度本构方程的影响。由能量守恒定律有：

$$Q_{\rm w} = KF(t_{\rm sw} - t_{\rm m}) = hF(t_{\rm w} - t_{\rm m}) \tag{4-63}$$

式中换热系数 K 为：

$$K = \frac{1}{\dfrac{\delta_{\rm s}}{\lambda_{\rm s}} + \dfrac{1}{h}} \tag{4-64}$$

又 $t_\mathrm{m} = \dfrac{t_1 + t_2}{2}$ ，得对流换热系数：

$$h = \cfrac{1}{\cfrac{F\left(t_\mathrm{sw} - \dfrac{t_1 + t_2}{2}\right)}{Q_\mathrm{w}} - \dfrac{\delta_\mathrm{s}}{\lambda_\mathrm{s}}} \tag{4-65}$$

表 4-2 与表 4-3 分别为 D1 与 D2 的测量结果。

D1 污水的换热实验测量结果 　　　　　　　　　　表 4-2

$v_\mathrm{m(m/s)}$	0.56	0.82	1.13	1.54	1.83	2.04
$t_1(\mathrm{℃})$	12.19	12.17	12.18	12.15	12.19	12.17
$t_2(\mathrm{℃})$	17.90	16.09	15.04	14.23	13.94	13.75
$t_\mathrm{sw}(\mathrm{℃})$	20.37	18.44	16.88	15.50	15.34	15.13
$c(\mathrm{kJ/(kg \cdot ℃)})$	4.19	4.17	4.15	4.19	4.18	4.17
$h(\mathrm{W/(℃ \cdot m^2)})$	2146.32	2858.64	3665.23	5476.26	5659.57	6125.46

D2 污水的换热实验测量结果 　　　　　　　　　　表 4-3

$v_\mathrm{m(m/s)}$	0.63	0.75	1.01	1.42	1.73	1.92
$t_1(\mathrm{℃})$	12.72	12.69	12.75	12.70	12.73	12.71
$t_2(\mathrm{℃})$	19.69	18.53	17.11	15.81	15.27	14.99
$t_\mathrm{sw}(\mathrm{℃})$	22.85	20.78	19.32	17.46	16.1	16.13
$c(\mathrm{kJ/(kg \cdot ℃)})$	4.17	4.18	4.16	4.15	4.17	4.19
$h(\mathrm{W/(℃ \cdot m^2)})$	2098.62	2735.64	3261.25	4576.32	6062.43	6853.21

表 4-2 与表 4-3 中的 c 变化较小，取其平均值，可得 13℃ 污水的质量热容量 $c = 4.17\mathrm{kJ/(kg \cdot ℃)}$，比清水的 4.19kJ/(kg · ℃) 稍小，可能是污水含有较多污杂物而污杂物的平均质量热容量比水小的缘故造成的。传统方法按清水的 4.2 kJ/(kg · ℃)计算在工程应用中也是可以接受的。

4.2.4　紊流换热的实验准则关联式

由前文的计算可知，对热泵用污水而言，黏度系数 $K = 0.0031\,(\mathrm{N \cdot s^2)/m^2}$，流动指数 $n = 0.92$，$c_\mathrm{f} = \lambda/4$。将式(4-57)～式(4-60)计算结果与表 4-2 和表 4-3 的实验结果列入表 4-4 与表 4-5。表中清水的对流换热系数由 $Nu = 0.023Re^{0.8}Pr^{0.4}$ 计算而得。

D1 污水的换热实验与计算结果 　　　　　　　　　　表 4-4

$v_\mathrm{m(m/s)}$	0.56	0.82	1.13	1.54	1.83	2.04
Re_h	4719.71	6319.63	9884.77	13930.37	16228.94	17290.79
Pr_h	17.08	16.71	16.17	15.76	15.58	15.51
计算 Nu_h	65.71	85.59	128.15	174.47	200.10	211.79
计算 $h[\mathrm{W/(℃ \cdot m^2)}]$	2005.89	2612.64	3912.01	5325.94	6108.22	6465.32

续表

$v_{m(m/s)}$	0.56	0.82	1.13	1.54	1.83	2.04
实验 $h[W/(℃·m^2)]$	2146.32	2858.64	3665.23	5476.26	5659.57	6125.46
清水 $h[W/(℃·m^2)]$	2416.09	3278.04	4236.68	5427.24	6230.51	6796.21

D2 污水的换热实验与计算结果　　　　　　　　　　　　　　　表 4-5

$v_{m(m/s)}$	0.63	0.75	1.01	1.42	1.73	1.92
Re_h	4557.71	5502.06	7587.98	10963.03	13569.03	15185.34
Pr_h	16.78	16.55	16.16	15.73	15.48	15.35
计算 Nu_h	63.38	75.15	100.47	139.94	169.49	187.49
计算 $h[W/(℃·m^2)]$	2214.34	2625.86	3510.45	4889.57	5921.89	6550.84
实验 $h[W/(℃·m^2)]$	2098.62	2735.64	3261.25	4576.32	6062.43	6853.21
清水 $h[W/(℃·m^2)]$	2806.56	3226.52	4094.01	5376.81	6296.94	6844.36

　　由表 4-4 与表 4-5 可知，同管径、同流速条件下对流换热系数理论计算与实验结果基本相符。换热准则式 (4-60) 可指导系统的设计与计算。在误差允许范围内测试结果的波动较大，此现象与污水的特性、紊流系统的特性、实验系统的稳定性等有关。

　　此外，同管径、同流速条件下，污水的对流换热系数略低于清水，约为清水的 0.85~0.9。

　　为了便于工程使用的方便，将表 4-4 与表 4-5 的实验结果拟合，可得较简洁的换热计算准则式，即：

$$Nu_h = 0.0196 Re_h^{0.91} Pr_h^{0.15} \tag{4-66}$$

拟合均方差为 2.23，拟合优度为 98.6%。

　　非牛顿流体在紊流流态时，可用迪图斯-贝尔特（Dittus-Boelter）公式来表述其对流换热特性，式中的雷诺数和普朗特数均代入剪切稀化流体的广义雷诺数和普朗特数：

$$Nu = 0.023 Re^{0.8} Pr^{0.33} (\eta_b/\eta_w)^{0.14} \tag{4-67}$$

式中　η_b——为流体温度 t_b 下的流体动力黏度，Pa·s；

　　　η_w——为壁温 t_w 下的流体动力黏度，Pa·s。

　　由于上文实验出于工程实际的角度考虑，忽略了污水黏度受温度的影响，因而 $(\eta_b/\eta_w)^{0.14} = 1$。通过式 (4-66) 与式 (4-67) 对比可以看出，城市污水流动换热的 Nu 数在紊流状态下受 Re 数的影响比牛顿流体稍小，而受 Pr 数的影响则比牛顿流体要大得多。

4.3　工程应用简化

4.3.1　圆管紊流的换热系数

　　在城市污水源热泵系统中，大多数流动都处于紊流状态，层流状态只存在于特殊的小管道中。对于层流状态下的对流换热系数的求解，在 4.1 节和 4.2 节中已经做了充分的计算和说明，而且得到的换热准则数 Nu 在数值上与牛顿流体的相差并不是很大，所以如果计算城市污水在管内层流的对流换热系数，可以直接采用牛顿流体的 Nu，即 Nu 为常数 4.36。本节重点分析在紊流状态下，采用牛顿流体的对流换热系数公式与非牛顿流体经验公式之间的差别。

（1）牛顿流体的对流换热系数计算

受迫紊流换热准则关联式用下列幂函数表达

$$Nu = CRe^n Pr^m$$

式中　常数 C、n、m 均由实验研究确定。

对于光滑管内紊流，使用最广泛的关联式是迪图斯-贝尔特公式：

$$Nu_N = 0.023 Re_N^{0.8} Pr_N^{0.4} \tag{4-68}$$

式中　$Re = \dfrac{\rho v \mathrm{d}}{\eta}$；

　　　$Pr = \dfrac{c_p \eta}{\lambda}$。

（2）非牛顿流体的对流换热系数计算

经过 4.2 的分析计算，采用式（4-67）进行计算，式中的雷诺数和普朗特数采用在剪切稀化流体条件下的定义式和式（4-69）计算。

$$Pr = \dfrac{c_p k' D^{1-n}}{\lambda u^{1-n}} \tag{4-69}$$

在工程中，流速范围在 $0.5\mathrm{m/s} < u < 2\mathrm{m/s}$，所以可以在不同管径条件下根据最大流速和最小流速得到相应的剪应变速率，再由剪应变速率确定流体的黏度值。由于换热过程主要发生在污水换热器中的换热管内，所以管径都在小管径范围内，取管径范围在 $DN15 < d < DN40$，计算结果见表 4-6。

不同管径的流速和剪应变速率　　　　　　　　　　表 4-6

管径（mm）	DN15	DN20	DN32	DN40
最小流速（m/s）	0.5	0.5	0.5	0.5
最大流速（m/s）	2	2	2	2
最小剪应变速率（1/s）	66.67	50	31.25	25
最大剪应变速率（1/s）	266.67	200	125	100

从表 4-6 中可以看出，剪应变速率的范围在 $25 < \dot{\gamma} < 266.67$，整个剪应变速率区间内的黏度基本处于水平状态，上下波动幅度不大，经过平均可以得到这一范围内的表观黏度为 $1.653 \times 10^{-3} \mathrm{Pa \cdot s}$。

根据所取的黏度，确定平均流速为计算流速 $1.25\mathrm{m/s}$，计算相应的牛顿流体和非牛顿流体的雷诺数和普朗特数，将计算结果列于表 4-7 中。

不同管径的 *Re* 数和 *Pr* 数　　　　　表 4-7

管径（mm）	DN15	DN20	DN32	DN40
牛顿流体雷诺数 Re	11047	14730	23567	29459
牛顿流体普朗特数 Pr	12.5	12.5	12.5	12.5
非牛顿流体雷诺数 Re'	18548	22797	31933	37473
非牛顿流体普朗特数 Pr'	13.41	14.54	16.61	17.7

把计算所得的 Re 数和 Pr 数代入到计算 Nu 数的公式中，牛顿流体和非牛顿流体分别为式（4-67）和式（4-69），计算结果列于表 4-8 中。

不同管径的 *Nu* 数　　　　　表 4-8

管径（mm）	DN15	DN20	DN32	DN40
牛顿流体 Nu_N	108.41	136.48	198.76	237.61
非牛顿流体 Nu_F	127.9	160.1	231.12	275.28

综上，可得以下结论：

从计算得到的 Nu 数可知，在同流速、同管径的情况下，剪切稀化流体比牛顿流体增强了换热效果，换热系数随着管径的增大而增大。

比较得到的 Nu_N 和 Nu_F，发现 $Nu_N = (0.848 \sim 0.863) Nu_F$。也就是说，当采用牛顿流体的换热系数计算公式计算实际城市污水时，得到的结果是实际流体的 $0.848 \sim 0.863$ 倍。

进一步简化计算公式，采用牛顿流体的 Nu 数准则关联式计算城市污水的对流换热系数，结果需乘以修正系数，即：$Nu_F = 1.16 Nu_N$。该式可以大大简化计算过程。

4.3.2 误差分析

上述得到的经验公式，是在选取了平均黏度和平均流速条件下计算得到的，下面对在最大剪应变速率和最小剪应变速率条件下的 Nu 数进行计算，且计算相应的误差列于表 4-9。

圆管紊流时最大剪切速率和最小剪切速率的 *Nu* 数计算　　　　　表 4-9

管径（mm）	DN15	DN40
流速最值（m/s）	2	0.5
剪应变速率 $\dot{\gamma}$（1/s）	266.7	25
黏度值（$\times 10^{-3} Pa \cdot s$）	1.245	2.141
牛顿流体雷诺数 Re	14667	22744
牛顿流体普朗特数 Pr	9.41	16.19
非牛顿流体广义雷诺数 Re'	18548	37473
非牛顿流体普朗特数 Pr'	13.41	17.7
牛顿流体 Nu_N	121.4	214.25
非牛顿流体 Nu_F	127.9	275.28

计算结果表明：$(Nu_F)_{min} = 1.054(Nu_N)_{min}$；$(Nu_F)_{max} = 1.28(Nu_N)_{max}$。误差范围在 $7.5\% \sim 9.1\%$ 之间，由此可以看出，对于紊流状态来说，最大剪切速率和最小剪切速率下的 Nu 数计算误差均在 10% 范围内，可以按照 $Nu_F = 1.16Nu_N$ 计算城市污水的对流换热系数。根据图 2-8 黏度随剪切速率变化图线可以看出，当剪切速率 $\dot{\gamma} > 50$ (1/s) 时，黏度变化幅度不大，这时可以取黏度平均值，将城市污水当做牛顿流体处理，其计算公式将大大简化，而且结果误差不大，应用于工程设计时满足精度要求。

4.3.3　经验公式的适用范围

从工程应用角度看，城市污水可分为原生污水、一级污水和污水处理厂中的二级出水。本书集中研究的是城市原生污水。理论上，同为城市原生污水，对工业区与生活区、南方与北方、不同的时间段，城市原生污水的性状都应有所不同。对实际工程而言，应先进行水质检验和污水相关参数的测定，但是，大多数工程由于受到各种条件的制约，一时无法完成该项工作。

上文中得到的经验公式和结果具有广阔的应用范围。因为城市原生污水可以来自市区内的居民区、工厂、学校、餐厅饭馆、洗浴中心等场所，上文实验所取的水样来自城市的污水处理厂，这时的污水已经过多个地域流入污水的混合，其特性已不单单是局部场所的污水特性，因此以它为依据得到的结论广泛地适用于各地的城市原生污水。

第 5 章

污水的软垢特性

　　城市原生污水冷热源系统的污垢问题，是其应用受限的主要问题之一。污垢不仅降低系统的换热性能、增加系统的流动阻力，还会增加系统的初投资。污垢的增长特性及其对系统流动、换热的影响是系统设计与运行管理的重要依据。本章在实验的基础上，分析了污垢的主要成分，并对其增长模型进行了预测分析。进一步通过热阻法与压降法对常用换热管内污垢形成的过程进行了监测，得到了污垢增长的热阻模型与压降模型，这些模型反映了污垢对系统流动、换热的影响。

5.1　污垢的成分及形态

　　为了了解污水换热管内污垢的主要成分及形态，分别采用烘干灼烧失重、电子探针能谱分析（EDX）、扫描电镜（SEM）等方法对其进行观察与分析。

　　1. 烘干灼烧失重分析

　　在实验管内污垢热阻达到稳定后，取两份无缝钢管管段内污垢样品各 1g，一份在温度为 105℃下烘干，另一份在 520℃下灼烧，然后用称量法分别计算重量损失。其中烘干失重为 33.42%，灼烧失重为 62.73%。根据文献可知，520℃下灼烧失重的为有机物含量。由此可知，管内污垢以有机物为主。

　　2. 电子探针能谱分析

　　取无缝管管内污垢，在 50℃烘干 5～8h，研磨后采用 EDX 能谱分析仪对垢样中所含元素种类进行鉴定。其能谱分析谱图见图 5-1。

　　由图可知，垢样中所含主要元素为 Fe，这说明在换热管内还存在腐蚀垢，即：$Fe \rightarrow Fe^{2+} + 2e$。垢样中 Ca 的含量很小，这说明污垢中含 Ca 的晶体盐极少，即污垢并非 Ca、Mg 离子结晶垢。结合前文的灼烧失重结果，可以判定管内

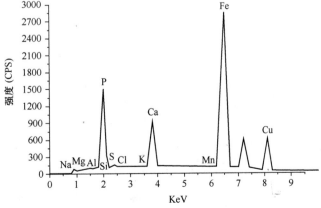

图 5-1　无缝钢管内污垢 EDX 分析谱图

污垢为有机物污垢。

　　3. 污垢内生物扫描电镜分析

　　对管内污垢垢样进行分离、固定处理后，通过扫描电镜对污垢内的生物形态进行观察。图 5-2 为污垢扫描电镜观察图。

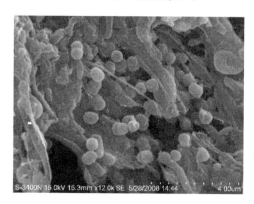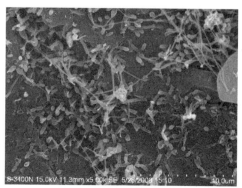

图 5-2　污垢扫描电镜观察

　　由上图可知，污垢内含有大量的各种微生物，既有杆状、丝状，也有球状，生物相丰富，这和污水含有大量的各类微生物有关。这些微生物不断吸收污水里的有机成分作为自身生长的养分，在换热面上不断增长，同时老化、剥离，与其他有机颗粒一起形成含水率极高的有机物污垢，其增长变化机理符合有机物污垢增长的基本原理。

5.2　污垢增长的动态分析

　　污垢的增长过程是一个复杂的物理化学过程，本节主要针对污垢沉积的过程，分析污垢的沉积模型及其对流动与换热的影响。

5.2.1　有机物污垢的沉积模型

　　对污垢增长的表述为污垢的增长速率 $\left(\dfrac{\mathrm{d}m_f}{\mathrm{d}\theta}\right)$，指换热面上污垢沉积速率（$\dot{m}_d$）与剥离速率（$\dot{m}_r$）的差，即：

$$\frac{\mathrm{d}m_f}{\mathrm{d}\theta} = \dot{m}_d - \dot{m}_r \tag{5-1}$$

式中　　m_f——单位面积污垢平均沉积量，$\mathrm{kg/m^2}$；

　　　　θ——时间，h 或 s；当 $\theta = 0$ 时，$m_f = 0$。

　　对有机污垢而言，污垢的沉积包括微生物的自生长和流体中相关物质在换热面上的吸附。而剥离则包括生物的老化和流体对污垢的剪切破坏。应用 Beal 理想附着模型，并假设界面上微生物的生长速率与已沉积生物量成线性关系，则有：

$$\dot{m}_d = \frac{C_b}{\dfrac{1}{k_m} + \dfrac{1}{v_n}} + K_g m_f \tag{5-2}$$

式中　k_m ——传质系数，m/s；

　　　K_g ——污垢生长速率，1/s；

　　　v_n ——有机物粒子的平均速度，m/s；可认为是污水的平均流速；

　　　C_b ——成垢物质的平均浓度，kg/m^3。

假定微生物的老化死亡脱落和流体的剪切破坏均与界面上已沉积的生物量成正比，则剥离速率（$\dot{m}_r$）由下式计算：

$$\dot{m}_r = K_c m_f = c\tau_i m_f + K_o m_f \tag{5-3}$$

式中　K_c ——剥离速率，1/s；

　　　K_o ——老化脱落率，1/s；

　　　c ——经验常数，1/（Pa·s）；

　　　τ_i ——污垢层与流体界面处剪切应力，Pa。

令 $\dfrac{C_b}{1/k_m + 1/v_n} = \dot{m}_t$，并将式（5-2）、式（5-3）代入式（5-1）得：

$$\frac{dm_f}{d\theta} = \dot{m}_d - \dot{m}_r = \dot{m}_t + K_g m_f - K_c m_f \tag{5-4}$$

积分得污垢增长的基本模型为：

$$m_f = \frac{\dot{m}_t}{(K_c - K_g)}\left(1 - e^{-(K_c - K_g)\theta}\right) = \frac{\dot{m}_t}{(K_c - K_g)}\left(1 - e^{-\frac{\theta}{1/(K_c - K_g)}}\right) \tag{5-5}$$

由上式可知，当 C_b、K_c、K_g 与污水流速一定时，管内污垢的沉积呈渐近型增长，污垢沉积达到渐近值所需的时间与 $1/(K_c - K_g)$ 有关，而渐近值的大小也与 $K_c - K_g$ 有关。对有机污垢而言，其剥离速率 K_c 与生长速率 K_g 均与流速有关。

有机物粒子靠近、附着在换热面上的几率与速率与流体的速度密切相关。式(5-2)中的传质系数 k_m，由迪图斯-贝尔特关系式得：

$$Sh = k_m L/D = 0.023 Sc^{0.4} Re^{0.8} \tag{5-6}$$

式中　$Sc = v/D$；$Re = vD/v$。

可见传质系数 k_m 与流体流速的 0.8 次幂成正比。对于颗粒污垢的沉积而言，在浓度一定的条件下，流速越高，附着速率越大。传质系数的大小同时决定了养分输运的速度，对于微生物的生长速率 K_g，由于流速越高，养分输运速度越大，其生长速率也越快。为简化分析过程，可假设附着速率与生长速率皆与流体平均流速 v_m 成线性关系，则式(5-2)可化为：

$$\dot{m}_d = c_1 v_m C_b + c_2 v_m m_f = (c_1 C_b + c_2 m_f)v_m \tag{5-7}$$

式中　c_1 ——经验常数；

　　　c_2 ——经验常数，1/m。

内层微生物开始缺氧死亡，而部分微生物开始老化脱落。假定其老化速率与生长速率均与速度呈线性关系，则：

$$K_o = c_4 v_m \tag{5-8}$$

由式 (5-3) 可知，流体流速的剥离速率与流体与壁面的剪切力 τ_s 成线性关系，又

$\tau_s = \Delta p \cdot R / 2L = \dfrac{\lambda}{4} \dfrac{\rho v_m^2}{2}$，则式 (5-3) 可化为：

$$\dot{m}_r = c_3 m_f v_m^2 + c_4 v_m m_f \tag{5-9}$$

式中　c_3——经验常数，s/m^2；

　　　c_4——经验常数，$1/m$。

由式 (5-4)、式 (5-7) 及式 (5-9) 得此阶段有机物污垢的生长速度模型为：

$$m_f = \dfrac{c_1 C_b v_m}{(c_3 v_m^2 + c_4 v_m - c_2 v_m)}(1 - e^{-(c_3 v_m^2 + c_4 v_m - c_2 v_m)\theta}) \tag{5-10}$$

令　$m_f^* = \dfrac{c_1 C_b}{c_3 v_m + c_4 - c_2}$，$\theta^* = 1/(c_3 v_m^2 + c_4 v_m - c_2 v_m)$，则上式为：

$$m_f = m_f^* (1 - e^{-\frac{\theta}{\theta^*}}) \tag{5-11}$$

式 (5-11) 是一个典型的渐近型污垢增长的函数关系式，m_f^* 为 m_f 的渐近值，θ^* 则表明了其接近渐近值的快慢，θ^* 的大小也为换热设备的清洗周期提供了参考。由 m_f^* 的表达式可知，当 C_b 一定时，m_f^* 随流速的提高而减小。即流速的提高减小了污垢的沉积渐近值，也就是不利于有机垢的沉积，但其接近渐近值所需的时间与经验常数 c_2、c_3 和 c_4 有关。当流速小于 $\dfrac{c_2 - c_4}{2c_3}$ 时，流速的提高将增大 θ^*；而当流速大于 $\dfrac{c_2 - c_4}{2c_3}$ 时，流速的提高将减小 θ^*。

若假设沿换热面和垢层厚度方向，污垢的成分及特性都是均匀分布的，而且污垢厚度较小，则污垢热阻为：

$$R_f = \dfrac{m_f}{\rho_f \lambda_f} \tag{5-12}$$

式中　R_f——污垢热阻，$(m^2 \cdot K)/W$；

　　　ρ_f——污垢的密度，kg/m^3；

　　　λ_f——污垢的导热系数，$W/(m \cdot K)$。

将式 (5-12) 代入式 (5-11) 得：

$$R_f = R_f^* [1 - \exp(-\theta/\theta^*)] \tag{5-13}$$

式中　R_f^*——污垢热阻渐近值，$R_f^* = m_f^*/(\rho_f \lambda_f)$，$(m^2 \cdot K)/W$。

式 (5-13) 满足渐近型污垢热阻模型的形式。由于 R_f^* 反映了污垢热阻渐近值的大小，而 θ^* 反映了接近到渐近值所需的时间，分别定义其为污垢热阻渐近值与时间常数。

5.2.2　污垢沉积对传热的影响

污垢的形成过程是一个传质过程，其从两个方面影响系统的传热：①污垢的沉积与剥离影响换热系数；②增加导热热阻。本节主要分析前一部分内容，后一部分将在后面的章节中分析。

1. 污垢沉积过程的传热传质模型

如图 5-3 所示，依据传热传质计算的薄膜理论模型，假定靠近壁面处有一层滞留流体薄膜，其厚度为 y_0，传质过程以分子扩散形式通过这一薄层，全部的对流传质阻力均集中于这一薄层内。设污垢厚度为 δ_f，污垢增长速度为 v_f，将坐标系建立在污垢表面上，并在污垢表面的滞留层内取微元。

如图 5-4 所示，假定微元体内温度稳定，x 方向上温度一致。进入微元体的热量为温差导热和传递组分的焓，由能量平衡可知：

$$q_d + q_r + q_h = q_d - \frac{\partial q_d}{\partial y}dy + q_r + \frac{\partial q_r}{\partial y}dy + q_h + \frac{\partial q_h}{\partial y}dy \tag{5-14}$$

式中　　q_d——单位时间、单位面积上沉积组分进入微元体的焓值，W/m^2；

　　　　q_r——单位时间、单位面积上剥离组分进入微元体的焓值，W/m^2；

　　　　q_h——导热热流，W/m^2。

则：

$$q_d = c_{pd}\rho_d(v_d + v_f)(T - T_0) \tag{5-15}$$

$$q_r = c_{pr}\rho_r(v_r - v_f)(T - T_0) \tag{5-16}$$

$$q_h = -\lambda \frac{dT}{dy} \tag{5-17}$$

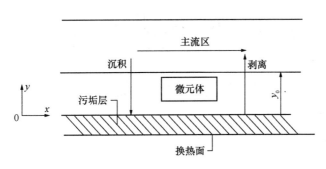

图 5-3　结垢过程传热传质模型

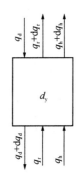

图 5-4　微元体热平衡

式中　　c_{pd}——沉积组分定压比热，$J/(kg \cdot K)$；

　　　　c_{pr}——剥离组分定压比热，$J/(kg \cdot K)$；

　　　　v_d——污垢沉积速度，m/s；

　　　　v_r——污垢剥离速度，m/s；

　　　　T——组分温度，K；

　　　　T_0——焓值计算的基准温度，K；

　　　　λ——流体导热系数，$W/(m \cdot K)$。

由式（5-14）得：

$$\frac{\partial q_r}{\partial y} + \frac{\partial q_h}{\partial y} - \frac{\partial q_d}{\partial y} = 0 \tag{5-18}$$

将式（5-15）～式（5-17）代入式（5-18）并除以对流换热系数 h 得：

$$\frac{\lambda}{h}\frac{\mathrm{d}^2 T}{\mathrm{d} y^2} + \frac{c_{\mathrm{pd}}\rho_{\mathrm{d}}(v_{\mathrm{d}} + v_{\mathrm{f}}) - c_{\mathrm{pr}}\rho_{\mathrm{r}}(v_{\mathrm{r}} - v_{\mathrm{f}})}{h}\frac{\mathrm{d} T}{\mathrm{d} y} = 0 \qquad (5\text{-}19)$$

令 $y_0 = \dfrac{\lambda}{h}$，$C_0 = -\dfrac{c_{\mathrm{pd}}\rho_{\mathrm{d}}(v_{\mathrm{d}} + v_{\mathrm{f}}) - c_{\mathrm{pr}}\rho_{\mathrm{r}}(v_{\mathrm{r}} - v_{\mathrm{f}})}{h}$，代入上式，得薄膜内温度分布

微分方程：

$$y_0 \frac{\mathrm{d}^2 T}{\mathrm{d} y^2} - C_0 \frac{\mathrm{d} T}{\mathrm{d} y} = 0 \qquad (5\text{-}20)$$

边界条件为：$y = 0$ 处 $T = T_{\mathrm{f}}$；$y = y_0$ 处 $T = T_{\mathrm{s}}$；

式中 T_{f} ——污垢表面温度，K；

$\qquad T_{\mathrm{s}}$ ——流体温度，K。

式（5-20）中，C_0 为传质阿克曼（Ackerman）修正系数，它表征传质速率的大小与方向对传热的影响。当传质方向是从壁面传向流体主流时，C_0 为正值，壁面上的传热量明显减小；反之，传热量增大。

对式（5-20）积分并代入边界条件，可得到膜内的温度分布：

$$T(y) = T_{\mathrm{f}} + (T_{\mathrm{s}} - T_{\mathrm{f}})\frac{\exp(C_0 y / y_0) - 1}{\exp C_0 - 1} \qquad (5\text{-}21)$$

则污垢表面上的导热量为：

$$q_1 = -\lambda \frac{\mathrm{d} T}{\mathrm{d} y}\bigg|_{y=0} = h(T_{\mathrm{f}} - T_{\mathrm{s}})\frac{C_0}{\exp C_0 - 1} \qquad (5\text{-}22)$$

污垢表面总热流量：

$$q = q_1 + C_0 h(T_{\mathrm{f}} - T_{\mathrm{s}}) = h(T_{\mathrm{f}} - T_{\mathrm{s}})\frac{C_0}{1 - \exp(-C_0)} \qquad (5\text{-}23)$$

假设传热管内径为 d，则管壁面处热流量为：

$$q_{\mathrm{w}} = q(d - 2\delta)/d \qquad (5\text{-}24)$$

又

$$q_{\mathrm{w}} = K_{\mathrm{w}}(T_{\mathrm{w}} - T_{\mathrm{s}}) \qquad (5\text{-}25)$$

由式（5-23）～式（5-25）可知：

$$K_{\mathrm{w}} = h\frac{T_{\mathrm{f}} - T_{\mathrm{s}}}{T_{\mathrm{w}} - T_{\mathrm{s}}} \times \frac{d - 2\delta}{d} \times \frac{C_0}{1 - \exp(-C_0)} \qquad (5\text{-}26)$$

式中 K_{w} ——壁面处传热系数，W/(m² · K)；

$\qquad T_{\mathrm{w}}$ ——换热管壁面处温度，K。

2. 换热系数与阿克曼修正系数

污水换热器的污垢热阻模型如式（5-13）所示，结垢后管内径 $d_{\mathrm{f}} = d - 2\delta$；可得对流换热系数：

$$h = 0.0196\lambda \left[\frac{u^{2-n}(d - 2\delta)^n}{\dfrac{K}{\rho}}\right]^{0.91}\left(\frac{cK(d - 2\delta)^{1-n}}{\lambda u^{1-n}}\right)^{0.15}/(d - 2\delta) \qquad (5\text{-}27)$$

又

$$R_f = \frac{\delta_f}{\lambda_f} = \frac{m_f}{\rho_f \lambda_f} \tag{5-28}$$

代入式 (5-27) 得:

$$h = 0.0196\lambda \left[\frac{u^{2-n} (d-2R_f\lambda_f)^n}{\frac{K}{\rho}}\right]^{0.91} \left(\frac{cK (d-2R_f\lambda_f)^{1-n}}{\lambda u^{1-n}}\right)^{0.15} / (d-2R_f\lambda_f) \tag{5-29}$$

假定 $\rho_d = \rho_r = \rho_f$, $c_{pd} = c_{pr} = c_{pf}$, 则:

$$C_0 = \frac{c_{pf}\rho_f (v_r - v_d) - 2c_{pf}\rho_f v_f}{h} \tag{5-30}$$

又由 $\dot{m}_d = \rho_d v_d$, $\dot{m}_r = \rho_r v_r$; 忽略微生物的自生长, 将式 (5-1) 代入上式得:

$$C_0 = -\frac{c_{pf}\frac{dm_f}{d\theta} + 2c_{pf}\rho_f v_f}{h} \tag{5-31}$$

又 $v_f = \frac{d\delta_f}{d\theta} = \frac{\lambda_f dR_f}{d\theta}$ 及式 (5-13) 代入上式得:

$$C_0 = -\frac{3c_{pf}\rho_f\lambda_f}{h} \times \frac{dR_f}{d\theta} = -\frac{3c_{pf}\rho_f\lambda_f R_f{}^* \exp(-\theta/\theta^*)}{h\theta_c} \tag{5-32}$$

显然 C_0 小于 0, 即在污垢形成诱导期中, 污垢成分的沉积速率大于剥离速率, 传质的主要方向为从主流流体传向壁面, 此时, 污垢的沉积有利于增强传热。

但随着污垢的沉积不断增加, 污垢的热阻对传热性能的影响远大于传质的影响, 系统的传热性能也不断下降, 其相关计算分析将在后面章节中进行。

5.2.3　污垢增长的压降预测模型

污垢的增长不仅会对系统的传热性能产生影响, 也会对系统的流动性能产生影响。本节针对污垢增长导致系统流动阻力增大的问题, 计算分析了污垢增长的压降模型。

对于单根换热管而言, 污垢增长导致压力变化较小, 不易准确测量。而换热器内压力的监测简单易行, 所以使用压降模型描述换热器内污垢的生长变化过程更适合于一般工程的普遍应用。

对于壳管式换热器, 管内水侧的压力降为:

$$\Delta p = (\lambda L/d + 4Z + 1.5)\frac{\rho v^2}{2} \tag{5-33}$$

式中　Δp ——冷却水侧压降, Pa;

　　　λ ——原生污水流动沿程阻力系数;

　　　L ——换热管单程管长, m;

　　　d ——换热管内径, m;

　　　Z ——管程数;

ρ ——污水密度，kg/m^3；

v ——平均流动速度，m/s。

污垢热阻计算公式为：

$$R_f = \frac{\delta_f}{\lambda_f} \qquad (5\text{-}34)$$

式中 δ_f ——污垢层厚度，mm；

λ_f ——污垢的导热系数，$W/(m \cdot K)$。

假设结垢前后流过每根换热管的体积流量 V 不变，结垢后的管内径为 $d_f = d - 2\delta_f$，流速为 $v_f = \dfrac{V}{\pi(d_f/2)^2}$，则结垢后换热管内径减小，管内流体流速增加，沿程阻力系数和管子入口处的局部阻力系数均增大，根据式（5-33）与式（5-34），得结垢后管程压降 Δp_f 为：

$$\Delta p_f = \left[\frac{0.186\left[K\left(\frac{3n+1}{4n}\right)^n \right]^{0.208}}{\left[8^{1-n}\rho\left(\frac{4V}{\pi(d-2\lambda_f R_f)^2}\right)^{2-n}(d-2\lambda_f R_f)^n \right]^{0.208}} \frac{L}{d-2\lambda_f R_f} + 4Z + 1.5 \right]$$
$$\frac{\rho\left[\dfrac{4V}{\pi(d-2\lambda_f R_f)^2}\right]^2}{2} \qquad (5\text{-}35)$$

则结垢引起的流动压降增加值 p_f 为：

$$p_f = \Delta p - \Delta p_f \qquad (5\text{-}36)$$

假设结垢过程中 λ_f、A 均不变，则由式（5-35）可知壳管式换热器结垢后管程压降增加值 p_f 是污垢热阻的单值函数，即：

$$p_f = f(R_f) \qquad (5\text{-}37)$$

由式（5-13）可知 $R_f = f(\theta)$，故

$$p_f = f(\theta) \qquad (5\text{-}38)$$

从以上分析可知：对于任何类型污垢，只要已知其热阻预测模型，即可得到它在换热器内的压降预测模型。通过测量壳管式换热器管侧进出口压降的变化，可预测污垢的积聚程度，为换热器管程污垢的清洗提供了依据。且压降测量比热阻测量更简单方便，在工程实践中易于实现。

5.3 污水软垢对换热性能的影响规律

污垢对系统性能的影响主要反映在系统换热热阻和流动阻力的增加上，本节通过常用换热管与壳管式换热器的相关实验，分析了污垢对系统的影响。在实验中，污垢增长的监测采用热阻法，即通过监测一定流速与管外加热量下，管壁温度与污水进出口温度的变化，便可得到管内污垢热阻的变化。

5.3.1 单管测试原理与平台

实验系统如图 5-5 所示。污水泵抽取流经细格栅的城市原生污水，污水潜水水泵的流量为 25m³/h，扬程为 15m。细格栅的孔径是 2mm，主要完成对污水中污杂物的过滤，与实际应用的污水源热泵系统中防阻设备的孔径相同，可防止污水中大尺寸污杂物对换热管的堵塞。

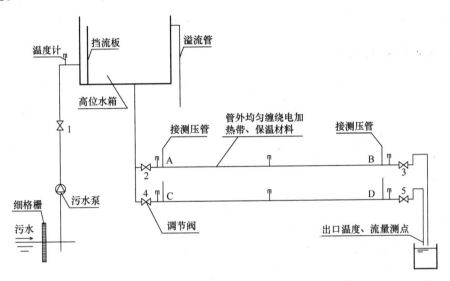

图 5-5 单管实验系统原理图

高位水箱的水面高度与水平测管的高差为 4.82m。其中 AB、CD 管段为可更换测量管段，长均为 5.20m，测压点 A、B 距阀门均为 0.2m，AB 间距 4.80m。在换热实验时，实验管外均匀缠绕加热量为 4000W 的电加热带，系统采用 40mm 厚的岩棉进行保温处理。每根可更换测量管段上在 AB 间均匀布置 3 个测温点，测量管外壁温度，并在高位水箱内和管段每个出口的体积桶内均设置测温点，测量污水的进、出口温度。在测压点 A、B、C、D 上分别连接玻璃测压管，可直接读取两测压点间的压差。通过调节阀门 2、3、4、5，调节所需流速。高位水箱体积为 1.5m×1.5m×1.5m，水箱中设置折流板以消除水泵压力波动对水箱内压力的影响。

根据目前较为常用的管材，考虑到换热器的实际应用以及研究的需要，选取以下管段进行实验，如表 5-1 所示。其中管段 7、8 分别由管段 1、2 涂刷而成，所涂刷的钛纳米聚合物涂料的厚度约为 0.2mm。

实验管段相关参数 表 5-1

编号	管材	管内径（mm）	管壁厚度（mm）	导热系数（W/(m·K)）
NO.1	D1 无缝钢管	19.41	1.81	54
NO.2	D2 无缝钢管	16.58	1.42	54
NO.3	不锈钢管	18.19	1.58	23

续表

编号	管材	管内径（mm）	管壁厚度（mm）	导热系数（W/(m·K)）
NO. 4	黄铜管	18.02	2.16	398
NO. 5	铝管	18.41	2.03	237
NO. 6	塑料管（PP）	18.61	0.81	0.25
NO. 7	D1纳米涂层管	19.01	—	—
NO. 8	D2纳米涂层管	16.18	—	—

5.3.2　软垢单管测试结果

实验初始流速均设计为 0.5m/s、0.75m/s、1m/s、1.25m/s、1.5m/s 和 1.75m/s 六种，分别记录各管段在不同流速下污垢生长的情况。由实验数据计算污垢热阻 R_f，当 R_f 趋于恒定时认为管内污垢达到该流速下的稳定值。

图 5-6 为 D1 管流速为 1m/s 时，测量时间为 49～60h 间管内污垢热阻变化曲线。由图 5-6 可知，污垢热阻在增长过程中波动激烈，这是因为污垢的增长本来就是不稳定的，这也是各因素影响的综合表现。污垢增长过程中所受管壁表面的附着力与剥离力近乎相当，在污垢增长的同时，其底层的生物粘泥由于缺氧等原因开始部分脱落，而脱落之后该处污垢生长的速度加快。

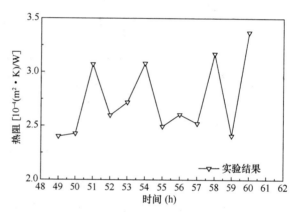

图 5-6　D1 管内 49～60h 的污垢热阻变化曲线

图 5-7～图 5-12 为各管段在两实验流速下污垢热阻变化实验曲线。图中拟合曲线采用式（5-13）中的 $R_f = R_f^* [1 - \exp(-\theta/\theta^*)]$ 得到。同时也可得到污垢渐近热阻 R_f^*，时间常数 θ^*。

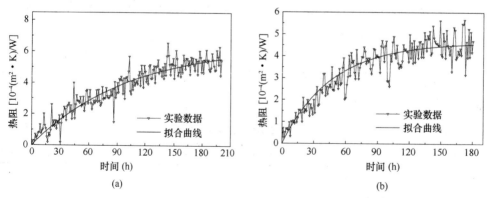

图 5-7　D1 无缝钢管在各实验流速下污垢热阻随时间变化曲线

（a）$v_m = 0.5$m/s 时污垢热阻随时间变化；（b）$v_m = 1.75$m/s 时污垢热阻随时间变化

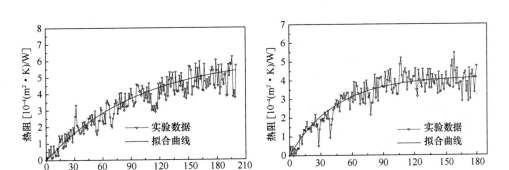

图 5-8　D2 无缝钢管在各实验流速下污垢热阻随时间变化曲线

（a）v_m＝0.5m/s 时污垢热阻随时间变化；（b）v_m＝1.75m/s 时污垢热阻随时间变化

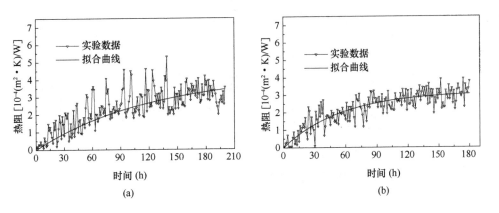

图 5-9　不锈钢管段在各实验流速下污垢热阻随时间变化曲线

（a）v_m＝0.5m/s 时污垢热阻随时间变化；（b）v_m＝1.75m/s 时污垢热阻随时间变化

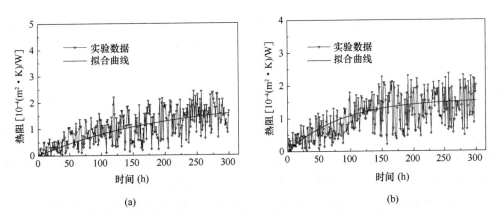

图 5-10　铜管段在各实验流速下污垢热阻随时间变化曲线

（a）v_m＝0.5m/s 时污垢热阻随时间变化；（b）v_m＝1.75m/s 时污垢热阻随时间变化

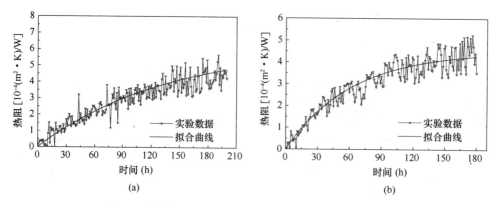

图 5-11 铝管段在各实验流速下污垢热阻随时间变化曲线

(a) $v_m = 0.5\text{m/s}$ 时污垢热阻随时间变化；(b) $v_m = 1.75\text{m/s}$ 时污垢热阻随时间变化

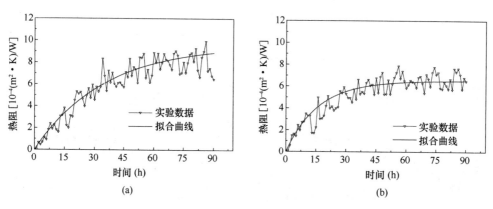

图 5-12 塑料管段在各实验流速下污垢热阻随时间变化曲线

(a) $v_m = 0.5\text{m/s}$ 时污垢热阻随时间变化；(b) $v_m = 1.75\text{m/s}$ 时污垢热阻随时间变化

从以上各图可以看出：

(1) 在各实验流速下管内污垢生长的诱导期小于采样周期 (1h)。这与污水的水质有关，污水内含有大量的微生物及各类有机污杂物，使得换热面在很短的时间内被微生物占领并开始繁殖和吸附其他有机物，形成污垢，导致换热热阻增加。

(2) 同一实验管段不同实验流速下，污垢增长达到稳定的时间不同，其稳定热阻也不同。流速越小，达到稳定的时间越长，其稳定热阻越大；流速越大，达到稳定的时间越短，稳定热阻值也越小。这与前文流速对污垢的影响的定性分析结果相符。

(3) 不同实验管段同一实验流速下，污垢热阻达到稳定的时间与稳定值各不相同。其中铜管的污垢热阻稳定值最小，而塑料管最大，这与材料的表面特性有关。铜对大部分微生物有毒，从而影响了它们的附着与沉积，所以其抗垢性能也最佳。

(4) 各实验管段在某一具体实验流速下，由拟合的曲线可知，污垢热阻的增长虽然波动强烈，但其增长过程基本符合指数函数曲线的特征，因此可以认为热阻增长趋势满足前文所分析的渐近型污垢积聚热阻预测模型。表 5-2 为六管段实验数据采用式 (5-13) 拟合时得到的常数 R_f^* 与 θ^*。

各管段实验结果拟合常数 表 5-2

	流速（m/s）	0.5	0.75	1	1.25	1.5	1.75
D1 钢管	R_f^*（10^{-4}（$m^2 \cdot K$）/W）	6.45	6.31	5.82	5.27	4.85	4.64
	θ^*（h）	102	95	84	71	57	47
D2 钢管	R_f^*（10^{-4}（$m^2 \cdot K$）/W）	6.24	6.03	5.65	4.93	4.67	4.21
	θ^*（h）	99	90	81	69	53	44
不锈钢	R_f^*（10^{-4}（$m^2 \cdot K$）/W）	4.28	4.14	3.97	3.53	3.31	3.19
	θ^*（h）	123	114	99	86	68	56
铜管	R_f^*（10^{-4}（$m^2 \cdot K$）/W）	2.06	1.82	1.75	1.65	1.62	1.58
	θ^*（h）	203	195	173	154	115	86
铝管	R_f^*（10^{-4}（$m^2 \cdot K$）/W）	6.21	5.85	5.63	5.14	4.66	4.51
	θ^*（h）	137	132	112	96	75	62
塑料管	R_f^*（10^{-4}（$m^2 \cdot K$）/W）	9.62	8.24	7.51	6.97	6.65	6.53
	θ^*（h）	35	30	29	25	20	16

5.3.3 流速对污垢热阻渐近值的影响

流速是污水源热泵设计与应用的重要参数之一，由表 5-2 可知其也是影响污垢稳定热阻的重要参数之一。图 5-13 为各管段的流速 v_m 与污垢渐近值 R_f^* 的关系曲线。

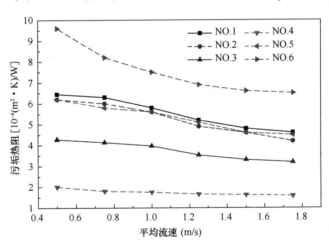

图 5-13 平均流速与污垢热阻渐近值关系曲线

由图 5-13 可知，管内流速对 R_f^* 有很明显的影响；流速的增大对污垢热阻的减小有显著的作用。当平均流速小于 1m/s 时，随着流速的增加，污垢热阻减小的速度小于平均流速大于 0.75m/s 时的污垢热阻减小速度。这可能是由于流速较小时，污垢沉积、生长的有利条件优于流速较大时。对管段 NO.1 而言，流速为 0.5m/s 时，R_f^* 约为 6.45×10^{-4}（$m^2 \cdot K$）/W，而当流速为 0.75m/s 时，R_f^* 为 6.31×10^{-4}（$m^2 \cdot K$）/W，减小 0.14×10^{-4}（$m^2 \cdot K$）/W，约减小 2.2%；当流速增至 1m/s 时，R_f^* 为 5.82×10^{-4}（$m^2 \cdot K$）/W，比

0.75m/s 时减小 $0.49\times10^{-4}(\mathrm{m^2 \cdot K})/\mathrm{W}$，约减小 7.8%，约为上一次减小的 4 倍。当流速增至 1.5m/s 后，这一减小有所减缓。在平均流速 1.75m/s 与 1.5m/s 时的 R_f^* 相比减小了 $0.21\times10^{-4}(\mathrm{m^2 \cdot K})/\mathrm{W}$，约减小 4.3%，与 0.5m/s 时相比，约减小 28%。可能是由于高流速下污垢的沉积、生长与剥离对流速的敏感度与低流速相比有所下降。总的说来，流速的增加对污垢热阻的减小效果十分显著，提高流速是换热器表面抗垢的有效方法。

为了便于后面的分析与计算，当流速在 0.5～1.75m/s 范围内时，将各实验管段污垢的渐近值与流速的关系拟合为计算式，如表 5-3 所示。

实验拟合结果　　　　　　　　　　　　　　　　　　　表 5-3

编号	管材	R_f^* 与 v_m 的拟合计算关系	拟合优度
NO. 1	D1 无缝钢管	$R_\mathrm{f}^* = 7.37 - 1.64 v_\mathrm{m}$	97%
NO. 2	D2 无缝钢管	$R_\mathrm{f}^* = 7.16 - 1.7 v_\mathrm{m}$	98%
NO. 3	不锈钢管	$R_\mathrm{f}^* = 4.81 - 0.97 v_\mathrm{m}$	98%
NO. 4	黄铜管	$R_\mathrm{f}^* = 1.74 v_\mathrm{m}^{-0.19}$	98%
NO. 5	铝管	$R_\mathrm{f}^* = 6.92 - 1.44 v_\mathrm{m}$	98%
NO. 6	塑料管	$R_\mathrm{f}^* = 7.37 - 1.64 v_\mathrm{m}$	99%

5.3.4　流速对时间常数的影响

污水换热器结垢的速度是其应用时必须考虑的另一个重要参数，它也是换热器性能评价的重要参数，对换热器的运行、维护和清洗也有重要的影响。式（5-13）中的时间常数 θ^* 直接反映了换热管内污垢沉积达到平衡时的快慢。图 5-14 为各实验管段平均流速与时间常数的关系曲线。

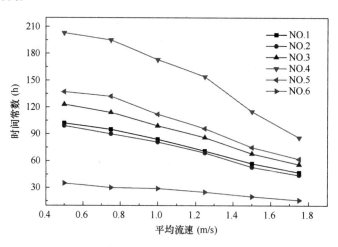

图 5-14　平均流速与时间常数关系曲线

由上图可知，随着流速的增加，污垢达到稳定所需的时间明显减小。其原因主要是流速的提高导致流体的剪切作用增强。高流速下污垢热阻渐近值较小，而最终达到平衡所需的时间也较少。流速在 0.5～1.75m/s 范围内时，实验管段污垢时间常数与流速的关系拟合为以下计算式，如表 5-4 所示。

时间常数实验拟合结果　　　　表 5-4

编号	管材	θ^* 与 v_m 的拟合计算关系	拟合优度
NO.1	D1 无缝钢管	$\theta^* = 127.69 - 45.94v_m$	99%
NO.2	D2 无缝钢管	$\theta^* = 123.84 - 45.49v_m$	99%
NO.3	不锈钢管	$\theta^* = 153.49 - 55.54v_m$	99%
NO.4	黄铜管	$\theta^* = 268.85 - 96.46v_m$	96%
NO.5	铝管	$\theta^* = 174.59 - 64.22v_m$	98%
NO.6	塑料管	$\theta^* = 42.42 - 14.74v_m$	99%

5.3.5　壳管式换热器测试

对某实际运行的壳管式换热器进行运行实验，实验运行时间为 1 月 26 日 00：30～2 月 9 日 19：00，总计 360h。在运行期间，热泵机组根据负荷的变化间歇运行，现场观察发现，系统的启、停对温度测量值的影响较大，实验数据选用系统稳定运行时的测量值。

受实际使用工况的限制，以及无法确定换热器结垢后再清洁状态，本次实验只完成了设计工况下的数据监测。由于测试工作完全在换热器实际工作状态下完成，监测结果具有十分重要的意义。

在整个测试过程中，总传热系数的最大值和最小值分别为 1806.22W/(m² · K) 和 632.75W/(m² · K)。污垢稳定时，总传热系数为 740.74W/(m² · K)。可见污垢最严重时，传热系数仅为清洁时的 1/3，大大降低了系统的性能。图 5-15 为换热器内污垢热阻随时间变化曲线。

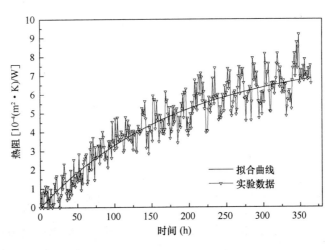

图 5-15　换热器污垢热阻曲线

从上图可知：

(1) 与单管段实验相同，测试一开始就有污垢热阻出现，这说明换热器内污垢生长诱导期小于采样周期，即实验一开始马上就有污垢形成。这与污水水质有关，因为污水中含有较多的污杂物会使污垢迅速形成。

（2）污垢热阻约在250h以后渐趋稳定，且稳定值约为 8×10^{-4}（$m^2 \cdot K$）/W。

（3）图中呈波浪形上升的实测污垢热阻值与时间的关系接近指数函数曲线，符合渐近型污垢积聚热阻预测模型。在该实际工程中，当污水流量为 $110 \ m^3 /h$ 时，换热器污垢热阻增长模型为：

$$R_f = 8 \times 10^{-4} \left[1 - \exp\left(-\frac{\theta}{188}\right) \right] \tag{5-39}$$

（4）热阻测试值在拟合值附近波动强烈，热阻的稳定值也略大于单管段实验的稳定值，这主要有以下两个原因：其一，换热面上污垢增长的同时，在流体剪切与自新陈代谢的作用下也有大量的脱落；其二，换热管外的中介水侧也有污垢沉积的可能。

（5）换热器内污垢接近渐近值的时间比同流速下单管实验值要大，这主要是由于换热器是间歇运行，而单管段实验是连续运行，在停机过程中污垢生长缓慢而且部分老化脱落，而启停机操作也会导致部分污垢剥离脱落。

5.3.6　换热器内污垢对流动阻力的影响

由前文的分析可知，只要已知污垢热阻预测模型，就可以建立换热器管程内的压降预测模型。通过测量壳管式换热器管侧进出口压降的变化，可预测污垢的积聚程度，为换热器管程污垢的清洗提供理论依据，且压降测量比热阻测量更简单方便，在实际中易于实现。图 5-16 为结垢过程中管程压降 ΔP_f 的计算值与实测值。

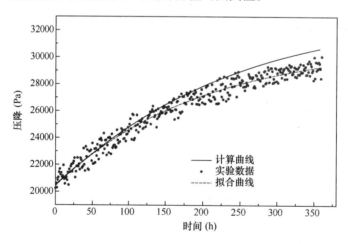

图 5-16　换热器结垢过程压力变化曲线

由图 5-16 可知，结垢过程中污垢压降与污垢热阻随时间的增长趋势相似，其变化关系均呈现渐近型。图中实验结果拟合曲线与式（5-35）的计算结果曲线差别较大，计算结果压降值高于实验结果，达到稳定的时间也长于实测值。这与整个系统的压力变化有关，管内污垢的出现使得换热管内径减小，流速增加，换热器流动阻力增加。但流量的变化不确定，这与系统所用水泵的流量－扬程特征曲线和运行工况有关。管内流速的变化导致管内污垢生长达到稳定的时间与稳定值均发生变化，而在计算过程中假定流量不变，污垢的增长模型按换热器初始流速确定。这些导致了计算结果与实验结果的偏差。

对实验结果进行拟合即可得到简单、实用的污垢压降预测模型：

$$\Delta P_f = 31054 - 10640\exp\left(-\frac{\theta}{200}\right) \tag{5-40}$$

同理也可以得到由结垢而引起的流动压降增加值 P_f：

$$P_f = 10640\left(1 - \exp\left(-\frac{\theta}{200}\right)\right) \tag{5-41}$$

由前文的实验结果和分析可知：城市原生污水冷热源系统内污垢的生长按指数规律渐近式变化，其生长规律可以概括成具有普遍意义的表达式，如：

$$X_f = C_1 + C_2\exp\left(-\frac{\theta}{\theta^*}\right) \tag{5-42}$$

式中　　X_f ——污垢增长参数；

　　　　C_1 ——常数；

　　　　C_2 ——常数；

　　　　θ ——时间；

　　　　θ^* ——时间常数。

上式揭示了结垢过程中污垢随时间的变化关系，对于不同浓度、不同密度的污水在不同形式的换热面上结垢，其预测模型虽各不相同，但应具有形式与该式相似的表达式，只是式中的常数 C_1、C_2 和时间 θ^* 取值不同而已。

5.4　纳米涂层换热管的抗垢作用

纳米涂层属全新材质，经实验研究其应用特性有十分重要的意义。实验管段内所使用的纳米涂层为 XK－368 钛纳米聚合物换热器专用涂料。实验管段内纳米涂层厚度为 0.2mm，管长 5.2m，内径分别为 19.01mm、16.18mm，由管段 D1 与 D2 涂刷而成。钛纳米聚合物的纳米钛在涂层中的立体网状结构形成导电通道的同时，也形成了导热通道，使涂层具有较高的导热系数。换热器专用涂层的导热系数与不锈钢相当，不锈钢的导热系数在 10～30W/(m² · K)，在本节的计算中取 10W/(m² · K)。本节将通过实验测试污水在纳米涂层管内的流动、换热特性以及污垢生长特性。实验原理、方法、测试系统、仪表与前文相同。

5.4.1　污水在纳米涂层管内的流动特性

考虑到污水冷热源的应用，本次实验主要在湍流状态下完成，其广义雷诺数为 4000～20000。图 5-17 为管内流速与压降的实验结果。

为了便于计算、分析与工程应用，将图 5-17 中的实验结果整理，可得沿程阻力与广义雷诺数的关系式：

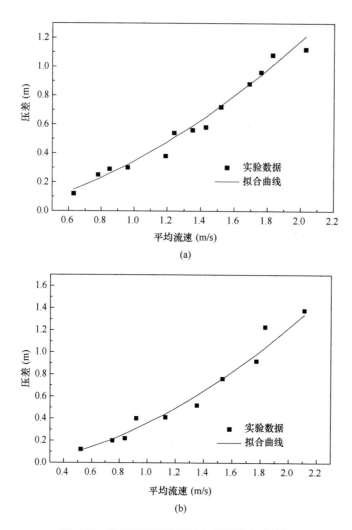

图 5-17 纳米涂层管内流速与压降的实验结果

(a) D1 纳米涂层管实验结果；(b) D2 纳米涂层管实验结果

$$\lambda = 0.127 \, (Re')^{-0.18} \tag{5-43}$$

拟合均方差为 0.001；拟合优度为 97.25%。

图 5-18 为普通钢管与纳米涂层管内污水流动阻力系数与雷诺数关系曲线对比图。当污水管内流速在 0.8~1.8m/s 之间时，广义雷诺数在 10000~20000。此时纳米涂层管内沿程阻力系数约为普通无缝钢管的 93%。这主要是由于纳米涂层的表面较光滑，所以流动阻力较小。

5.4.2 污水在纳米涂层管内的换热特性

在进行换热系数实验时，计算测量同管径、同流速、同加热量下的总换热系数 K，传热热阻包括管壁、纳米涂层和对流换热热阻，减去管壁及涂层热阻即可得到对流热阻，即得到对流换热系数。表 5-5 与表 5-6 为两管径实验测量结果。

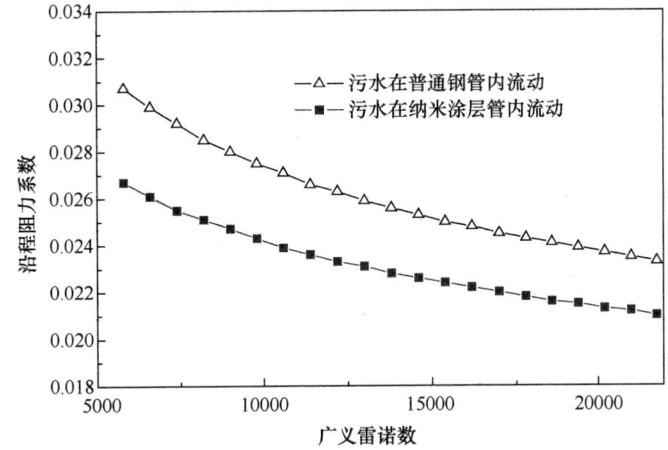

图 5-18　沿程阻力系数对比曲线

D1 涂层管换热实验结果　　　　　　　表 5-5

v_m (m/s)	0.69	0.82	1.35	1.64	1.76	1.91
涂层 h [W/ (m² · K)]	2206.98	2473.56	3546.92	4536.57	4958.31	5637.39
普通 h [W/ (m² · K)]	2390.93	2829.97	4598.22	5553.92	5947.34	6437.59

D2 涂层管换热实验结果　　　　　　　表 5-6

v_m (m/s)	0.65	0.84	1.23	1.52	1.68	1.83
涂层 h [W/(m² · K)]	2032.26	2675.32	3857.28	4896.35	5408.74	5879.34
普通 h [W/(m² · K)]	2290.51	2942.64	4266.53	5240.61	5774.84	6273.82

　　由上表可知：两种管径纳米涂层管内的对流换热系数约为普通管的 89%，纳米涂层可导致对流换热系数降低。而且涂层的热阻为 $2×10^{-5}$ (m² · K) /W，与 1mm 厚的钢管相当，在工程实践时值得注意。对实验数据进行拟合可得到纳米涂层管表面的对流换热准则关联式：

$$Nu_c = 0.0112 Re_h^{0.88} Pr_h^{0.41} \tag{5-44}$$

拟合均方差为 3.56；拟合优度为 96.36%。

5.4.3　纳米涂层管内的污垢增长特性

　　对两种管径不同流速下管内污垢热阻的变化情况进行了监测，实验原理与监测设备与 5.3 节相同。图 5-19 与图 5-20 分别为管内径 16.1mm 与 19.3mm 管内污垢热阻生长曲线。

　　由上图可知，纳米管内的污垢热阻变化规律与普通钢管相同，均属渐近型，且管内污垢热阻波动剧烈。对内径 19.3mm 管而言，当平均流速为 1m/s 时，其渐近值为 $7.81 × 10^{-5}$ (m² · K) /W，约为相近管径普通钢管的 13%，铜管的 45%。可见纳米涂层管有优良

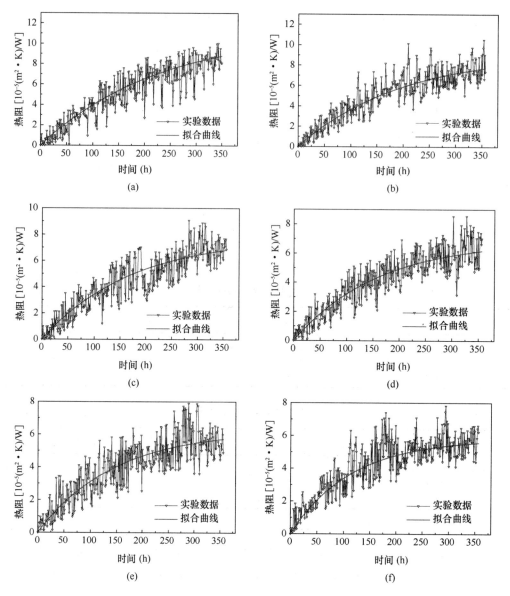

图 5-19 D1 纳米涂层管污垢热阻实验结果

(a) v_m＝0.5m/s；(b) v_m＝0.75m/s；(c) v_m＝1m/s；(d) v_m＝1.25m/s；

(e) v_m＝1.5m/s；(f) v_m＝1.75m/s

的抗垢性能。表 5-7 为两管径实验的拟合结果。

两管径实验结果的拟合值　　　　　　　　　　表 5-7

内径	流速（m/s）	0.5	0.75	1	1.25	1.5	1.75
D1 涂层	R_f^* [10^{-5} (m²·K) /W]	11.2	9.23	7.81	6.91	6.25	5.82
	θ^* (h)	228	197	172	160	145	115
D2 涂层	R_f^* [10^{-5} (m²·K) /W]	9.81	8.72	6.93	6.52	5.96	5.34
	θ^* (h)	215	186	167	152	132	103

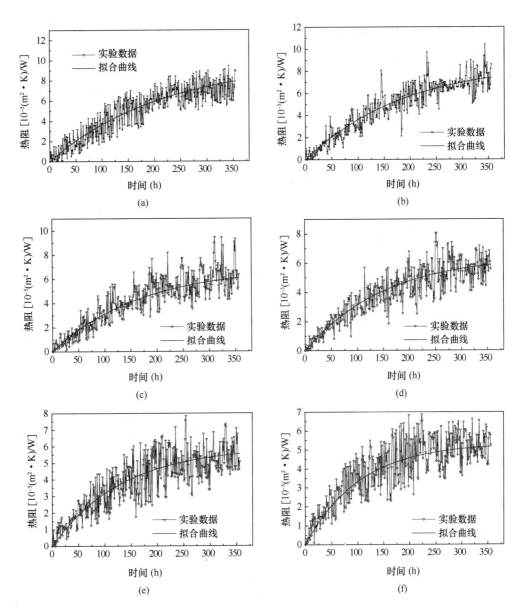

图 5-20 D2 纳米涂层管污垢热阻实验结果

(a) $v_m = 0.5$m/s；(b) $v_m = 0.75$m/s；(c) $v_m = 1$m/s；(d) $v_m = 1.25$m/s；

(e) $v_m = 1.5$m/s；(f) $v_m = 1.75$m/s

对比可知，纳米涂层不仅有较小的稳定热阻值 R_f^* ，还有较大的时间常数 θ^* 。仍以内径为 19.3mm 为例，流速 1m/s 时，其污垢模型中时间常数值约为 172h，为相近管在同流速下的 2 倍。

若以 D2 涂层管为例，流速 1m/s 时，管内涂层热阻、对流换热热阻与污垢热阻的和为 3.9×10^{-4} (m² · K) /W，普通无缝钢管对流换热热阻与污垢热阻的和约为 8.1×10^{-4} (m² · K) / W，前者约为后者的 50%。可见使用纳米涂层可有效的减小系统换热热阻，增强换热。

5.4.4 纳米防垢涂层的抗垢评价

通常而言，采用保护层、涂层等防垢技术是不利于传热的。为了评价上述防垢措施对系统传热的影响，Somerscales 提出了利用阻抗 Biot 数作为定量判据。

无防垢技术换热器的单管换热量为：

$$Q_c = K_o A_o \Delta T_{mc} \tag{5-45}$$

式中　Q_c ——无涂层时换热器换热量，W；

　　　K_o ——以管外壁面积计算的总换热系数，W/（m² · K）；

　　　A_o ——换热管外壁面积，m²；

　　　ΔT_{mc} ——无涂层时平均换热温差，℃。

采用防垢技术后对应的换热量为：

$$Q_m = K_m A_m \Delta T_{mm} \tag{5-46}$$

式中　Q_m ——有涂层时换热器换热量，W；

　　　K_m ——以涂层表面积计算的总换热系数，W/（m² · K）；

　　　A_m ——换热管外壁涂层表面积，m²；

　　　ΔT_{mm} ——有涂层时平均换热温差。

又：

$$\frac{1}{K_m} = \frac{1}{K_o} + \frac{\delta_{coat}}{\lambda_{coat}} \times \frac{A_c}{\overline{A}_c} \tag{5-47}$$

式中　$A_c = \pi(d_0 + 2\delta_{coat})l$。

由于：

$$\frac{1}{K_o} = \left(\frac{1}{h_i} + R_{fi}\right)\frac{A_o}{A_i} + \frac{\delta_w}{\lambda_w}\frac{A_o}{\overline{A}_t} + \left(\frac{1}{h_o} + R_{fo}\right) \tag{5-48}$$

式中　$1/K_o$ ——没有涂层时的传热热阻。

$$\frac{A_o}{\overline{A}_t} = \frac{1}{2}\ln\left(\frac{d_o}{d_i}\right)\frac{d_o}{\delta_w} \tag{5-49}$$

式中　$\overline{A}_t = \dfrac{2\pi l\delta_w}{\ln(d_o/d_i)}$；$\overline{A}_c = \dfrac{2\pi l\delta_{caot}}{\ln\left(\dfrac{d_o+2\delta_{coat}}{d_o}\right)}$。

$\overline{A}_t$ 和 $\overline{A}_c$ 分别为换热管和涂层的对数换热面积，两面积比为：

$$\frac{A_c}{\overline{A}_c} = \frac{1}{2}\ln\left(1 + 2\frac{\delta_{coat}}{d_o}\right)\left(2 + \frac{d_o}{\delta_{coat}}\right) \tag{5-50}$$

假设使用涂层后换热量及换热温差不变，则涂层对系统换热的影响可通过换热面积的增加来评价，即 $Q_c = Q_m$，$\Delta T_{mc} = \Delta T_{mm}$。由以上各式得：

$$\frac{A_m}{A_o} = 1 + K_o\left(\frac{\delta_{coat}}{\lambda_{coat}} \times \frac{A_c}{\overline{A}_c}\right) \tag{5-51}$$

上式中右侧第二项为总换热系数与涂层热阻的乘积，定义为阻抗 Biot 数。

$$Bi_{rt} = K_o \left(\frac{\delta_{coat}}{\lambda_{coat}} \times \frac{A_c}{A_c} \right) \tag{5-52}$$

对于套管换热器外涂层抗垢技术，Somerscales 通过经济和运行等因素的分析，建议 Biot 数以 0.5 为临界值，即对应的换热面积增加 50%。

由上述分析，可知对于管内涂层，定义阻抗 Biot 数为：

$$Bi = K_i \frac{\delta_{coat}}{\lambda_{coat}} \left(\frac{A_c}{A_c} \right)_i \tag{5-53}$$

$$\left(\frac{A_c}{A_c} \right)_i = \frac{1}{2} \left(\frac{d_i - 2\delta_{coat}}{\delta_{coat}} \right) \ln \left(\frac{d_i}{d_i - 2\delta_{coat}} \right) \tag{5-54}$$

式中　　K_i ——以管内壁面积计算的总换热系数，W/(m² · K)；

　　　　d_i ——换热管内径，m。

以单根管长 6m、$d = 25mm$ 换热管为例，当管内流速为 1m/s 时，计算可得 $Bi = 0.022$，远小于 50%。由此可见纳米涂层具有良好的抗垢性能。

第2篇

污水热能资源化工程技术

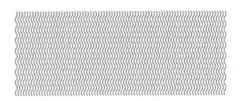

第 6 章

污水源热泵系统形式与结构

城市污水源热泵系统有多种系统形式和结构，按照污水是否进入换热机房可分为浸泡式和直流式污水源热泵系统；按照污水是否进入热泵机组的蒸发器或冷凝器可分为直接式和间接式污水源热泵系统；按照污水的流动方式又可将直接式污水源热泵系统分为淋激式和壳管式；按照换热设备的不同可将间接式污水源热泵系统分为输送换热式、宽流道式和防阻机＋壳管换热器三种形式；按直接式污水源热泵系统冬季制热和夏季制冷功能的切换方法可分为水侧切换机组（也称之为外切换机组）和机侧（制冷剂侧）切换机组（也称之为内切换机组）两大类；按照取水方式的不同可分为直接取水式系统和缓冲池取水式系统；大型系统按照设备的连接方式不同可分为单线式、单线跨越式、并联式、混联式四种形式；远距离系统按照输送介质的不同可分为输送污水式系统、输送中介水系统、输送末端水系统。下面将分别叙述之。

6.1 直接式与间接式污水源热泵系统

6.1.1 浸泡式与直流式系统

浸泡式污水源热泵系统，有时也称为闭式污水源热泵系统，顾名思义，就是将换热管浸泡于污水池中，其存在的缺点是污水池的体积要求很大，一般在市区内难以满足，且传热效果差，污物淤塞严重。浸泡式系统中清水走换热管内，污水在换热管表面流动，而管外污水的流速很低，这导致污水的对流换热系数变小，而且污物污泥容易沉降淤积，更增加了管外的污垢热阻。浸泡式系统存在投资大、换热差、淤塞严重的问题，因此只在早期出现过小规模应用。

直流式污水源热泵系统，又被称为开式污水源热泵系统，系统利用水泵将污水送入机房的换热器内，进行强迫对流换热，污水"一流一过"，不循环利用。高流速不但提高了对流换热系数，也抑制了软垢厚度和热阻，因此换热面积和空间都得到减小。由于污水水质极其恶劣，因此对污水换热器提出了更高的要求，特别是防阻防腐、抑垢清垢的措施必须考虑并行之有效。直流式系统将污水送入换热机房，为了避免对机房或环境造成二次污染，要求在对污水取水换热的过程中，仅改变污水的温度，而不能改变其物理生化成分，且污水和污杂物不能暴露。

6.1.2　直接式与间接式系统

按照在换热器内与污水进行换热的介质不同，直流式系统又可分为直接式系统（与污水换热的介质为制冷剂）和间接式系统（与污水换热的介质为中介水或防冻液）。直接式系统是目前污水源热泵研究的前沿领域和发展方向，目前主要应用于污水处理厂的二级出水，给污水处理厂办公楼供热空调，规模较小。

直接式系统将通过旋转反冲洗设备处理后的污水直接进入热泵机组的蒸发器或者冷凝器，而无需通过中间换热，其工艺流程如图 6-1 所示。

直接式系统可分为两个循环子系统：

（1）污水取排与换热子系统，由污水源、污水泵、旋转反冲洗设备、热泵机组及其连接管路组成；

（2）末端循环子系统，由热泵机组、末端循环泵、末端散热设备及其连接管路组成。

间接式系统比直接式系统多一个中间换热的环节，可分为 3 个循环子系统：

（1）污水取排与换热子系统，由污水源、污水泵、防阻设备、污水换热器及其连接管路组成；

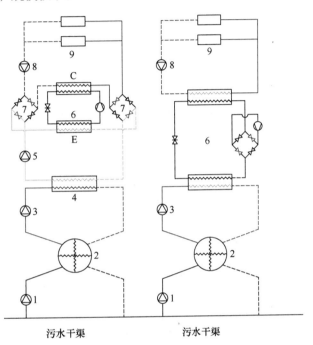

图 6-1　间接式系统（左）与直接式系统（右）

1—一级污水泵；2—防阻机；3—二级污水泵；4—污水换热器；

5—中介水泵；6—热泵机组；7—功能切换阀门组；

8—末端循环泵；9—末端设备；E—蒸发器；C—冷凝器

（2）中间换热子系统，由污水换热器、中介循环水泵、热泵机组及其连接管路组成；

（3）末端循环子系统，由热泵机组、末端循环泵、末端散热设备及连接管路组成。

间接式系统是目前最为成熟、应用最多的污水源热泵系统形式。按照污水 / 中介水换热器的不同，可将之分为输送换热式系统、宽流道换热器系统、防阻机＋壳管换热器系统三种常见形式。

1. 输送换热式系统

如图 6-2 所示，输送换热式系统采用大直径的套管，污水走管内，中介水走管外环形空间。由于内污水管径较大，避免了堵塞问题，同时可以采用较高流速以提高传热系数。输送换热系统的优势在于，无需特殊的防堵塞设备，机房内没有换热器，污水在输送的过程中，同时也把换热问题解决了。输送换热系统存在一个最小"距离负荷比"，当该比值太小时，输送换热技术将无法满足换热要求。输送换热系统为了避免管内淤塞，存在一个最小的倒空坡度。

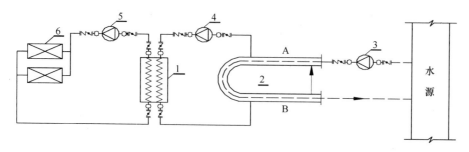

图 6-2 套管式污水源热泵系统工艺流程图
1—热泵机组；2—套管换热装置；3—污水泵；4—清洁水泵；
5—末端循环泵；6—末端散热设备

2. 宽流道换热器系统

为了避免在没有前置防堵塞措施和设备的条件下换热器堵塞，宽流道换热器系统采取加大换热流道的办法设计换热器。流道加宽的代价是并联流道数目减少（一般为单流道），单流道的流程长度增加（一般为 150m 左右），换热器体积增加，造价增加；此外，宽流道换热器也必须具有方便清洗的措施和结构，因为污物在折流处极易堵塞。可以说，宽流道换热器只不过是在没有前置防阻设备条件下的无奈之举。

3. 防阻机＋壳管换热器系统

防阻机＋壳管换热器系统是目前应用最多最成功的系统形式，该系统中由防阻机负责污水前置处理，避免后面的换热器和管路堵塞，壳管式换热器负责高效换热。由于已经采用前置防阻设备，换热器不存在堵塞难题，因此换热器可以采用较小的管径，避免了宽流道换热器的诸多缺点。壳管式换热器内污水走平直光滑的管内流道，洁净的中介水走壳程空间。需要强调是，防阻机＋换热器的组合是相互制约的，防阻机的预处理程度（滤孔直径）决定换热器流道的尺寸和换热器的效率：滤孔直径越小，防阻压力和难度越大，而换热流道尺寸越小，换热效果越好。在防阻压力和换热效果之间存在一个平衡点，这也是常规板式换热器在污水源热泵系统中难以应用的原因。

6.1.3 直接式系统与间接式系统的比对

1. 直接式系统与间接式系统结构特性比对

从系统构成来看，直接式系统较间接式系统简单，没有中介水循环系统的水泵、管路、定压补水、调节控制以及污水换热器。间接式系统常采用水路切换方式实现供热供冷，也可以采用制冷剂侧切换的方式来实现。直接式污水源热泵系统出于两个原因，一般采用制冷剂侧切换的方式来实现系统功能切换：①为了降低造价，污水流经换热器，就要求换热器有特殊的改进或改造，这些特殊措施都会增加热泵机组的造价，如果采用水路切换，那么冬季污水进蒸发器、夏季污水进冷凝器，则要求热泵机组的两个换热器都需要增加投资，而制冷剂侧切换，仅需要对某一个换热器采用特殊措施，可降低成本；②保障卫生安全，如果直接式系统采用水路切换，则很难保证污水不与末端循环水相互掺混，也就很难保证末端循环系统的清洁卫生和运行安全。

与直接式污水源热泵系统类似，间接式污水源热泵系统也可按照制冷原理的不同分为蒸汽压缩式和吸收式两种。如果是吸收式污水源热泵，则上述直接式与间接式系统的构成区别是类似的，如表 6-1 所示。在热源条件较好时应优先选择吸收式污水源热泵系统。

直接式与间接式系统的简要情况对比　　　表 6-1

类别	中介水	传热方式	机组要求	系统结构	系统形式	系统效率	潜热利用	供热能力	应用前景
直接式系统	无	间接	高	简单	内切换	高	可以	大	广阔
间接式系统	有	间接	低	复杂	外切换	低	不可	小	受限

简单地看，直接式系统与间接式系统相比有很大的优点，主要是：

(1) 在同样的水源条件下得到相同的热量，直接式系统总的耗电量可降低 9%～15%。热泵机组效率得以大大提高，带来节能减排的效果更显著。

(2) 直接式系统省去了污水换热器及相应的中介水循环水泵，机房占地面积减少，不仅大大降低了土建和设备初投资，而且也减少了水泵能耗。

(3) 获取同样多的热量，直接式系统所需的污水量可减少一半左右。间接式系统需要给中间换热留出温度区间，这就限制了污水的降温幅度。一般来说，直接式比间接式可利用的空间大 3～5℃。

严格分析，可以采用如下方法进行：

直接式系统的机组水源侧换热器换热量：

$$Q = K_d A_d \left(\frac{t_{wi} + t_{wo}}{2} - t_{ed} \right) \tag{6-1}$$

间接式系统的机组水源侧换热器换热量：

$$Q = K_i A_i \left(\frac{t_{wi} + t_{wo}}{2} - \Delta t_{mm} - t_{ei} \right) \tag{6-2}$$

间接式系统的污水换热器换热量：

$$Q = K_w A_w \Delta t_{mm} \tag{6-3}$$

式中　　Q——换热量，kJ；

　　　　K_d——直接式机组换热器的传热系数，kJ/（m²·℃）；

　　　　A_d——直接式机组换热器的换热面积，m²；

　　　　t_{ed}——直接式机组的蒸发温度，℃；

　　　　K_i——间接式机组换热器的传热系数，kJ/（m²·℃）；

　　　　A_d——间接式机组换热器的换热面积，m²；

　　　　t_{ei}——间接式机组的蒸发温度，℃；

t_{wi} ——污水进口温度，℃；

t_{wo} ——污水出口温度，℃；

Δt_{mm} ——污水换热器平均传热温差，℃；

K_w ——污水换热器的传热系数，kJ／(m²·℃)；

A_w ——污水换热器的换热面积，m²。

将直接式与间接式进行对比分析，前提是保证两种系统的换热量相同，污水进出口温度和平均温度相同，一般而言，污水换热器的平均传热温差为 4～5℃，则不难看出：

$$\frac{A_d}{A_i} = \frac{K_i}{K_d} \cdot \frac{\frac{t_{wi}+t_{wo}}{2} - \Delta t_{mm} - t_{ei}}{\frac{t_{wi}+t_{wo}}{2} - t_{ed}} \tag{6-4}$$

$$\frac{A_w}{A_i} = \frac{K_i}{K_w} \cdot \frac{\frac{t_{wi}+t_{wo}}{2} - \Delta t_{mm} - t_{ei}}{\Delta t_{mm}} \tag{6-5}$$

$$t_{ed} = \frac{t_{wi}+t_{wo}}{2}\left(1 - \frac{K_iA_i}{K_dA_d}\right) + \frac{K_iA_i}{K_dA_d}(\Delta t_{mm} + t_{ei}) \tag{6-6}$$

2. 直接式与间接式系统特定参数比对

(1) 传热系数的比对

基于以下三个原因，可以推出 $K_i \approx K_d$，或者至少二者相差不是非常悬殊：

1) 污水作为一种弱的剪切稀化的非牛顿流体，在剪切速率较高时黏度趋于稳定且减小至接近实际清水黏度。蒸发器内的污水流速一般在 2～3m/s，管直径在 10～15mm，这导致管内污水的剪切速率很大，污水与实际清水近似相等，从而导致污水的流动阻力和表面对流换热系数与常规实际清水条件下的数值近似相等或接近。

2) 软垢的削弱作用。即使是常规的实际清水热泵机组，水侧表面也会形成软垢，软垢热阻在总热阻中也占有重要比例。而污水的软垢特点是：流速越高，软垢平衡厚度和热阻越小，即热污水软垢热阻与流速呈负的指数关系，当流速较高，达到 2～3m/s 时，热污水软垢热阻与常规机组的软垢热阻相当。

3) 常规实际清水机组水侧的表面强化换热措施，通常是一些浅肋（<1mm）。在软垢形成过程之后，这些浅肋都将被填平淹没，浅肋管将变成光管（甚至更易诱发软垢），因此实际上浅肋的强化换热效果非常不明显，几乎可以忽略不计。这将导致污水和实际清水都几乎是光管换热，效果相当。

黏度相当、软垢热阻相当、强化效果微弱，这三者综合在一起导致直接式与间接式的热泵机组换热器的传热系数是相当的，相差不大，这也与工程实测数据相符。工程实测数值为 $\frac{K_i}{K_d} = 1.3$，$\frac{K_i}{K_w} = 3$（污水换热器内流速较低）。

(2) 保证机组 COP 相等时的投资比对

假设污水的平均温度为 10℃，污水换热器的平均传热温差为 4℃，为了保证直接式与间接式具有相同的蒸发温度（2℃）和 COP，那么根据式（6-4），直接式与间接式的蒸发器面积之比为：$\dfrac{A_\mathrm{d}}{A_\mathrm{i}} = 0.65$，即直接式机组的换热器面积比间接式机组要小。根据式 (6-5)，同时增加的中介污水换热器的面积为间接式机组蒸发器面积的 3 倍。

一般而言，中介水系统的总投资是污水换热器的 2 倍，间接式机组换热器单位面积造价是普通钢材的 10 倍，而直接式机组换热器采用海军铜，造价将比间接式还要增加 70%左右，则直接式系统与间接式系统的投资比较结果为：

$$C_\mathrm{i}' - C_\mathrm{d}' = (3A_\mathrm{i} \times 2) \cdot c' - (0.65A_\mathrm{i} \times 1.7 - A_\mathrm{i}) \times 10c' = 4.95c'A_\mathrm{i}$$

式中　c'——单位面积普通碳钢换热面积的造价，元 /m²。

可以看出，间接式系统比直接式系统增加的造价，是污水换热器造价的 1.65 倍左右。

(3) 保证投资相等时的 COP 比对

如果在投资相同的条件下，$\dfrac{A_\mathrm{d}}{A_\mathrm{i}} = \dfrac{16}{17}$，根据式 (6-6)，可得直接式机组的蒸发温度为：

$$t_\mathrm{ed} = 10 \times \left(1 - 1.3 \times \dfrac{17}{16}\right) + 1.3 \times \dfrac{17}{16} \times (4 + 2) = 4.5\text{℃}$$

也就是说，在初投资相等的条件下，直接式机组的蒸发温度将比间接式机组提高 2.5℃，相对应的机组 COP 提高 5%左右。不仅如此，直接式系统还比间接式系统减少了消耗中介水循环的水泵功耗，而这部分功耗约占机组功耗的 5%~7%。

3. 直流式和间接式系统可行性比对

直接式系统在当前是不可靠的，从关键技术的解决程度、清洗的破坏可能性、设计保障性等方面分析，直接式系统存在如下问题：

(1) 目前还没有一种技术能够做到不堵塞、无污垢，对直接式系统而言，稍有堵塞，污水流量减小，系统很快就会有恶化反应；而间接式系统至少保证了进入机组蒸发器的流量不变，只是中介水温度会降低，恶化反应得到缓解。

(2) 清洗直接式系统的蒸发器存在破坏风险，一旦蒸发管泄漏，后果极其严重；另外，污水中含有泥沙，避免不了冲刷表层；而间接式系统即使污水换热器泄漏，也不会对机组造成伤害，因为中介水压力大于污水压力，泄漏时污水不易进入中介水系统，而且即使进入也能够及时发现。

(3) 污水的水温既不能完全确定，也有一定的波动幅度，每相差 2~3℃都会对系统有明显的影响，对直接式系统而言，设计人员不易控制好设计余量，而对间接式系统则可适当增大污水换热器的换热面积。

(4) 当污水温度偏低时，直接式系统会经常发生低温报警而停机或低温保护而不能正常运行，而间接式系统可在中介水中加设防冻液，或正常运行或维持低负荷运行。

通过上述比对，可以明确一点的是：直接式污水源热泵系统在充分考虑了材质改进所带来的成本增加和软垢热阻之后，在初投资和系统效率、运行费用方面，仍然比间接式系统优越。直接式污水源热泵系统是未来污水源热泵的发展方向和主导技术，但是就目前的技术水平和成熟度来说，未来三五年之内，间接式系统仍然是最佳的选择。

6.1.4 直接式污水源热泵系统的新进展

近年来，直接式污水源热泵机组的新进展主要体现在以下几个方面：

1. 连续再生—还原的分级串联过滤技术

连续再生、连续还原、分级串联是直接式污水源热泵机组对前置处理装置的基本要求，虽然与热泵机组自身无关，但是该问题解决不好，直接式原生污水源热泵也就无从谈起。目前技术上已经成功地解决了该项难题，可以在毫无混水的前提下实现 8mm、4mm、2mm 孔径的串联过滤，同时实现滤面连续再生、污物连续还原。

2. 机侧切换的可实现性

污水源热泵通过制冷剂侧阀门开关切换操作，实现机组制冷、制热运行模式的切换，无四通阀卡死故障、泄漏等问题，成本较低，安全可靠，操作方便。污水和使用侧的空调水始终都在固定的换热器内流动，避免了普通水路切换水源热泵机组因制冷、制热水路切换而带来的二次污染问题。四阀门组的切换装置目前已替代传统四通阀，广泛应用于机侧切换的热泵机组中。

3. 水侧切换的可实现性

最开始人们普遍认为水侧切换将会带来末端循环水的二次污染，而认定直接式污水源热泵系统不能采用水侧切换。通过研究，成功地实现了不会造成二次污染的水侧切换方法和系统结构。

选择机侧切换还是水侧切换将仅取决于蒸发/冷凝器的设计。机侧切换的机组仅有一个换热器针对污水水质设计，但是两器必须既能满足蒸发要求，又能满足冷凝要求；水侧切换的机组每个换热器只有一种功能（要么蒸发，要么冷凝），但是两个换热器都必须能够适应污水。

4. 压缩机技术的改进与效率的提高

热泵机组的供热温度要比制冷时冷凝器出水温度高，压缩比也要比制冷工况高许多，因此需要特殊设计。机组满负载运行时效率通常都较高，但并不保证机组在部分负载点运行时同样高效节能，只有在任何一个负载点都能高效运行的机组，才是真正的节能机组。

常用的离心机用进气节流等方式降低压缩比，增加了不可逆损失。对于螺杆机，压缩比变化就有可能产生"过压缩"或"欠压缩"的现象，也会导致机组性能下降。为了能够让机组在部分负载运行时充分利用换热面积，使压缩机的部分负载性能系数充分提高，目前采用变频压缩机技术或者改变压缩机的级数已经可以实现。

内容积比是螺杆压缩机的一个重要几何参数。当压缩比与冷凝压力和蒸发压力间的比值相匹配时，压缩过程效率最高。一般而言，水源热泵在制冷的时候，其压缩比仅为2.0，但是在制热的时候压缩比却为 2.8，这样压缩机在制冷的时候就会出现过压缩，制热的时候就会造成欠压缩，导致机组效率下降。而针对螺杆压缩机，调控压缩比的比较先进的设计方案是采用滑阀改变螺杆的有效长度，即改变容积比，以达到改变压缩比的目的。

5. 带经济器的准二级压缩

当压缩机压缩比增大时，循环节流损失和泄漏损失都会增大，效率会急剧下降。因此对于中高温污水源热泵，可采用带经济器的准二级压缩的循环形式，见图 6-3。压缩机排出的高温高压制冷剂蒸气进入冷凝器放热，然后通过一次节流进入经济器闪蒸，产生的中压蒸气进入螺杆机中间补气孔，剩余液态工质再经节流降压后进入蒸发器，在蒸发器内吸热汽化后被压缩机吸入，被压缩到一定压力后，与中间补气口吸入的制冷剂混合，再进一步压缩后排出压缩机，完成一个循环。

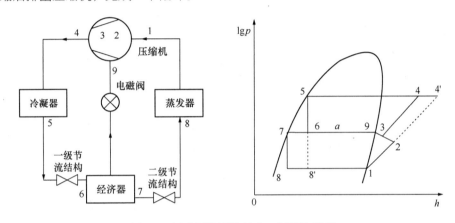

图 6-3　污水源热泵机组准二级压缩循环

6. 降膜蒸发技术与分区冷凝技术

水平管降膜蒸发器技术如图 6-4（a）所示，具有以下特点：拥有较高换热系数，可简化回油系统，降低成本；同时，管外制冷剂流体压降很小，可以忽略不计，从而可以减小饱和温度差；此外，还可以大大减少制冷剂的充注量，在相同的制冷量下，采用降膜蒸发器的充注量要比满液式蒸发器少大约 30%。

针对压缩机排气后到节流前过程中制冷剂状态变化，冷凝器可采用分段设计。卧式壳

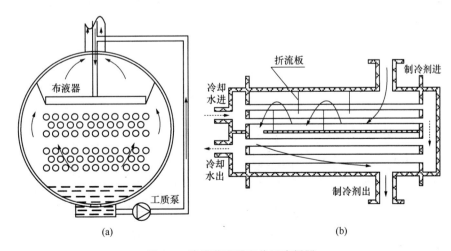

图 6-4　降膜蒸发器和分区冷凝器

（a）降膜蒸发器；（b）分区冷凝器

管式冷凝器上部为过热蒸汽区，设置多个折流板，使蒸汽高速横掠换热管流动，以强化换热；下部为两相区，设置多根管子以合理地增大换热面积和强化传热表面，达到合理的温度匹配，见图 6-4（b）。同时使得冷凝器中工质没有过冷段，出口即是饱和液，能有效降低实际冷凝温度。

7. 双孔板节流技术

孔板节流是最简单的节流装置，在大中型冷水（热泵）机组中，不用液位传感器和电子膨胀阀，而用两个很简单的孔板，可降低生产成本。双孔板节流原理见图 6-5，在满负荷运行时，保证第一个孔板后不产生闪蒸气体，制冷剂的质量流量最大，然后制冷剂通过第二个孔板，此时它的压力下降到蒸发压力 P_0，并伴随大量的气泡产生。机组在部分负荷运行时，制冷剂通过第一个节流孔板后产生部分闪发气体，增加了制冷剂通过第二个孔板的阻力，制冷剂的循环量减少，恰恰满足制冷剂循环量的要求。

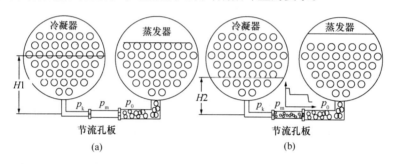

图 6-5　双孔板节流原理

（a）满负荷运行；（b）部分负荷运行

8. 引射回油（液）技术

引射泵利用经过喷嘴的工作流体所形成的高速、低压流体来抽吸另一股流体，并将被抽吸的流体输送出去，实现润滑油的回油或制冷剂的回液。图 6-6（a）是利用高压气体（液体）作为工作流体来引射回油的示意图，图中引射泵为引射回油中的关键部件，利用冷凝器中的高压制冷剂蒸气或制冷剂液体作为动力，将蒸发器下部存储于集油器中的低压制冷剂液体引射回压缩机。

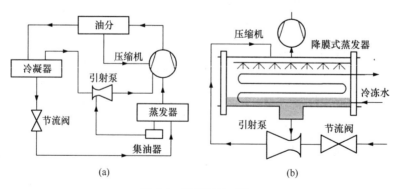

图 6-6　引射回油（液）

（a）高压气体（液体）引射回油；（b）降膜式蒸发器的制冷剂再循环

对于降膜蒸发器，未蒸发的制冷剂沉积到蒸发器底部，须及时将蒸发器底部的制冷剂抽走并流入布液器内重新参与循环，而这部分动力可以由引射泵来提供，依靠较高压力的制冷剂提供动力，携带降膜式蒸发器底部未蒸发的制冷剂重新参与循环，不需要额外提供电能，循环图见图 6-6（b）。

9. 蒸发/冷凝双功能换热器设计

机侧切换直接式污水源热泵机组的换热器要求整合后既确保蒸发效果，又确保冷凝效果，较为困难。可以从换热管表面的形状和气、液流组织两个方面来解决。

在换热管表面形状方面，传统的蒸发、冷凝管由于功能单一，无法顾及蒸发、冷凝两个需要。目前已开发出了一种蒸发、冷凝两用管，该换热管管外利用翅根腔体强化蒸发性能，利用翅侧和翅顶部腔体强化冷凝性能，这样可充分兼顾蒸发冷凝两种效果。在气、液流组织方面，在蒸发的时候，通过满液式蒸发器设计、特殊的内部气流通道等技术，确保蒸发时液体冷媒从底部进入蒸发器后可与换热管充分换热；在冷凝的时候，通过冷媒气体均流板、防冲挡板等技术，确保从上部进入的冷媒气体均匀地掠过各冷凝管，冷凝时换热面积利用充分，从而杜绝了蒸发时内部沸腾泡沫引起机组液压缩、冷凝时气流分配不均匀的风险，保证了回油、换热的效果，使得蒸发、冷凝均有较好的效果。

直接式污水源热泵技术虽然还很不成熟，但是在多年来的间接式污水源热泵技术积累基础上，目前在污水前置处理技术、功能切换技术、蒸发冷凝器设计、强化传热、压缩机变频与压缩比调控、回油、热力循环、节流等多个方面取得了较大的进展，相信在不久的将来，较为成熟的直接式污水源热泵系统技术就可以大范围地进行推广了。

6.1.5　系统形式的选用原则

根据城市污水的种类不同、位置不同、距离不同、水量不同、工程规模不同、应用功能不同、便利条件不同、地形地貌不同等情况，污水源热泵系统应该选择不同的系统形式和结构。衡量污水源热泵系统方案是否合理，首先要考虑技术上是否安全可靠，是否高效节能，其次要综合考虑投资和运行费用是否节省，经济上能否创造更大的效益，最后还必须考虑社会效益，考虑污水源热泵对周边环境、地貌、居民生活是否造成重大影响。直接式与间接式系统各有优缺点，方案选择时需考虑以下几个方面：

1. 水源条件与适用范围

选用合理的系统形式需要考虑水质条件、水温和水量等条件。直接式系统对水源的水质有较高的要求，或者说对蒸发器、冷凝器适应较差水质的能力有较高的要求。就目前技术水平而言，直接式系统用于城市污水站中的二级出水、江河湖水、海水、地下水、部分工企业废水等是没有问题的，这类水源水中仅含有少量粒径在 1mm 以下的固体悬浮物，水质相对洁净。蒸发器或冷凝器须有可靠的防堵、防污染与防腐蚀能力，而且必须考虑水侧换热能力的减弱。

间接式系统由于使用水源水换热器替代了蒸发器/冷凝器直接换热，因此对水源的水质处理要求大大降低。实践证明，即使是水质极差、完全不加处理的城市原生污水，只要使用恰当的防阻技术，整个系统仍可长期连续安全运行。

实际中有时会遇到水源水量不足的情况，这种情况多数出现在拟使用城市原生污水作冷、热源时。设某建筑所在城市原生污水冬季的最低温度为 10℃，如果采用间接式系统，为使中介水不冻结，设蒸发温度为 2℃，考虑到需给中介水留出降温空间，污水只能从 10℃降到 7℃左右，而中介水则在 3～6℃之间变化，每吨污水的释热量为 3000kcal。若该建筑的建筑面积为 10 万 m²，冬季所需热负荷为 5000kW，则计入电热后算得该建筑的热泵供热至少需污水量 1100t/h。而采用直接式系统，污水温度可直接降至 4℃，所需污水流量仅为 550t/h。

污水量不足时，可采用在中介水中加乙二醇的方法，将蒸发温度设为零下，则可大大增大水源水的降温幅度，以提高取热量。因此，间接式系统又可分为中介水为清水的间接式系统与中介水为乙二醇水溶液的间接式系统。

需要指出，在最高负荷期间蒸发温度为零下所引起机组 COP 的降低并非全局性的，蒸发温度是可调的。在整个采暖季大部分的部分负荷时段，仍可令蒸发温度在零上运行。

2. 初投资与运行费用

由于直接式系统对蒸发器与冷凝器的抗堵塞、抗污染与抗腐蚀的能力有很高的要求，故污水蒸发（冷凝）器必须使用合金钢材质，例如镍、铜合金，钛合金或其他特殊的表面处理工艺等。又由于同样的原因，换热表面不可采用波纹、内肋等加强换热、节省换热面积的措施。蒸发器应为满液式。这些都将提高直接式热泵机组的初投资。

但是间接式系统需多设一级换热器和管路循环，虽然污水换热器完全可以使用碳钢材质。热泵机组的蒸发器与冷凝器针对的是常规清水，但是中介水循环的投资不可忽视。间接式系统比直接式系统多了一级中间换热，显然会增大整个系统的㶲损失，这就意味着系统能源利用效率的降低以及相应运行费用的提高。因此能源利用效率高、运行费用低是直接式污水源热泵技术最大的优势。

进行经济性对比分析时，必须兼顾初投资和运行费用，可以采用费用年值法分析。通过分析总结可以发现，直接式系统的污水蒸发（冷凝）器的传热系数与间接式系统的清水蒸发（或冷凝）器的传热系数的差异程度，是决定二者在经济性上孰优孰劣的最主要因素。如果二者相差不大，则直接式系统明显优于间接式系统。

6.2　直接式污水源热泵系统性能与两换热器匹配

直接式污水源热泵系统有可能应用于北方寒冷地区冬季热负荷远大于夏季冷负荷的情况，也有可能应用于南方炎热地区夏季冷负荷远大于冬季热负荷的情况。而直接式污水源热泵系统冬夏应用功能的切换又可以有外（水侧）切换和内（机侧）切换两种模式。由于污水水质特殊性导致的传热性能的变化将不仅在热泵系统的效能（COP）上得到体现，更将深刻影响热泵系统的制热量、制冷量、出力比以及机组的制造成本。这就涉及一个所确定机组两换热器的匹配问题。本章将以 COP 和出力比作为直接式污水源热泵系统的主要性能指标来探讨两种模式下系统两换热器的匹配与设计。

6.2.1 外(水侧)切换机组与内(机侧)切换机组

城市污水源热泵机组根据制冷制热功能的切换方式,可以分为外(水侧)切换机组和内(机侧)切换机组。如图 6-7 所示,外切换热泵系统的核心设备选用普通的热泵机组即可,无需重新开发,且其蒸发器和冷凝器的功能单一,技术要求不高。该系统通过机组外的中介水系统与末端水系统的阀门切换来实现供热和供冷工况的切换。如图 6-8 所示,内切换热泵系统的核心设备才是真正意义上的热泵机组,其蒸发器(或冷凝器)具有蒸发吸热和冷凝释热的双重功能,即"一器两用",技术要求较高,应用污水时技术难度则更大。该系统通过机组内的四通换向阀的旋转来实现两种工况切换,不会影响到末端水系统和污水系统。

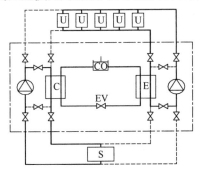

图 6-7　外切换热泵系统原理图　　　　图 6-8　内切换热泵系统原理图

(S 为污水子系统,虚线为供热工况)　　　　(虚线为供热工况)

内切换机组仅有一个换热器针对污水水质设计,但是两器必须既能满足蒸发要求,又能满足冷凝要求;外切换机组每个换热器只有一种功能(要么蒸发,要么冷凝),但是两器都必须能够适应污水。为此需要通过建模的方式来研究两种切换模式下换热器的性能特性,从而设计出符合要求的换热器。

6.2.2 系统各部件的数学模型

1. 换热机组的数学模型

(1)污水换热器的数学模型

本书研究的污水源热泵机组中蒸发器和冷凝器都是壳管式换热器,污水和清水在换热管内流动,制冷剂在管外蒸发或冷凝。针对建立的污水换热器数学模型,进行以下假设:

1)管内污水和清水的流动均为一维流动,且在换热管内的流速保持不变;

2)管内冷却水或冷水在流程发生变化时,会在壳体的空腔内混合后,由相同状态进入到下一流程;

3)满液式蒸发器内制冷剂以两相状态进入,以饱和蒸汽状态离开;冷凝器内以过热气体状态进入,以饱和液体状态离开;

4)不考虑管壁热阻,与管内外侧的换热热阻相比,管壁径向热阻数值很小,而管壁的轴向热阻对换热的影响非常小，均可忽略不计；

5）忽略不凝气体及润滑油对流动和换热的影响。

对于污水满液式蒸发器模型内的任一微元，可以建立如下方程组：

污水侧流动换热方程：

$$Q_{ij,w} = m_{we}c_{pw}(t_{w,in} - t_{w,out}) \tag{6-7}$$

制冷剂侧流动换热方程：

$$Q_{ij,r} = m_r(h_2 - h_1) \tag{6-8}$$

根据传热单元法，单元内热负荷为：

$$Q_{ij} = (m_{we}c_{pw})_w\varepsilon(t_{w,in} - t_{r,in}) \tag{6-9}$$

$$\varepsilon = 1 - e^{-NTU} \tag{6-10}$$

$$NTU = \frac{K_{ij}A}{(m_{we}c_{pw})_w} \tag{6-11}$$

管内外换热量平衡方程：

$$Q_{ij,w} = Q_{ij,r} = Q_{ij} \tag{6-12}$$

式中　Q_{ij}——单元内热负荷，W；

m_{we}——管内污水的质量流量，kg/s；

m_r——单元内的制冷剂质量流量，kg/s；

h_1, h_2——单元内制冷剂进出口处焓值，kJ/kg；

c_{pw}——管内污水的比热容，kJ/(kg·℃)；

$t_{w,in}, t_{w,out}$——单元内污水的进出口温度及管外制冷剂的入口温度，℃；

$t_{r,in}$——单元内管外制冷剂的入口温度，℃；

ε——单元换热器效能；

NTU——传热单元数；

A_{ij}——单元内基于管子包络外径的管外换热面积，m²；

K_{ij}——单元内的总传热系数，W/(m²·K)。

对于污水冷凝器模型内任一微元，可以建立如下方程组：

污水侧流动换热方程：

$$Q_{ij,w} = m_{we}c_{pw}(t_{w,out} - t_{w,in}) \tag{6-13}$$

制冷剂侧流动换热方程：

$$Q_{ij,r} = m_r(h_1 - h_2) \tag{6-14}$$

两相区内制冷剂侧与污水侧的传热方程：

$$Q_{ij} = (m_{we}c_{pw})_w\varepsilon(t_{r,in} - t_{w,in}) \tag{6-15}$$

$$NTU = \frac{K_{tp}A}{(m_{we}c_{pw})_w} \tag{6-16}$$

过热区内制冷剂侧与污水侧的传热方程：

$$Q_{ij} = K_{sh}A\Delta t_{sh} \tag{6-17}$$

管内外换热量平衡方程:

$$Q_{ij,w} = Q_{ij,r} = Q_{ij} \tag{6-18}$$

制冷剂在过热区的流动换热为外掠管束换热,采用下式来计算其换热系数:

$$h_{r,sh} = \frac{\lambda_{r,sh} Nu_{sh}}{d_0} = 0.4 \frac{\lambda_{r,sh}}{d_0} Re_{sh}^{0.6} Pr_{sh}^{0.36} \quad (1000 < Re_{sh} < 2 \times 10^6) \tag{6-19}$$

制冷剂在冷凝器两相区的冷凝换热,其首排管冷凝换热系数:

$$h_{r,tp1} = 0.725 \left(\frac{\lambda^3 \rho^2 gr}{\mu d_0 \Delta t}\right)^{1/4} \varepsilon^f \tag{6-20}$$

第 n 排管冷凝换热系数为:

$$h_{r,tpn} = h_{r,tp1}\left[n^{5/6} - (n-1)^{5/6}\right] \tag{6-21}$$

式中　K_{tp}——两相区内单元的总传热系数,W/(m² · K),其管外制冷剂冷凝换热系数采用公式(6-20)计算;

　　　K_{sh}——过热区内单元的总传热系数,W/(m² · K),其管外制冷剂冷凝换热系数采用公式(6-18)计算;

　　　Δt_{sh}——过热区内每个单元的换热温差,℃;采用计算平均温差计算:

$$\Delta t_{sh} = \frac{(t_{r,in} - t_{w,out}) - (t_{r,out} - t_{w,in})}{\ln\left[(t_{r,in} - t_{w,out})/(t_{r,out} - t_{w,in})\right]} \tag{6-22}$$

(2) 清水换热器的数学模型

采用集总参数法建立清水换热器的数学模型,包括清水满液式蒸发器和清水冷凝器数学模型。水侧流动换热方程:

$$Q_e = m_e c_p (t_{e,i} - t_{e,o}) \tag{6-23}$$

制冷剂侧流动换热方程:

$$Q_r = m_r (h_2 - h_1) \tag{6-24}$$

制冷剂与清水的传热方程:

$$Q = KA(T_{em} - T_{rm}) \tag{6-25}$$

管内外热量平衡方程:

$$Q_e = Q_r = Q \tag{6-26}$$

制冷剂侧平均温度:

$$T_{rm} = \frac{T_{r,i} + T_{r,o}}{2} \tag{6-27}$$

清水侧平均温度:

$$T_{em} = \frac{T_{e,i} + T_{e,o}}{2} \tag{6-28}$$

式中　m_e, m_r——蒸发器内清水和制冷剂的质量流量,kg/s;

　　　$t_{e,i}, t_{e,o}$——蒸发器进出口清水的温度,℃;

　　　h_1, h_2——蒸发器进出口制冷剂的焓值,J/kg;

　　　K——清水蒸发器的总表面传热系数,W/(m² · K);

　　　　　A ——清水蒸发器的总换热面积，m^2。

　　对式（6-22）～式（6-27）编制程序，就可得整个直接式污水源热泵系统模型计算中的清水蒸发器或冷凝器的稳态集总参数模型。程序设计由蒸发器或冷凝器的结构参数及制冷剂的入口状态参数，来求解蒸发器或冷凝器出口制冷剂状态参数和清水出口温度等。输入量包括：蒸发器或冷凝器结构参数、清水进口温度、清水流量、制冷剂进口状态参数、制冷剂流量、蒸发或冷凝温度；输出量包括：清水出口温度、换热量、制冷剂出口状态参数。

　　2. 回热换热器的数学模型

　　设置回热换热器的作用是通过进一步冷却冷凝器排出的饱和制冷剂液体，同时加热蒸发器排出的饱和制冷剂蒸汽，使其分别成为过冷液体和过热气体。回热换热器两侧分别为单相区，采用集总参数法建立回热换热器的数学模型。

　　两侧流体的能量平衡方程为：

$$Q_{sh} = m_r(h_{com,i} - h_{e,o}) = m_r(h_{c,o} - h_{e,i}) \tag{6-29}$$

　　流体间的传热方程为：

$$Q_{sh} = K_{sh}A_{sh}\Delta t_{sh} \tag{6-30}$$

$$K_{sh} = \left[\frac{1}{h_{out}} + \frac{1}{h_{in}}\frac{d_o}{d_i}\right]^{-1} \tag{6-31}$$

式中　　Q_{sh} ——回热换热器的换热量，W；

　　　　m_r ——制冷剂的质量流量，kg/s；

　　$h_{e,i}, h_{e,o}$ ——制冷剂进出蒸发器的状态焓值，J/kg；

　　　$h_{com,i}$ ——压缩机入口处制冷剂焓值，J/kg；

　　　　$h_{c,o}$ ——冷凝器出口处制冷剂焓值，J/kg；

　　　　K_{sh} ——回热器的平均传热系数，$W/(m^2 \cdot K)$；

　h_{in}, h_{out} ——换热管内外的传热系数，$W/(m^2 \cdot K)$；

　　　Δt_{sh} ——回热器的对数平均温差，℃；

　　　　A_{sh} ——回热器换热面积，m^2。

　　由于制冷剂液体与换热管壁之间存在着较大的传热温差，回热器换热管内流动换热采用迪图斯-贝尔特提出的光滑管内紊流换热关联式：

$$Nu_1 = 0.027\,Re_1^{0.8}\,Pr_1^{1/3}\left(\frac{\mu_1}{\mu_{1,wall}}\right)^{0.25} \tag{6-32}$$

　　对于制冷剂蒸气，采用如下关联式计算：

$$Nu_g = 0.027\,Re_g^{0.8}\,Pr_g^{1/3}\left(\frac{T_g}{T_{wall}}\right)^{0.55} \tag{6-33}$$

式中 $\mu_1, \mu_{1,wall}$ ——制冷剂液体的动力黏度系数与在壁温下的动力黏度系数，$kg/(m \cdot s)$；

　　对式（6-28）～式（6-32）编制程序，可得回热换热器稳态集总参数模型。程序输入量为：回热器结构参数、制冷剂流量、饱和蒸气状态参数、饱和液体状态参数；输出量：过热蒸气状态参数及过冷液体状态参数。

3. 压缩机的数学模型

目前常用压缩机的建模方法有效率法、图形法、多变指数法、神经网络和模糊法等。本书将采用效率法建立螺杆式压缩机的数学模型。

(1) 压缩机实际排气量和容积效率

压缩机的实际排气量

$$V_{com} = \eta_{com} V_{th} \tag{6-34}$$

式中　V_{th} ——压缩机的理论排气量，m^3/s；

$\quad\eta_{com}$ ——压缩机容积效率，它是与温度、压力、泄漏量有关的复杂关系式，其经验式为：

$$\eta_{com} = 0.94 - 0.085[(P_2/P_1)^{\frac{1}{k}} - 1] \tag{6-35}$$

式中　k ——工质的绝热指数，对 R22，$k=1.18$；

$\quad P_1$，P_2 ——压缩机吸气与排气处的压力，Pa。

(2) 工质循环量和制冷量

$$Q_0 = m_r(h_1 - h_4) \tag{6-36}$$

$$m_r = V_{com}/v \tag{6-37}$$

式中　Q_0 ——制冷剂的制冷量，kW；

$\quad m_r$ ——制冷剂的质量流量，kg/s；

$\quad h_1$ ——压缩机吸气处的制冷剂的比焓，kJ/kg；

$\quad h_4$ ——节流阀处的制冷剂的比焓，kJ/kg；

$\quad v$ ——压缩机吸气比容，m^3/kg。

(3) 压缩机排气温度和出口焓值

$$T_d = T_s\left(\frac{p_2}{p_1}\right)^{\frac{k-1}{k}} \tag{6-38}$$

$$h_2 = h_1 + \frac{p_1 kv}{k-1}\left[\left(\frac{p_2}{p_1}\right)^{\frac{k-1}{k}} - 1\right] \tag{6-39}$$

式中　T_d ——压缩机排气温度，K；

$\quad T_s$ ——吸气温度，K。

(4) 压缩机输入功率

将压缩过程视为理想气体等熵压缩，则输入功率为：

$$N_i = \frac{k}{k-1}p_1 V_{com}\left[\left(\frac{p_2}{p_1}\right)^{\frac{k-1}{k}} - 1\right] \tag{6-40}$$

$$N_{m0} = \frac{N_z}{\eta_{m0}} = \frac{N_i}{\eta_m \eta_{m0}} \tag{6-41}$$

式中　N_i ——压缩机指示功率，W；

$\quad N_{mo}$ ——压缩机输入功率，W；

$\quad N_z$ ——压缩机轴功率，W；

η_{m} ——机械效率，此处取 0.78；

η_{m0} ——电动机效率，此处取 0.85。

对式（6-33）～式（6-40）编制程序，就可得到参与整个热泵系统模拟计算的压缩机数学模型。程序输入量包括：结构参数、制冷剂进口状态参数；输出量包括：压缩机输入功率、制冷剂质量流量、压缩比、排气温度、制冷剂出口状态参数等。

4. 电子膨胀阀

节流机构采用电子膨胀阀，它具有流量调节范围宽、控制精度高和直接采用计算机控制等优点。它通过温度传感器来采集过热度信号，通过电信号控制膨胀阀的开度。

（1）能量方程

对任一膨胀阀，假定膨胀过程是绝热的，膨胀阀前后制冷剂的焓值保持不变，则能量方程为：

$$H_1 = H_2 \tag{6-42}$$

（2）流量特性

由水力学计算公式可得膨胀阀的流量为：

$$m_{\mathrm{r}} = C_{\mathrm{D}} A_{\mathrm{D}} \sqrt{2\rho_{\mathrm{i}}(P_{\mathrm{i}} - P_{\mathrm{o}})} \tag{6-43}$$

式中　m_{r} ——制冷剂的质量流量，kg/s；

　　　C_{D} ——流量系数；

　　　A_{D} ——阀的过流面积，m^2；

　　　ρ_{i} ——制冷剂液体的进口的密度，$\mathrm{kg/m}^3$；

　$P_{\mathrm{i}}, P_{\mathrm{o}}$ ——制冷剂进出口的压力，Pa。

流量系数采用 D. D. Wile 提出的经验公式计算：

$$C_{\mathrm{D}} = 0.2005\sqrt{\rho_{\mathrm{i}}} + 0.634\nu_{\mathrm{o}} \tag{6-44}$$

式中　ν_{o} ——膨胀阀出口处制冷剂气液混合物的比容，m^3/kg。

若按均相流 $\nu = x\nu'' + (1-x)\nu'$ ，ν'、ν'' 分别为出口制冷剂液相和气相的比容（m^3/kg），由于是饱和状态，由膨胀阀出口压力可求得。

对于 R22 制冷剂，一般情况下可取 $C_{\mathrm{D}} = 0.65 \sim 0.75$。

流量系数 C_{D} 仅与制冷剂进出口的状态参数有关，而与阀的结构无关。因此，当膨胀阀的结构和制冷剂进出口状态确定时，可以计算求得阀的流通面积 A；阀的开度 h_{D} 则由式（6-45）计算：

$$\frac{A}{A_{\max}} = \frac{(2.568 - h_{\mathrm{D}}/h_{\max})h_{\mathrm{D}}}{1.568 h_{\max}} \tag{6-45}$$

根据膨胀阀的数学模型式（6-41）～式（6-45），设计由制冷剂流量计算膨胀阀开启面积和出口制冷剂状态等参数的计算程序。输入量包括：膨胀阀的结构参数、流量系数 C_{D}、冷凝压力 p_{c}、蒸发压力 p_{e}、制冷剂质量流量 m_{r}、膨胀阀进口状态参数；输出量包括：膨胀阀流通面积 A、阀的开度 h_{D}、膨胀阀出口制冷剂状态参数。

6.2.3　系统模型的数值求解算法

机组仿真模型的求解方法一般分为方程求解法和顺序模块法。本书采用顺序模块法对系统模型进行求解。

直接式污水源热泵系统模型主要由压缩机模型、污水满液式蒸发器模型、污水冷凝器模型、清水满液式蒸发器和清水冷凝器模型、回热换热器模型和电子膨胀阀模型等各子模型组成。在机组的模拟计算过程中，常常通过制冷剂循环系统中的一些参数将热泵系统的各子模型联系起来。任何循环系统必须遵守能量守恒、动量守恒和质量守恒定律。由前文计算可知，机组换热器内制冷剂压力变化很小，在模拟计算中可忽略不计。因此，机组内制冷剂循环系统将不考虑其动量方程。热泵机组稳定运行时，制冷剂循环系统遵守质量守恒定律。因此，能量守恒方程便成为联系整个系统循环之间的关系式。

本系统中设置的回热换热器增加了算法的设计难度，基于此，将机组蒸发器和冷凝器的出口设定为饱和状态，以此作为补充条件来设计算法。选择蒸发温度、冷凝温度和过热度（过冷度）等参数作为迭代参数。在假定这三个参数数值后，迭代计算从压缩机模型开始，依次经过冷凝器、回热换热器、膨胀阀、蒸发器、回热换热器，最后回到压缩机。如图 6-9 所示，三个参数通过各自嵌套的循环来调整。系统为模块化程序设计，且系统仿真过程中需假定的初值不多，保证了系统模型的数值稳定性和收敛性。

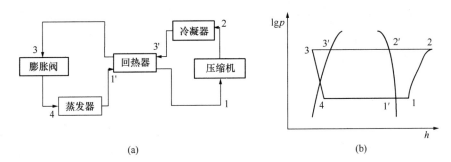

图 6-9　污水源热泵循环示意图

在算法描述中需明确系统各子模型的输入和输出参数，将子模型表述成其输入和输出参数的函数关系。其他输入参数，如结构参数和环境参数等不影响系统算法的设计思路，这里不再列出。

各部件模型的数学表达式如下：

压缩机模型：
$$(m_{\mathrm{r,com}}, h_2, N) = F_1(t_{\mathrm{e}}, h_1, t_{\mathrm{c}}) \tag{6-46}$$

冷凝器模型：
$$(m_{\mathrm{r,con}}, Q_{\mathrm{c}}) = F_2(t_{\mathrm{c}}, h_2, h_3') \tag{6-47}$$

回热器模型：
$$(h_1, h_3) = F_3(h_1', h_3') \tag{6-48}$$

膨胀阀模型：
$$(m_{\mathrm{r,thr}}, h_4) = F_3(t_{\mathrm{c}}, h_3, t_{\mathrm{e}}) \tag{6-49}$$

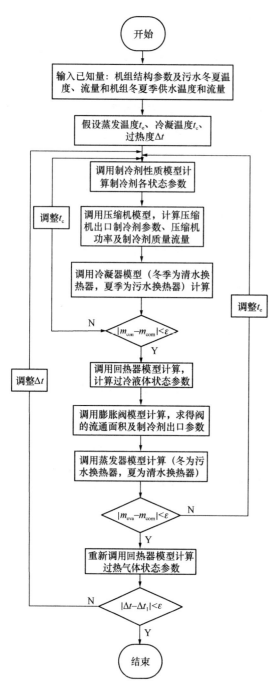

图 6-10　直接式污水源热泵机组仿真算法流程图

蒸发器模型：

$$(m_{r,eva}, Q_e) = F_4(t_e, h_4, h'_1)$$

$$(6-50)$$

直接式污水源热泵机组仿真算法流程图见图 6-10。

6.2.4　污水源热泵系统的标准设计工况

外切换与内切换机组由于制冷制热功能切换方法的不同，导致机组的蒸发和冷凝换热器存在很大不同，从而导致机组的制冷和制热能力存在差异。此外，设计计算污水源热泵机组的两个换热器，可以针对制热来设计（基热设计），也可以针对制冷来设计（基冷设计），这也会导致污水源热泵机组的制冷和制热能力存在差异。

外切换机组的蒸发器在冬夏都起蒸发换热功能，但是冬夏流经的介质不同，冬季走污水，夏季走清水。冷凝器在冬夏都起冷凝换热功能，但是冬季走清水，夏季走污水。外切换机组的两器在水侧强化换热措施效果差，但制冷剂侧的强化换热措施效果好。

内切换机组的污水换热器在冬夏都走污水，但是冬夏所起的换热作用不同，冬季起蒸发器作用，夏季起冷凝器作用。清水换热器在冬夏都走清水，但是冬季起冷凝器作用，夏季起蒸发器作用。内切换机组的两器在清水侧强化换热措施效果好，但制冷剂侧的强化换热措施效果折中。

内外切换机组两器的特点如表 6-2 所示。

内、外切换机组两器的特点　　　　　　　　　　　表 6-2

机组	换热器	夏季制冷	冬季制热
外切换机组	蒸发器（E）	清水（q）	污水（w）
	冷凝器（C）	污水（w）	清水（q）

机组	换热器	夏季制冷	冬季制热
内切换机组	污水换热器（W）	冷凝（c）	蒸发（e）
	清水换热器（Q）	蒸发（e）	冷凝（c）

设计污水源热泵机组，首先要确定污水源热泵机组的标准设计工况。鉴于我国城市污水温度，冬季在 9～15℃ 之间，夏季在 20～26℃ 之间，确定如下工况为标准设计工况：

(1) 制热标准工况：污水进口 12℃，出口 5℃，蒸发平均传热温差 5℃；循环水进口 40℃，出口 45℃，冷凝平均传热温差 5℃；$COP_h = 4.5$。

(2) 制冷标准工况：污水进口 23℃，出口 30℃，蒸发平均传热温差 5℃；循环水进口 12℃，出口 5℃，冷凝平均传热温差 5℃；$COP_c = 5.5$。

对符号做如下规定：Q——换热器换热量；Φ——制热或制冷量；下标：e——蒸发；c——冷凝或制冷；w——污水、外切环或冬季；q——清水；h——制热；r——内切换；d——标准设计工况；s——夏季。

按如下关系式定义热泵机组的 COP：

$$Q_c = \frac{COP}{COP-1} Q_e \tag{6-51}$$

且令 $\varphi = \dfrac{COP}{COP-1}$。

令换热器的传热系数与平均传热温差的乘积为一参数，即 $U = K\Delta t_m$（即热流密度）。由于内切换机组的清水换热器可以在水侧采取多种强化换热的措施，但是外切换机组两器的水侧不宜采取强化换热措施，因此内切换机组的 K_{qc}、K_{qe} 都要比外切换机组要大一些。标准设计工况下内、外切换机组两器的参数如表 6-3 所示。

内、外切换机组两器在标况下的数值　　　　　　　表 6-3

机组	换热器	夏季制冷	冬季制热
外切换	E	$K_{qe} = 4400\text{W}/(\text{m}^2 \cdot \text{℃})$ $U_{qe} = 22.0\text{kW}/\text{m}^2$	$K_{we} = 3600\text{W}/(\text{m}^2 \cdot \text{℃})$ $U_{we} = 18.0\text{kW}/\text{m}^2$
	C	$K_{wc} = 3300\text{W}/(\text{m}^2 \cdot \text{℃})$ $U_{wc} = 16.5\text{kW}/\text{m}^2$	$K_{qc} = 4100\text{W}/(\text{m}^2 \cdot \text{℃})$ $U_{qc} = 20.5\text{kW}/\text{m}^2$
内切换	W	$K_{wc} = 3100\text{W}/(\text{m}^2 \cdot \text{℃})$ $U_{wc} = 15.5\text{kW}/\text{m}^2$	$K_{we} = 3400\text{W}/(\text{m}^2 \cdot \text{℃})$ $U_{we} = 17.0\text{kW}/\text{m}^2$
	Q	$K_{qe} = 4500\text{W}/(\text{m}^2 \cdot \text{℃})$ $U_{qe} = 22.5\text{kW}/\text{m}^2$	$K_{qc} = 4200\text{W}/(\text{m}^2 \cdot \text{℃})$ $U_{qc} = 21.0\text{kW}/\text{m}^2$
	φ	$\varphi_c = 1.2222$	$\varphi_h = 1.2857$

6.2.5　污水源热泵机组两换热器匹配设计

1. 外切换机组的两器匹配设计

污水源热泵机组两换热器的面积大小直接影响机组的制冷或制热量，而两器的面积之比将决定机组的标准制冷量与制热量之比。好的热泵机组，要求制冷量与制热量之比与建筑的冷负荷与热负荷之比匹配，而且在一定范围内具有调节性，这就对机组两器的匹配提出了要求。

定义热泵机组的制冷量与制热量之比为机组出力比，即 $\eta_{w} = \dfrac{\Phi_{c}}{\Phi_{h}}$；冷凝器与蒸发器的换热面积之比为两器面积比，即 $\xi_{w} = \dfrac{A_{c}}{A_{e}}$。

常规热泵机组，不论是内切换机组还是外切换机组，两器内都是走清水，即两器内的介质冬夏都是一样的，两器的传热系数冬夏也基本一样。但是污水源热泵机组两器内的介质是不同的，而且走污水时换热器的传热系数要小，这就导致污水源热泵机组将具有不同于常规热泵机组的出力比-面积比关系。外切换污水源热泵机组设计及出力比-面积比关系，表 6-4 给出了外切换污水源热泵机组基冷设计和基热设计下的两器面积，制冷量、制热量，以及出力比-面积比关系。

外切换污水源热泵机组设计及出力比-面积比关系　　　　　表 6-4

	功能		蒸发器(E)		冷凝器(C)	
基冷设计	制冷	清水	$A_{e1} = \dfrac{\Phi_{c}}{U_{qe}}$		污水	$A_{c} = \dfrac{\varphi_{c}\Phi_{c}}{U_{wc}}$
	制热运行	污水	$Q_{h1} = \dfrac{U_{we}\Phi_{c}}{U_{qe}}\ \ \ \Rightarrow$		清水	$\Phi_{h1} = \varphi_{h}\dfrac{U_{we}\Phi_{c}}{U_{qe}}$
			$Q_{h2} = \dfrac{U_{qc}\varphi_{c}\Phi_{c}}{U_{wc}\varphi_{h}}\ \ \ \Leftarrow$			$\Phi_{h2} = U_{qc}\dfrac{\varphi_{c}\Phi_{c}}{U_{wc}}$
			$\eta_{w1} = \dfrac{\Phi_{c}}{\Phi_{h1}} = \dfrac{U_{qe}}{\varphi_{h}U_{we}}$			$\eta_{w2} = \dfrac{\Phi_{c}}{\Phi_{h2}} = \dfrac{U_{wc}}{\varphi_{c}U_{qc}} < 1$
			$\xi_{w1} = \dfrac{A_{c}}{A_{e1}} = \dfrac{\varphi_{c}U_{qe}}{U_{wc}}$			$\xi_{w2} = \dfrac{A_{c}}{A_{e2}} = \dfrac{\varphi_{h}U_{we}}{U_{qc}}$
		说明：当 E 面积为 A_{e1} 时，E 饱和，C 富余，取热不足，Φ_{h} 较小。 若将 A_{e} 从 A_{e1} 增加至 $A_{e2} = \dfrac{Q_{h2}}{U_{we}} = \dfrac{U_{qc}\varphi_{c}\Phi_{c}}{U_{we}U_{wc}\varphi_{h}}$，$\Phi_{h}$ 将增加，η_{w} 从 η_{w1} 降至 η_{w2}。 即当 $\xi_{w2} < \xi_{w} < \xi_{w1}$ 时，$\eta_{w2} < \eta_{w} < \eta_{w1}$					
基热设计	制热	污水	$A_{e} = \dfrac{\Phi_{h}}{\varphi_{h}U_{we}}$		清水	$A_{c1} = \dfrac{\Phi_{h}}{U_{qc}}$

续表

	功能	蒸发器(E)		冷凝器(C)	
基热设计	制冷运行	清水	$\Phi_{c1} = U_{qe}\dfrac{\Phi_h}{\varphi_h U_{we}}$　$\Rightarrow$	污水	$Q_{c1} = \varphi_c\dfrac{U_{qe}\Phi_h}{\varphi_h U_{we}}$
			$\Phi_{c2} = \dfrac{U_{wc}\Phi_h}{\varphi_c U_{qc}}$　$\Leftarrow$		$Q_{c2} = U_{wc}\dfrac{\Phi_h}{U_{qc}}$
			$\eta_{w1} = \dfrac{\Phi_{c1}}{\Phi_h} = \dfrac{U_{qe}}{\varphi_h U_{we}}$		$\eta_{w2} = \dfrac{\Phi_{c2}}{\Phi_h} = \dfrac{U_{wc}}{\varphi_c U_{qc}}$
			$\xi_{w1} = \dfrac{A_{c2}}{A_e} = \dfrac{\varphi_c U_{qe}}{U_{wc}}$		$\xi_{w2} = \dfrac{A_{c1}}{A_e} = \dfrac{\varphi_h U_{we}}{U_{qc}}$
		说明：当 C 面积为 A_{c1} 时，E 富余，C 饱和，散热不足，Φ_c 较小。 若将 A_c 从 A_{c1} 增加至 $A_{c2} = \dfrac{Q_{c2}}{U_{wc}} = \dfrac{U_{qe}\varphi_c\Phi_h}{U_{we}U_{wc}\varphi_h}$，$\Phi_c$ 将增加，η_w 从 η_{w2} 升至 η_{w1}。 即当 $\xi_{w2} < \xi_w < \xi_{w1}$ 时，$\eta_{w2} < \eta_w < \eta_{w1}$			
结论	(1) $\xi_w \leqslant \xi_{w2} = \dfrac{\varphi_h U_{we}}{U_{qc}}$ 时	$\eta_w \equiv \eta_{w2} = \dfrac{U_{wc}}{\varphi_c U_{qc}}$		$\Phi_c = \Phi_c(C)$，$\Phi_h = \Phi_h(C)$	
	(2) $\xi_{w2} \leqslant \xi_w \leqslant \xi_{w1}$ 时	$\eta_{w2} \leqslant \eta_w = \dfrac{\xi_w U_{wc}}{\varphi_h\varphi_c U_{we}} \leqslant \eta_{w1}$		$\Phi_c = \Phi_c(C)$，$\Phi_h = \Phi_h(E)$	
	(3) $\xi_w \geqslant \xi_{w1} = \dfrac{\varphi_c U_{qe}}{U_{wc}}$ 时	$\eta_w \equiv \eta_{w1} = \dfrac{U_{qe}}{\varphi_h U_{we}}$		$\Phi_c = \Phi_c(E)$，$\Phi_h = \Phi_h(E)$	

注：结论中的 $\Phi_c(C)$ 的意义是指制冷量需要根据冷凝器面积来计算，冷凝器限制了制冷量的大小；$\Phi_h(E)$ 的意义是指制热量需要根据蒸发器面积来计算，蒸发器限制了制热量的大小。

2. 内切换机组的两器匹配

外切换机组和内切换机组的两器具有不同的功能要求、工作介质和换热面构造，因此，内切换污水源热泵机组也将具有不同于外切换机组的出力比-面积比关系。

针对内切换机组，定义出力比为制冷量与制热量之比，即 $\eta_r = \dfrac{\Phi_c}{\Phi_h}$；两器面积比为污水换热器与清水换热器的面积之比，即 $\xi_r = \dfrac{A_w}{A_q}$。表 6-5 给出了内切换污水源热泵机组基冷设计和基热设计下的两器面积，制冷量、制热量，以及出力比-面积比关系。

内切换污水源热泵机组设计及出力比-面积比关系 表 6-5

	功能	污水换热器(W)		清水换热器(Q)	
基冷设计	制冷	冷凝	$A_w = \dfrac{\varphi_c\Phi_c}{U_{wc}}$	蒸发	$A_{q1} = \dfrac{\Phi_c}{U_{qe}}$
	制热运行	蒸发	$Q_{h1} = \dfrac{U_{qc}\Phi_c}{\varphi_h U_{qe}}$　$\Leftarrow$	冷凝	$\Phi_{h1} = U_{qc}\dfrac{\Phi_c}{U_{qe}}$
			$Q_{h2} = U_{we}\dfrac{\varphi_c\Phi_c}{U_{wc}}$　$\Rightarrow$		$\Phi_{h2} = \varphi_h U_{we}\dfrac{\varphi_c\Phi_c}{U_{wc}}$

续表

	功能	污水换热器(W)	清水换热器(Q)
基冷设计	制热运行	$\eta_{r1} = \dfrac{\Phi_c}{\Phi_{h1}} = \dfrac{U_{qe}}{U_{qc}}$	$\eta_{r2} = \dfrac{\Phi_c}{\Phi_{h2}} = \dfrac{U_{wc}}{\varphi_h \varphi_c U_{we}} < 1$
		$\xi_{r1} = \dfrac{A_w}{A_{q1}} = \dfrac{\varphi_c U_{qe}}{U_{wc}}$	$\xi_{r2} = \dfrac{A_w}{A_{q2}} = \dfrac{U_{qc}}{\varphi_h U_{we}}$
		说明: 当 Q 面积为 A_{q1} 时, Q 饱和, W 富余, 散热不足, Φ_h 较小。 若将 A_q 从 A_{q1} 增加至 $A_{q2} = \dfrac{Q_{h2}}{U_{qc}} = \dfrac{U_{we}\varphi_h\varphi_c\Phi_c}{U_{wc}U_{qc}}$, Φ_h 将增加, η_r 从 η_{r1} 降至 η_{r2}。 即当 $\xi_{r2} < \xi_r < \xi_{r1}$ 时, $\eta_{r2} < \eta_r < \eta_{r1}$	
基热设计	制热 蒸发	$A_{w1} = \dfrac{\Phi_h}{\varphi_h U_{we}}$　　冷凝	$A_q = \dfrac{\Phi_h}{U_{qc}}$
	冷凝	$Q_{c1} = \varphi_c U_{qe} \dfrac{\Phi_h}{U_{qc}}$　　$\Leftarrow$　蒸发	$\Phi_{c1} = U_{qe} \dfrac{\Phi_h}{U_{qc}}$
		$Q_{c2} = U_{wc} \dfrac{\Phi_h}{\varphi_h U_{we}}$　　$\Rightarrow$	$\Phi_{c2} = \dfrac{U_{wc}\Phi_h}{\varphi_c \varphi_h U_{we}}$
	制冷运行	$\eta_{r1} = \dfrac{\Phi_{c1}}{\Phi_h} = \dfrac{U_{qe}}{U_{qc}}$	$\eta_{r2} = \dfrac{\Phi_{c2}}{\Phi_h} = \dfrac{U_{wc}}{\varphi_h \varphi_c U_{we}}$
		$\xi_{r1} = \dfrac{A_{w2}}{A_q} = \dfrac{\varphi_c U_{qe}}{U_{wc}}$	$\xi_{r2} = \dfrac{A_{w1}}{A_q} = \dfrac{U_{qc}}{\varphi_h U_{we}}$
		说明: 当 W 面积为 A_{w1} 时, W 饱和, Q 富余, 散热不足, Φ_c 较小。 若将 A_w 从 A_{w1} 增加至 $A_{w2} = \dfrac{Q_{c2}}{U_{wc}} = \dfrac{U_{qe}\varphi_c\Phi_h}{U_{wc}U_{qc}}$, Φ_c 将增加, η_r 从 η_{r2} 升至 η_{r1}。 即当 $\xi_{r2} < \xi_r < \xi_{r1}$ 时, $\eta_{r2} < \eta_r < \eta_{r1}$	
结论	(1) $\xi_r \leqslant \xi_{r2} = \dfrac{U_{qc}}{\varphi_h U_{we}}$ 时	$\eta_r \equiv \eta_{r2} = \dfrac{U_{wc}}{\varphi_h \varphi_c U_{we}}$	$\Phi_c = \Phi_c(W)$, $\Phi_h = \Phi_h(W)$
	(2) $\xi_{r2} \leqslant \xi_r \leqslant \xi_{r1}$ 时	$\eta_{r2} \leqslant \eta_r = \dfrac{\xi_r U_{wc}}{\varphi_c U_{qc}} \leqslant \eta_{r1}$	$\Phi_c = \Phi_c(W)$, $\Phi_h = \Phi_h(Q)$
	(3) $\xi_r \geqslant \xi_{r1} = \dfrac{\varphi_c U_{qe}}{U_{wc}}$ 时	$\eta_r \equiv \eta_{r1} = \dfrac{U_{qe}}{U_{qc}}$	$\Phi_c = \Phi_c(Q)$, $\Phi_h = \Phi_h(Q)$

注: 结论中的 $\Phi_c(W)$ 的意义是指制冷量需要根据污水换热器面积来计算, 污水换热器限制了制冷量的大小;

$\Phi_h(Q)$ 的意义是指制热量需要根据清水换热器面积来计算, 清水换热器限制了制热量的大小。

6.2.6　内外切机组标况下的对比

在污水源热泵机组的标准设计工况下, 外切换机组与内切换机组的出力比-面积比关系对比如表 6-6 所示。

内外切换机组的 η-ξ 关系　　　　表 6-6

		ξ_2	ξ_1	η_{min}	η_{max}	$\eta\,(\,\xi_2\leqslant\xi\leqslant\xi_1\,)$
外切换	公式	$\dfrac{\varphi_h U_{we}}{U_{qc}}$	$\dfrac{\varphi_c U_{qe}}{U_{wc}}$	$\dfrac{U_{wc}}{\varphi_c U_{qc}}$	$\dfrac{U_{qe}}{\varphi_h U_{we}}$	$\dfrac{\xi_w U_{wc}}{\varphi_h \varphi_c U_{we}}$
	数值	1.1289	1.6296	0.6585	0.9506	$0.5833\xi_w$
内切换	公式	$\dfrac{U_{qc}}{\varphi_h U_{we}}$	$\dfrac{\varphi_c U_{qe}}{U_{wc}}$	$\dfrac{U_{wc}}{\varphi_h \varphi_c U_{we}}$	$\dfrac{U_{qe}}{U_{qc}}$	$\dfrac{\xi_r U_{wc}}{\varphi_c U_{qc}}$
	数值	0.9608	1.7742	0.5802	1.0714	$0.6039\xi_r$

由图 6-11 可以看出，内外切换污水源热泵机组的共同点如下：

（1）存在一个两器面积比的范围，称之为适宜面积比范围。在适宜面积比范围以内的热泵机组，在标准设计工况下运行，不论是制冷还是制热，两器均饱和运行，没有换热面积浪费；而在适宜面积比范围以外的机组，在标况下运行，总是存在某一个换热器的面积绰绰有余，存在投资浪费。

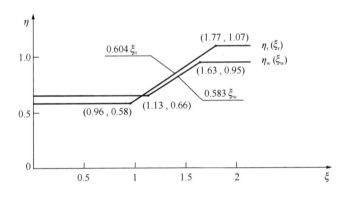

图 6-11　内、外切换机组的 η-ξ 关系对比图

（2）适宜的面积比范围主要与设计 COP 和两换热器传热系数有关。直接式污水源热泵两换热器的传热系数相差较大，从而导致污水源热泵机组比清水源热泵机组具有更大的适宜面积比范围。

（3）在适宜面积比范围以外，出力比与面积比无关，分别取最大值和最小值。

（4）在适宜面积比范围以内，出力比随着面积比的增加而增加。

（5）适用于北方地区的污水源热泵机组，应采取比较小的面积比；而适用于南方地区的污水源热泵机组，应采取比较大的面积比。

内外切换污水源热泵机组的不同点如下：

（1）内切换机组比外切换机组具有更大的适宜面积比范围，即内切换污水源热泵机组两换热器面积相差更为悬殊。

（2）内切换机组比外切换机组具有更大的最大出力比，更小的最小出力比，也就是说内切换污水源热泵机组的制冷与制热能力相差更为悬殊。

（3）内切换机组比外切换机组具有更快的出力比递增速度。

6.2.7　非标况下的出力比与机组选型

本书所谓热泵机组非标准工况是指某具体工程的设计污水温度与上述热泵机组设计时的标准污水温度不同，并不是通常所指的运行工况。也就是说这里只讨论机组或工程的设计问题，而非讨论机组或工程的运行问题。

1. 非标况下机组的性能参数

在冬季污水进出口平均温度 $\bar{t}_{sw}$ 、夏季污水进出口平均温度 $\bar{t}_{ss}$ 的非标准工况下，机组的性能参数关系如下：

$$\varphi_c = 1 + \frac{1}{COP_{cd}[1+0.01(\bar{t}_{ssd}-\bar{t}_{ss})]-1} = 1 + \frac{\varphi_{cd}-1}{1+0.01\varphi_{cd}(\bar{t}_{ssd}-\bar{t}_{ss})}$$
$$= 1 + \frac{1}{5.9575-0.055\bar{t}_{ss}} \tag{6-52}$$

$$\varphi_h = 1 + \frac{1}{COP_{hd}[1+0.02(\bar{t}_{sw}-\bar{t}_{swd})]-1} = 1 + \frac{\varphi_{hd}-1}{1+0.02\varphi_{hd}(\bar{t}_{sw}-\bar{t}_{swd})}$$
$$= 1 + \frac{1}{2.735+0.09\bar{t}_{sw}} \tag{6-53}$$

$$U_{we} = U_{wed}[1+0.02\varphi_{hd}(\bar{t}_{sw}-\bar{t}_{swd})] \tag{6-54}$$

$$U_{wc} = U_{wcd}[1+0.01(\bar{t}_{ssd}-\bar{t}_{ss})] \tag{6-55}$$

在规定的标况（表 6-3）下，非标况下 φ 存在如下关系：

$$\varphi_c = 1 + \frac{1}{5.9575-0.055\bar{t}_{ss}}, \quad \varphi_h = 1 + \frac{1}{2.735+0.09\bar{t}_{sw}}$$

外切换机组：$U_{we} = 14.066 + 0.463\bar{t}_{sw}$ ，$U_{wc} = 20.873 - 0.165\bar{t}_{ss}$

内切换机组：$U_{wc} = 19.608 - 0.155\bar{t}_{ss}$ ，$U_{we} = 13.284 + 0.437\bar{t}_{sw}$

2. 外切换机组在非标况下的制热量与制冷量

$$\Phi_c = \begin{cases} U_{qed}A_e = \Phi_{cd}, & (\bar{t}_{ss} < \bar{t}_{ss}^*) \\ \dfrac{U_{wc}A_c}{\varphi_c} = \dfrac{\xi_w U_{wc}}{\varphi_c U_{qed}}\Phi_{cd}, & (\bar{t}_{ss} > \bar{t}_{ss}^*) \end{cases}$$

$$\Phi_h = \begin{cases} U_{qcd}A_c = \Phi_{hd}, & (\bar{t}_{sw} > \bar{t}_{sw}^*) \\ \varphi_h U_{we}A_e = \dfrac{\varphi_h U_{we}}{\xi_w U_{qcd}}\Phi_{hd}, & (\bar{t}_{sw} < \bar{t}_{sw}^*) \end{cases} \tag{6-56}$$

式中，φ_c 、φ_h 、U_{we} 、U_{wc} 由式（6-52）、式（6-53）、式（6-54）、式（6-55）确定；$\bar{t}_{ss}^*(\xi_w)$ 由 $\dfrac{\xi_w U_{wc}}{\varphi_c U_{qed}} = 1$ 确定；$\bar{t}_{sw}^*(\xi_w)$ 由 $\dfrac{\varphi_h U_{we}}{\xi_w U_{qcd}} = 1$ 确定。

3. 内切换机组在非标况下的制热量与制冷量

$$\Phi_c = \begin{cases} U_{qed}A_q = \Phi_{cd}, & (\bar{t}_{ss} < \bar{t}_{ss}^*) \\ \dfrac{U_{wc}A_w}{\varphi_c} = \dfrac{\xi_r U_{wc}}{\varphi_c U_{qed}}\Phi_{cd}, & (\bar{t}_{ss} > \bar{t}_{ss}^*) \end{cases}$$

$$\Phi_h = \begin{cases} U_{qcd}A_q = \Phi_{hd}, & (\bar{t}_{sw} > \bar{t}_{sw}^*) \\ \varphi_h U_{we}A_w = \dfrac{\varphi_h \xi_r U_{we}}{U_{qcd}}\Phi_{hd}, & (\bar{t}_{sw} < \bar{t}_{sw}^*) \end{cases} \tag{6-57}$$

式中 $\bar{t}_{ss}^{*}(\xi_r)$ 由 $\dfrac{\xi_r U_{wc}}{\varphi_c U_{qed}}=1$ 确定, $\bar{t}_{sw}^{*}(\xi_r)$ 由 $\dfrac{\varphi_h \xi_r U_{we}}{U_{qcd}}=1$ 确定。

4. 内、外切换机组在非标况下出力的共同点

对内、外切换机组均有: $\bar{t}_{ssd} < \bar{t}_{ss}^{*}$, $\bar{t}_{sw}^{*} < \bar{t}_{swd}$ 。制热量的 $\bar{t}_{ss}$ 、制热量与 $\bar{t}_{sw}$ 的关系如图 6-12 和图 6-13 所示。

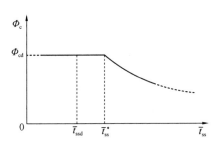

图 6-12　非标况下的机组制冷量

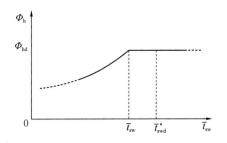

图 6-13　非标况下的机组制热量

此外,在非标准的污水工况下,机组的出力比 η 可根据式(6-56)或式(6-57)确定,而且非标准工况下出力比与两器面积比、冬季污水进出口平均温度、夏季污水进出口平均温度有关,即 $\eta(\xi,\bar{t}_{sw}^{*},\bar{t}_{ss}^{*})$ 。在 $\xi_2 \leqslant \xi \leqslant \xi_1$ 条件下,出力比也可以写成 $\eta(\eta_d,\bar{t}_{sw}^{*},\bar{t}_{ss}^{*})$ 。

5. 非标准设计工况工程的热泵机机组选型

设某项工程冬季设计热负荷为 Θ_h ,夏季设计空调冷负荷为 Θ_c ,定义工程负荷比为设计冷负荷与设计热负荷之比,即 $\varepsilon = \dfrac{\Theta_c}{\Theta_h}$ 。已知该工程的 $\bar{t}_{sw}$ 、$\bar{t}_{ss}$,即可根据式(6-52)~式(6-57)计算某类面积比 ξ 下污水源热泵机组的出力比 η 。

如果工程负荷比大于机组出力比($\varepsilon > \eta$),则根据机组的制冷能力来选择机组,自然能够满足冬季供热要求;如果工程负荷比小于机组出力比($\varepsilon < \eta$),则根据机组的制热能力来选择机组,自然能够满足夏季制冷要求。

6.3　污水源热泵系统的其他形式

6.3.1　直接取水与缓冲池取水

污水源热泵的取水方式主要有直接取水和缓冲池取水两种形式。

直接取水如图 6-14 所示,主要应用于小型系统,投资少。直接将取水管插接于污水干渠,采用管道泵从顶部接入并抽水。要求水泵吸入口比污水干渠水面低 1m 左右(自灌高差),必须设置盲板(也可用闸

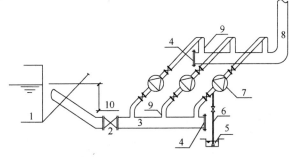

图 6-14　直接取水方案

1—污水干渠；2—闸阀；3—吸水干管；4—盲板；
5—积水坑；6—泵房排水管；7—管道污水泵；
8—压水干管；9—顶部接入；10—自灌高差

阀代替）和关短闸阀。

当污水处理厂出水逐时流量不能满足工程全面积污水源热泵供热空调的需求，而污水日总流量可供面积大于实际需要的供热空调面积时，我们可以设置缓冲池以满足系统需水要求；同时工程要有足够的空间以满足修建蓄水池所需的建筑面积，还应考虑污水池对环境的影响及安全控制等问题。

缓冲池取水如图6-15所示，主要用于大型系统。虽然缓冲池的"削峰填谷"作用有限，却可以将机房系统与污水管渠系统隔离，保证系统安全。缓冲池取水的特点有：可以将潜式污水泵置于缓冲池取水，也可以在缓冲池侧壁开口接管道式污水泵取水；缓冲池内可以设置闸门用于检修时关断污水；缓冲池内可以设置机械隔栅进行粗效过滤处理；污水依靠重力流引至缓冲池，退水可以选用重力退水或有压退水；为了避免频繁排气、负压集气和有氧腐蚀，一般要求机房污水管道最高点不高于缓冲池水面。

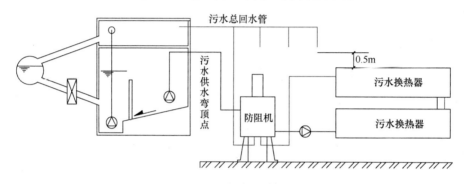

图6-15　缓冲池取水方案

6.3.2　系统设备的连接方式

按照污水泵、防阻机、换热器、中介水泵之间串并联关系，可将系统分之为单线式系统、单线跨越式系统、并联式系统、混联式系统。

1. 单线式系统与单线跨越式系统

单线式系统即一台一级污水泵、一台防阻机、一台二级污水泵、一台换热器、一台中介水泵、一台热泵机组串联成一条设备线，而设备线之间是完全独立的。如图6-16所示中的一级污水管路。而单线跨越式系统是在单线式系统的基础上，于两条设备线之间的一级污水管路、二级污水管路、中介水管路上加设常闭的跨越连通管，该连通管正常运行时处于关闭阶段，只在部分设备故障时开启。图6-16中的中介水管路就设置了常闭跨越管。单线跨越式串联连接方式的特点如下：

（1）通过台数控制，完全可以实现各种工况的流量控制调节，而且调节范围大，调节运行稳定，设备备用条件优越。

（2）阀门在污水系统内是一个故障率极高的节点。当采用防阻机和换热器并联的方式时，若要实现部分流量运行，就必须经常启闭（电动）阀门，这在几年之后是否可靠是很成问题的。单线串联连接方式，当一些防阻机和换热器不运行时，只需停开水泵即可，无

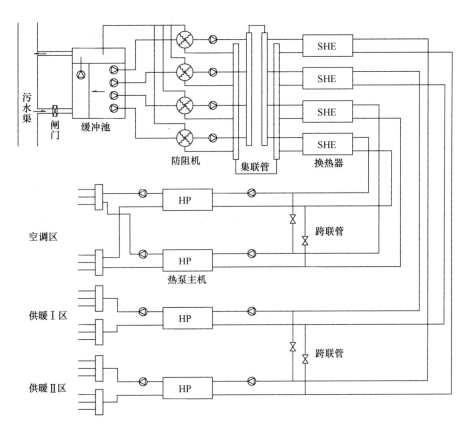

图 6-16　单线跨越式混联系统

需启闭阀门，系统可靠性反而更高些。

（3）故障辨识：当防阻机或换热器发生堵塞等故障时，通过"单线制"中各级水泵的电流就很容易判断故障是否发生。而所有设备并联之后，要想发现某台防阻机或换热器是否出现故障是很难的，因为压力信号很难反映堵塞情况（也与防阻机自身特点有关），而且传感器在污水环境下很容易出现污物挂附或堵塞，导致测不准或失效。

（4）单线串联连接方式的所有污水阀门均可采用普通内衬胶闸阀（调节时无需启闭，只需启闭水泵）。而在并联连接方式里，所有阀门（每台防阻机 4 个，每台换热器 2 个）都必须采用电动阀门，因为在运行调节时不可能人工地去启闭这些阀门。

（5）单线跨越式串联连接方式在部分负荷时不能利用全部换热面积，鉴于换热器内污水流速不能太低（避免沉积堵塞），仅考虑了两两并联，闲置换热面积利用不是很充分，限制了闲置换热器面积的利用率。

2. 并联式系统

并联式系统的一级污水管路、二级污水管路、中介水管路均采用集联管或积水器将水流合并，将防阻机、换热器、热泵机组并联，如图 6-17 所示。由于各设备处于并联对等位置，当一台设备故障时，必须尽快辨识并自动采用电动阀门将之隔断，这对自控和电动阀门质量要求较高。并联式系统在设计和监控不到位的情况下，容易出现流量分配不均的

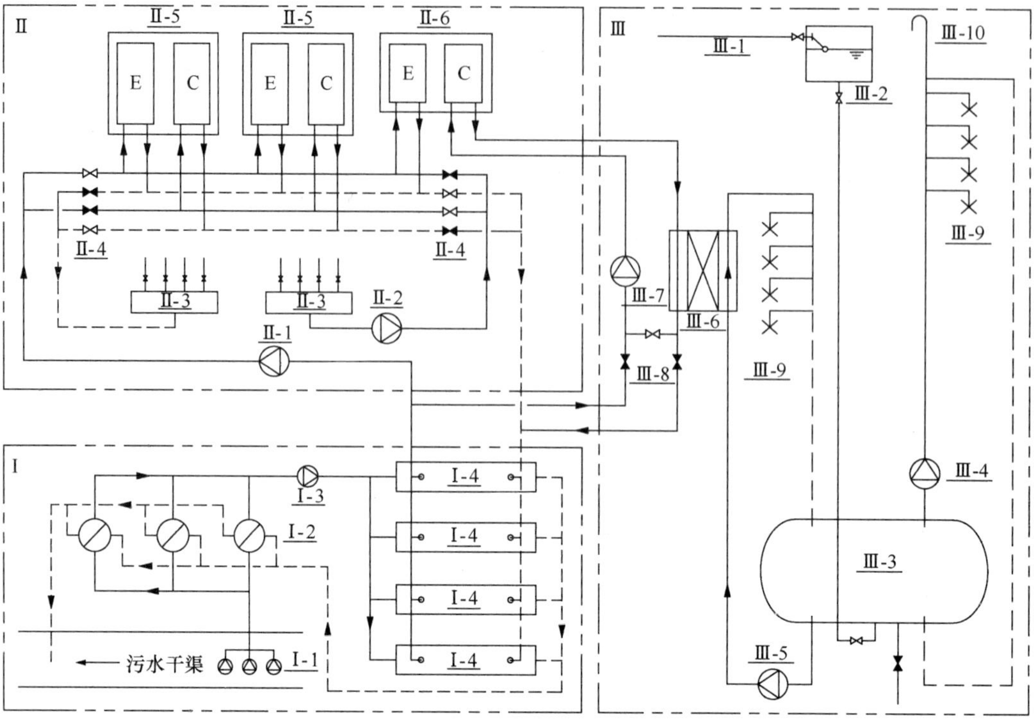

图 6-17　并联式系统

现象。并联式系统水泵台数少，投资省，占地稍少。

3. 混联式系统

混联式系统即一级污水管路、二级污水管路、中介水管路部分采用并联式，部分采用单线式。如图 6-16 中的二级污水管路就采用了并联式连接，构成了一个单线跨越式混联系统。混联式系统的一个目的是充分利用污水换热器的换热面积，大型远距离系统一般采用中介水并联的混联式系统。

6.3.3　热能远距离的输送方式

当污水源距离用户较远时，如何将污水热能输送至用户存在三种方案，即引送污水方式、输送中介水方式、输送末端水方式。

引送污水方式具有投资少、机房规模小的特点。远距离的污水引退全部采用重力流，并设置必要的检查井。重力流管道虽然直径较大，但是造价不高，阻力不大。污水泵所需提供的能耗为管路阻力和高差（也即重力引退阻力）之和，并不比输送中介水或末端水的能耗大。引送污水只需修建一个机房，防阻机、换热器和热泵机组放在一起，节省机房面积和土建投资，但是重力引送污水受地形地貌的限制较大。

输送中介水方式需要在污水水源旁修建一个换热机房，然后将换热后的中介水远距离输送至用户附近的热泵机房。这种方式需要修建两个机房，土建成本增加，输送中介水的热损失比输送末端水小，但不适用于污水温度较低、需要添加防冻液的系统。

输送末端水方式仅需在污水源附近修建换热和热泵机房，通过提取污水热能将较高温的末端水输送给用户。由于热泵属于低温供热，供回水温差小而流量大，因此输送管路的投资比传统热网要大许多。输送末端水方式一般应用于污水处理厂集中式污水热能利用。

不论是输送污水、中介水还是末端水，各自都存在一个经济输送半径，当用户与水源距离大于某一介质的经济输送半径时，就不宜通过输送该介质来输送热能。

6.3.4 大型工程的布局方式

大型污水源热泵供热空调系统工程，一般建在污水处理站附近，可以利用处理站的二级出水，也可以利用隔栅或沉淀池后的出水。根据热泵机组的分布方式可分为分散式、半集中式、集中式三种。

污水换热站的分散式污水源热泵系统，由中介水向各单位或建筑供应冷热源，在末端由各用户自行安装小型热泵机组，按中介水流量收取费用。污水换热站简单，主要设备有污水泵、中介水泵、污水防阻机、换热器等。

集中式系统则将污水换热站和热泵站设置在一起，由末端循环水向各单位或用户供应冷热量，按冷热量或者面积收费。由于热泵系统是低温供暖，采暖半径不能太大，但工程面积很大时，可以采用半集中式。半集中式系统设立集中的污水换热

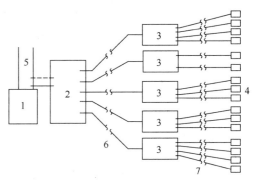

图 6-18 半集中式大型污水源热泵系统
1—污水处理站；2—污水换热站；3—热泵站；
4—末端用户；5—二级出水；6—中介水管路；
7—末端循环水

站和几个热泵站，每个热泵站覆盖一定的供应面积，中介水集中供应各个热泵站，如图 6-18所示。

采取何种系统方式，既要进行技术经济的优化分析，还要进行用户的民意调查，以及考虑运行维护管理、收费等问题。大型污水源热泵工程应该以安全、可靠、稳定为准则，切忌估计、假设、想当然等武断行为，必须进行全面的技术、经济可行性分析。

第 7 章

污水输送换热系统

实际的工程应用中污水管渠与建筑物之间都有一定的距离，基于能否利用这段输送空间进行换热的启发，提出了套管输送换热系统。在工程方案确定和设计输送换热式污水源热泵系统时，由于管线较长，如何合理选择管径与水泵、计算流动阻力、对比顺流和逆流形式的优劣及换热效率、与水力连续除污装置＋壳管换热器系统相比，套管输送换热系统的经济可行性究竟如何等关键性问题，需要一一考虑。

7.1 污水输送换热原理

7.1.1 套管换热法的原理

城市污水污杂物含量较高，若不进行粗效过滤处理，容易堵塞换热器和管路设备。为了节省机房空间，传统的污水源热泵系统中换热器大多采用紧凑形式，因此容易堵塞，且系统需要安装滤面水力再生装置，以及配套的专用污水换热器和两级污水泵，工艺流程如图 7-1 所示。

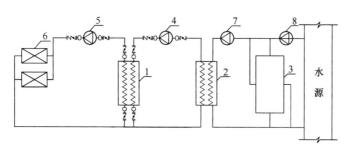

图 7-1 带污水防阻机的污水源热泵系统工艺流程图

1—热泵机组；2—专用换热器；3—滤面水力再生装置；4—清洁水泵；5—末端循环泵；6—末端散热设备；7—二级污水泵；8—一级污水泵

但实际的工程应用中，污水管渠与建筑物之间都有一定的距离，基于能否利用这段输送空间进行换热的启发，提出了套管输送换热系统（TDHT 系统），既不占用机房空间，也避免了换热器的堵塞。套管输送换热系统原理如图 7-2 所示，由于内管空间比环管空间更顺畅，城市污水走内管，中介水走环管。根据污水与中介水的流向关系，系统存在顺流和逆流两种形式。

利用大管径套管换热法实现水源冷热量的提取过程：首先，污水或地表水在大管径套管的内管中高速、湍流流动，通过内管管壁传递冷热量，实现冷热量的回收过程；接着，清洁水或其他热载体在大管径套管的环空间相对水源水逆流（或顺流）流动；最后，清洁水环路为闭式环路，在套管中吸热或放热后再进入热泵机组的蒸发器或冷凝器。套管换热法有效地

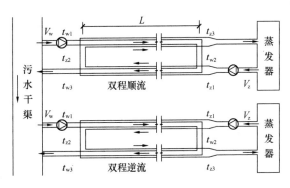

图 7-2　套管输送换热系统原理图

解决了换热设备（普通管壳式或板式换热器）的阻塞问题，与传统的污水源换热系统相比有以下几个显著特征：

（1）直接回避了换热器阻塞问题，不需要滤面水力再生装置，更有利于污水换热。因为再好的过滤装置也存在滤面再生和污杂物穿透率等问题，在实际工程应用中更是存在着难以解决的问题。

（2）只需一套污水泵系统，形式相对简单，更有利于水力平衡与计算。

（3）清水在环状空间流动与内管的污水换热，换热后直接由中水泵打入热泵机组，进入冷凝器或蒸发器。因此不需要再用与滤面水力再生装置配套的专用换热器，避免了污水换热器易结垢、长时间运行换热效果不佳的弊端。

（4）由于没有滤面水力再生装置及其配套的专用换热器，有利于节省机房的面积，特别对于需要多台滤面再生装置的工程更加适用。对于用地面积有限的场合更能突出其有效的价值。

（5）套管输送换热系统要比传统的换热系统多出外围的套管。

（6）要解决长期运行中存在的内管壁面除污问题，否则会影响换热效果。

两套系统都有各自的最佳适用条件，要根据具体的实际情况来考虑应用哪种系统更加合理，这主要是权衡利弊的问题。从经济性上来看，就是外围套管管材造价与滤面水力再生装置、专用换热器以及污水泵三者造价和的比较，哪个系统更加经济需要具体的计算。套管输送换热法使污水源热泵系统从整体上更加完善，对其在实际工程上的应用有重要的指导意义。

7.1.2　套管换热法的基本结构

套管输送换热的安装采用圆环支架固定法，图 7-3 为套管固定封头示意图，该封头是为了防止套管运输时内、外管在环形支架内移动而设计的。运输时将封头固定在套管两个端口，利用中间的挡板将内、外管固定住，这样可以避免因管子移动而造成的损坏。

圆环支架固定法的截面如图 7-4 所示，根据套管具有内外两层管的特殊性，分别设计出两个圆环，中间用四个圆钢筋支架连接固定，内圆环用来支撑污水内管，外圆环用来支

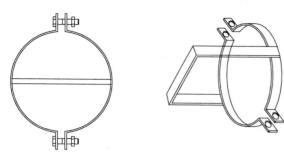

图 7-3 运输时的套管固定封头

撑外管，中介水可以从环空间自由流动，具体的安装设计要点见安装说明。这种方法的优点是：可以非常好的固定内、外管；中介水可以在环空间顺畅的流动；由于圆环支架与内、外管接触的界面都是光滑的圆弧，因此对内、外管材没有破坏，可以长时间运行；安装、运输方便，可以各自单独设计。圆环支架的间距可根据套管的长度而定，一般间距建议在 50～100m。

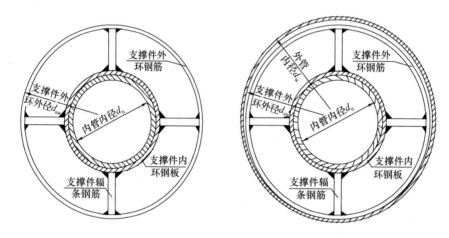

图 7-4 圆环支架的截面示意图

安装说明：$10mm<d_w-d_{sw}<20mm$；支撑件外环选用圆钢筋直径 30mm；支撑件辐条选用圆钢筋
直径 30mm；支撑件内环选用钢板，厚 4mm；支撑件内环与内管焊接固定；支撑件的焊接必须
能承受轴向很大的推（拉）力

7.1.3 套管输送换热技术的特点

在对套管输送换热技术的研究中，可以得到以下结论：

（1）套管输送换热法充分利用了污水干渠与建筑物之间的有效距离，污水走内管，中介水走环状空间。一方面，在内管中污水流动更加通畅，同时加大流速也可减轻内壁面的结垢，这样更加有利于二者换热；另一方面，在引污水的同时有效地进行了管路沿程换热，相当于两壳程两管程的换热器，其换热面积的大小取决于污水干渠与建筑物之间的距离 L。但与普通换热器不同的是，它不占用机房空间，这对于用地紧张的工程显得更有实际价值。

（2）套管输送换热法解决了长距离水源的问题。当水源距离较远时，利用污水源热泵系统就存在一个长距离污水输送问题，因为距离越长输送管材的造价就越高，而且这部分管材相当于白白浪费了，这样是很不经济的。利用城市原生污水源的一大弊端就是水源的寻找困难以及输送距离太长，但是污水源套管输送系统很好的解决了这个难题，套管输送换热可以兼作水源水输送功能，而且距离越长，套管换热法的有效换热面积就越大，越有利于供热（冷）量大的工程，更加经济合理。

（3）套管换热装置布置灵活而且适用范围广。以往的换热器都是放在机房的地面上，占用一定的空间，而且布置起来相当复杂。但套管换热设备除设置于地下，还可布置在机房侧墙、机房屋顶等位置，可因地制宜充分安排，在热泵闭式等系统中均可应用。

（4）套管输送换热法有效地解决了换热器易堵塞的问题。国内外对污水源热泵系统的研究很多，但是在实际工程中都不尽如人意，因为再好的过滤装置也存在滤面再生和污杂物穿透率等难题。套管输送换热法不需要滤面水力再生装置，采用大管经、大流速，这样就直接回避了换热器堵塞的问题，使污水源热泵系统在实际工程中的应用更加广泛。

（5）套管输送换热系统的换热系数大而且传热效果好。套管换热管径大，设计流速高，对流换热系数大，传热效果好、效率高。普通换热器的设计流速大约 1m/s，管径 20mm，而套管输送换热法的设计流速可以达到 3m/s，管径 200mm。在解决了阻塞问题的同时，水源侧的换热系数提高了大约 30%，同时中介水的流速也可以提高，这样就更有利于提高总的换热系数 K。

7.2　污水输送换热的流动特性

7.2.1　污水流动的阻力特性

城市污水引水管道直径一般较大，而且流速一般都设计在 1.2m/s 以上，因此污水热能利用工程中，不论是输送还是换热，污水流动都处于紊流粗糙区。在这种状态下，黏性底层的厚度远小于粗糙突起高度，粗糙突起已经进入紊流核心区并完全破坏了层流底层，此时速度和黏度对流动的紊动程度及黏性底层的影响已微不足道，流动阻力将与 Re 无关，沿程阻力系数 λ 仅是相对粗糙高度 k_s/d 的函数。研究表明，污水在一定的流速下长期流动，将在管壁形成稳定的污垢，管材的粗糙高度将不再起作用，因此提出污垢当量粗糙高度用以计算污水流动阻力。

污垢的平衡厚度与流速和管径有关，而污垢的粗糙高度则与流速、水质、表面特性等有关。工程中污水的流速、水质以及管材表面特性具有固定性或相似性，因此污垢粗糙高度的变化很小。通过实验测定和工程数据表明，污垢粗糙高度稳定在 $k_s = 2mm$，代入尼古拉兹（Nikuradse）粗糙区半经验公式：

$$\frac{1}{\sqrt{\lambda}} = 2\lg \frac{3.7d}{k_s} \tag{7-1}$$

通过数值计算，并将之拟合得到工程中更易采用的幂函数形式，即：

$$\lambda_w = \frac{0.0235}{d^{0.30}} \tag{7-2}$$

式（2-59）在 $d \geqslant 50mm$ 时计算结果比式（2-58）稍大，但是误差都在 3% 以内。若污水流动采用谢才-曼宁（Chezy-Manning）公式，经过数值计算和拟合，污垢粗糙高度 $k_s = 2mm$ 相当于粗糙系数 $n = 0.014$，式（2-59）结果稍小，误差也都在3%以内。因此采用式（2-59）进行污水流动阻力计算是合理可信的。若清水管道的粗糙高度分别按 0.05mm 和 1.0mm 计算，则污水的流动阻力将分别是清水的 3 倍和 1.1 倍。

采用比阻的概念进行阻力分析，即比阻 a 为：

$$a = \frac{8\lambda}{g\pi^2 d^5} \tag{7-3}$$

则污水的比阻为：

$$a_w = \frac{0.001944}{d^{5.30}} \tag{7-4}$$

若要合理的选择污水泵，就需要先算出内管中污水的流动阻力。设单程套管长 l，则污水的流动阻力为：

$$H_w = 2a_w l V_w^2 \tag{7-5}$$

式中 V_w ——内管中污水的流量，m^3/h。

为了便于污水阻力的计算，按式（2-61）编制出各种管径管道的污水比阻计算表，见表 7-1。可以直接计算出污水的阻力大小，方便了污水泵的选择。

城市污水管道有压紊流比阻 a_w 值（流量以 m^3/s 计）　　　表 7-1

公称直径 (mm)	比阻 (s^2/m^6)	公称直径 (mm)	比阻 (s^2/m^6)	公称直径 (mm)	比阻 (s^2/m^6)
10	77392033.96	125	118.87	400	0.249907
15	9024280.53	150	45.23	450	0.133866
20	1964433.28	175	19.98	500	0.076587
25	602024.57	200	9.8455	600	0.029140
32	162705.18	225	5.2739	700	0.012873
40	49862.99	250	3.0173	800	0.006343
50	15281.12	275	1.820677	900	0.003398
70	2568.48	300	1.148031	1000	0.001944
80	1265.67	325	0.751129		
100	387.88	350	0.507149		

7.2.2　环空间清水流动的阻力特性

1. 环空间阻力系数的计算

有些书中介绍，清水在环形通道中紊流时的摩擦系数随半径比的变化而变化，然而现有的实验数据表明，这种依赖性是很小。布赖顿（Brighton）和琼斯（Jonsson）提出，管径比 $0.0625 < r_i/r_o < 0.562$ 的范围内摩擦系数与 r_i/r_o 无关。按照他们的实验结果，测定的摩擦系数要比罗思福斯的结果低 6%～8%。

清水在环形通道中的摩擦系数表达式 f，推荐采用圆管关系式加上 10%，这个关系式近似于布拉修斯公式：

$$f = 0.085(R_e \cdot d_e)^{-0.25} \tag{7-6}$$

上式适用于 $6000 < Re < 800000$，式中：$d_e = d_2 - d_1$，d_1、d_2 分别为环形通道的内、外直径，单位为 m。这个推荐的关系式与琼森和斯帕罗（Sparrow）提出的表达式是一致的。

由于清水的阻力系数 $\lambda_{qs} = 4f$，即有：

$$\lambda_{qs} = 0.34(R_e \cdot d_e)^{-0.25} \tag{7-7}$$

为了方便套管在工程上的应用与经济性分析，我们将式（7-7）变换成下列通用形式：

$$\lambda_{qs} = \frac{0.0317}{d_e^{0.25}}(u = 1.3\mathrm{m/s}) \tag{7-8}$$

$$\lambda_{qs} = \frac{0.0305}{d_e^{0.25}}(u = 1.5\mathrm{m/s}) \tag{7-9}$$

$$\lambda_{qs} = \frac{0.0296}{d_e^{0.25}}(u = 1.7\mathrm{m/s}) \tag{7-10}$$

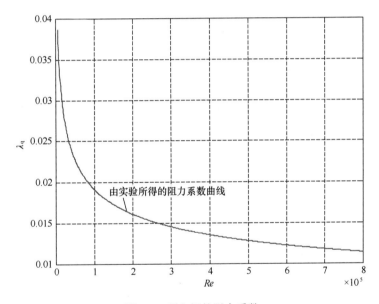

图 7-5　环空间的阻力系数

由式（7-8）～式（7-10）及图 7-5 可以看出：清水速度 u 越大，环空间清水流动的沿程阻力系数 λ_q 越小。从这一点上看，仿佛增大速度对于流体克服阻力是十分有利的，但是全面考虑阻力公式 $h_f = \lambda \cdot \dfrac{l}{d} \cdot \dfrac{u^2}{2g}$ 时，我们发现 $h_f \propto u^{1.75}$，因此降低流速会减小清水的沿程阻力，对于降低套管换热法的运行费用是有利的。

通过数值分析与拟合计算得到环空间阻力系数的计算式为：

$$\lambda_{qn} = \frac{0.031}{d_e^{0.25}}(u > 1.2\mathrm{m/s}) \tag{7-11}$$

拟合公式（7-11）的误差范围在 3% 以内。在实际工程应用中，中介水泵扬程的选择往往要留有一定的余量，也就相当于在计算流动阻力时增大相应的百分比，来确保水泵长期运行时仍能保证要求的扬程。又因为拟合公式计算值要比实验值大3%左右，这对于确定中介水泵来讲是十分有利的。综上可知，式（7-11）可以用来计算套管换热法环空间的流动阻力系数。

采用圆管公式的计算结果，在计算非圆管的沿程阻力水头损失时，通常是采用当量直径来计算。实验表明，形状同圆差异很大的非圆管，如长缝形（$b/a>8$）和狭环形（$d_2<3d_1$）应用当量直径计算存在很大的误差。综上看来，套管装置环空间的沿程阻力可以采用当量直径来计算，但毕竟这种方法只是近似的，存在很大的误差。下面通过经典公式（当量直径法）与拟合公式的对比来分析用经典公式计算环空间阻力系数时带来的误差。

由于中介水管道运行一段时间之后也会形成水垢，故中介水阻力计算采用专用于旧钢管、旧铸铁管的舍维列夫公式（Шевлев），即：

$$\lambda_{ql} = \frac{0.021}{d_e^{0.30}} \quad (u > 1.2\text{m/s}) \tag{7-12}$$

式中当量直径 d_e 与水力直径 d_h 近似相等，为环空间截面积与湿周的比，即：

$$d_e = \frac{4 \times \frac{\pi}{4}(d_2^2 - d_1^2)}{\pi(d_2 + d_1)} = d_2 - d_1 \tag{7-13}$$

采用圆管公式计算的阻力系数与实验拟合的阻力系数如图7-6所示。可知用前者计算出的阻力系数值要比后者小，这说明用以往的方法计算出的环空间阻力系数比实际值要小，这对于选择中介水泵是不合理的，会造成水泵扬程选取偏小的结果。

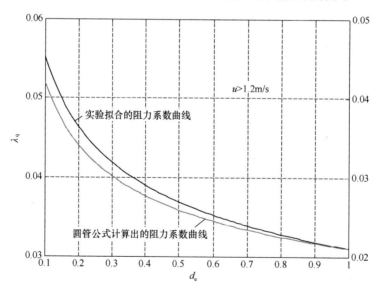

图7-6　环空间阻力系数的比较

为了更好的比较以上两种不同的算法，我们来分析二者的计算误差，用圆管公式计算时产生的相对误差 δ 见式（7-14）：

$$\delta = \frac{|\lambda_{qn} - \lambda_{ql}|}{\lambda_{qn}} \tag{7-14}$$

式中 λ_{qn}——清水的实验阻力系数；

λ_{ql}——清水的理论阻力系数。

则有：

$$\delta = \frac{0.6774}{d_e^{0.05}} \tag{7-15}$$

如图 7-7 所示，可以看到用圆管公式计算环空间阻力系数时，产生的误差很大，相对误差 δ 的范围大致在 20%~30%，并且随着当量直径 d_e 的增大而增大。因此，推荐采用式 (7-11) 计算圆环空间阻力系数。

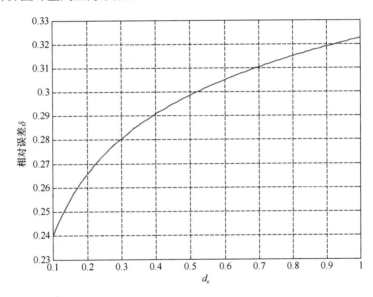

图 7-7 阻力相对误差分析

2. 环空间清水流动阻力的计算

清水在环状空间的比阻计算与在圆管内的不同，这是由于计算流量与计算流动阻力时使用的不是一个直径，因此表达式就不一样。在计算环空间流体流量时，使用的是内、外管径 d_1 与 d_2 ，即 $V = \frac{\pi(d_2^2 - d_1^2)u}{4}$；计算阻力时，用的是当量直径 d_e，如式 (7-13) 所示。

套管输送换热的阻力计算属于长管水力计算范畴，长管是管道的简化模型，不计流速水头和局部水头损失，使水力计算大为简化，并可以利用专门编制的计算表进行辅助计算，这样可以大大简化套管输送换热法的水力计算。环空间流体的比阻按下面公式来定义：

$$h_f = \lambda_q \cdot \frac{l}{d_h} \cdot \frac{v^2}{2g} = \lambda_q \cdot \frac{l}{d_2 - d_1} \cdot \frac{8V^2}{g\pi^2(d_2^2 - d_1^2)^2}$$

$$= \frac{8\lambda_q}{g\pi^2(d_2 - d_1)^3(d_2 + d_1)^2}lV^2 \tag{7-16}$$

式中　λ_q、V——清水的阻力系数与清水的流量，m^3/h；

　　d_1、d_2——套管的内、外管直径，m。

令 $a_q = \dfrac{8\lambda_q}{g\pi^2(d_2-d_1)^3(d_2+d_1)^2}$，称为环状空间清水的比阻。将式（7-11）代入得：

$$a_q = \frac{0.002564}{(d_2-d_1)^{3.25}\cdot(d_2+d_1)^2} \tag{7-17}$$

若要合理的选择中介水泵，就需要先算出环状空间中介水的流动阻力。设单程套管长 l，则中介水的流动阻力为：

$$H_q = 2a_q l V_q^2 \tag{7-18}$$

式中　V_q——环空间清水的流量，m^3/h。

为了便于中介水阻力的计算，按式（7-17）编制出各种管径管道的中介水比阻计算表（β 为外、内管径比），见表7-2。可以直接计算出中介水的阻力大小，方便了中介水泵的选择。

β=1.5 时污水源套管换热法环空间流动比阻 a_q 值（流量以 m^3/s 计）　　　表7-2

公称直径 （mm）	比阻 （s^2/m^6）	公称直径 （mm）	比阻 （s^2/m^6）	公称直径 （mm）	比阻 （s^2/m^6）
10	39712000	125	430.1071	400	0.9777
15	29368000	150	165.1487	450	0.5237
20	6485500	175	73.5198	500	0.2996
25	2009900	200	36.4709	600	0.1140
32	549940	225	19.6515	700	0.0508
40	170430	250	11.3024	800	0.0252
50	52816	275	6.8526	900	0.0136
70	9028	300	4.3398	1000	0.0078
80	4478.5	325	2.8508		
100	1387.9	350	1.9320		

3. 管径比 β 对流动阻力的影响

令 $\beta = \dfrac{d_2}{d_1}$，即为外、内管径比，则式（7-17）可简化为：

$$a_q = \frac{0.002564}{d_1^{5.25}(\beta-1)^{3.25}(\beta+1)^2} \tag{7-19}$$

从图7-8可以看出，环状空间中介水的比阻随着外、内管径比 β 的增大而逐渐减小；当 $\beta \geqslant 1.3$ 时，比阻 a_q 随管径比变化的幅度变小，基本上趋于不变，这与布赖顿（Brighton）和琼斯的实验结果也是一致的。当管径比 β 一定时，比阻随着内管径的增大而减小，即环径越大，比阻越小，这是符合实际工程要求的。因此，为了减小中介水泵的功率，应该适当增大环径，但也应权衡耗材多的弊端。

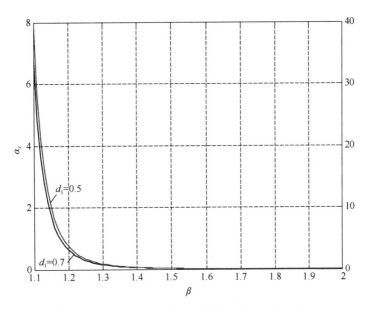

图 7-8　环空间中介水的比阻随管径比 β 的变化

7.3　污水输送换热的换热特性

7.3.1　污水侧的对流换热系数

以污水换热器为研究对象，中介水携带的冷热量、污水释放的冷热量及两者进行的热交换应满足式 (7-20)~式 (7-22)。

对清水侧有：

$$Q = \frac{\dot{m}_q c \Delta t_q}{3.6} \tag{7-20}$$

污水侧有：

$$Q = \frac{\dot{m}_w c \Delta t_w}{3.6} \tag{7-21}$$

中介水与污水两者换热有：

$$Q = KA\Delta t_m \tag{7-22}$$

式中　Q——换热量，W；

$\quad\quad c$——比热，kJ/(kg·℃)；

$\dot{m}_q$、$\dot{m}_w$——清水与污水的流量，m³/h；

Δt_q、Δt_w——清水与污水的温差，℃；

$\quad\Delta t_m$——平均传热温差，℃；

$\quad\quad K$——传热系数，W/(m²·℃)；

$\quad\quad A$——传热面积，m²。

式 (7-22) 中 K 为传热系数，可表示为：

$$\frac{1}{K} = \frac{1}{h_{\text{w}}} + \frac{\delta_1}{\lambda_1} + \frac{\delta_2}{\lambda_2} + \frac{1}{h_{\text{q}}} \quad (7\text{-}23)$$

由于传热温差很小，平均传热温差以算术平均值表示，即有：

$$\Delta t_{\text{m}} = \frac{(t_{\text{w,i}} + t_{\text{w,o}}) - (t_{\text{q,i}} + t_{\text{q,o}})}{2} \quad (7\text{-}24)$$

式中 h_{w}、h_{q} ——污水侧与清水侧换热系数，$\text{W}/(\text{m}^2 \cdot \text{℃})$；

$\quad\quad\quad$ δ_1、δ_2 ——管内黏泥厚度与换热管厚度，m；

$\quad\quad\quad$ λ_1、λ_2 ——管内导热系数与换热管导热系数，$\text{W}/(\text{m} \cdot \text{℃})$；

$t_{\text{w,i}}$、$t_{\text{w,o}}$ ——污水进出口温度，℃；

$t_{\text{q,i}}$、$t_{\text{q,o}}$ ——清水进出口温度，℃。

由式 (7-20)、式 (7-22) 得到：

$$K = \frac{\dot{m}_{\text{z}} c}{3.6 A} \cdot \frac{\Delta t_{\text{q}}}{\Delta t_{\text{m}}} \quad (7\text{-}25)$$

联立式 (7-23)、式 (7-24)、式 (7-25) 得到：

$$h_{\text{w}} = \left(\frac{3.6 A}{\dot{m}_{\text{q}} c} \cdot \frac{t_{\text{w,i}} - t_{\text{q,i}} + t_{\text{w,o}} - t_{\text{z,o}}}{2 \Delta t_{\text{q}}} - \frac{\delta_1}{\lambda_1} - \frac{\delta_2}{\lambda_2} - \frac{1}{h_{\text{q}}} \right)^{-1} \quad (7\text{-}26)$$

式 (7-26) 是利用公式反推来计算污水换热系数的，其中清水的对流换热系数 h_{q} 与普通换热器有很大的不同。若求出壳管式换热器内污水的换热系数，由第 5 章的分析可知套管内污水的对流换热系数与壳管式换热器换热系数的关系为 $h_{\text{tw}} = 1.28 h_{\text{gw}}$，从而求得套管换热的总换热系数。

7.3.2　环空间清水的换热特性

1. 环空间内外表面的努赛尔数

对于由同心圆形套管所形成的环形通道，有两个意义的努赛尔数，一个是对内表面而言的努赛尔数，另一个是对外表面而言的努赛尔数。在环形通道系统中，自由度是由于两个表面都可以独立地受热（或被冷却）而产生，也就是说，这两个表面上的热流可以彼此独立地改变，这样也就影响到两个努赛尔数的值。在本书中用下标"ii"来表明当内表面单独受热时的内表面情况，而用"oo"来表明当外表面单独受热时的外表面状况（在两者之中的任何一种情况下，相对的表面是绝热的）。单一的下标"i"或"o"，分别指在两个表面同时受热时内表面或外表面的状况。

对于单位管子长度上具有恒定总热流（取 U'' 的正值表示对流体的传热，传热比既可以是正值，也可以是负值）的情况，也可以用 Nu_{i} 和 Nu_{o} 分别表示内表面和外表面的努赛尔数，而对于两个表面的任意热流比，则用 Nu_{ii} 和 Nu_{oo} 以及两个影响系数 θ_{i}^* 和 θ_{o}^* 来表示。

在层流流动状态下，伦德伯格（Lundberg）、麦丘恩（McCuen）和雷诺推导出下列计算公式：

$$Nu_i = \frac{Nu_{ii}}{1 - (U_o''/U_i'')\theta_i^*} \qquad (7\text{-}27)$$

$$Nu_o = \frac{Nu_{oo}}{1 - (U_i''/U_o'')\theta_o^*} \qquad (7\text{-}28)$$

其中　$Nu_i = \dfrac{h_i d_e}{\lambda}$；$Nu_o = \dfrac{h_{io} d_e}{\lambda}$；$d_e = 2(d_o - d_i)$；$U_i'' = h_i(T_i - T_b)$；$U_o'' = h_o(T_o - T_b)$。

式中　Nu_{ii}、Nu_{oo}——内、外表面单独受热时的努赛尔数；

　　　　U_i''、U_o''——内、外表面的热流密度，W/m^2；

　　　　θ_i^*、θ_o^*——内、外表面的影响系数；

　　　　h_i、h_o——内、外表面的对流换热系数，$W/(m^2 \cdot K)$；

　　　　T_i、T_o、T_b——内、外表面的壁温与流体的温度，K；

　　　　d_e、d_i、d_o——环管的当量直径与内、外管半径，m；

　　　　λ——环状空间流体的导热系数，$W/(m \cdot K)$。

对于内表面与外表面之间存在着温差的情况，也能够容易地由上式推导出：

$$T_i - T_o = \frac{d_e}{\lambda}\left[U_i'\left(\frac{1}{Nu_{ii}} + \frac{\theta_o^*}{Nu_{oo}}\right) - U_o''\left(\frac{1}{Nu_{oo}} + \frac{\theta_i^*}{Nu_{ii}}\right)\right] \qquad (7\text{-}29)$$

由于对湍流流动表面切应力分布缺乏了解，解析研究还比较少，对于流体在环形通道内紊流状态下的传热问题，前人已经做了大量的实验研究。在这一节，将举出凯斯和勒恩的结果，这些结果是以 Nu_{ii} 和 Nu_{oo} 以及影响系数 θ_i^* 和 θ_o^* 的形式提出的，列于表 7-3 至表 7-6 中。该表适合用于宽广的雷诺数和普朗特数范围以及内、外管径比 α 为 0.10、0.20、0.50、0.80 的情况，这些结果直接应用于式（7-27）、式（7-28），计算出内外表面的对流换热系数，对研究套管输送换热法的传热系数提供了可靠的依据。

管径比 $\alpha = 0.10$ 时套管环空间内表面的努赛尔数　　　　　　　表 7-3

Re\Pr	10^4		3×10^4		10^5		3×10^5		10^6	
	Nu_{ii}	θ_i^*	Nu_{ii}	θ_i^*	Nu_{ii}	θ_i^*	Nu_{ii}	θ_i^*	Nu_{ii}	θ_i^*
0.001	11.5	1.475	11.5	1.502	11.5	1.480	11.7	1.462	12.3	1.410
0.003	11.5	1.475	11.5	1.475	11.7	1.473	12.6	1.391	17.0	1.124
0.03	12.5	1.472	14.1	1.330	21.8	1.027	42.0	0.760	103	0.526
0.5	40.8	0.632	81.0	0.486	191	0.394	443	0.339	1160	0.294
0.7	48.5	0.512	98.0	0.407	235	0.338	550	0.292	1510	0.269
1.0	58.5	0.412	120	0.338	292	0.286	700	0.256	1910	0.232
3	93.5	0.202	206	0.175	535	0.162	1300	0.152	3720	0.128
10	140	0.089	328	0.081	890	0.078	2300	0.078	6700	0.077
30	195	0.041	478	0.039	1320	0.038	3470	0.038	10300	0.040
100	272	0.017	673	0.015	1910	0.015	5030	0.016	15200	0.018

管径比 $\alpha=0.20$ 时套管环空间内表面的努赛尔数　　　表 7-4

Pr \ Re	10^4		3×10^4		10^5		3×10^5		10^6	
	Nu_{ii}	θ_i^*	Nu_{ii}	θ_i^*	Nu_{ii}	θ_i^*	Nu_{ii}	θ_i^*	Nu_{ii}	θ_i^*
0.001	8.40	1.009	8.40	1.040	8.30	1.020	8.40	1.014	8.90	0.976
0.003	8.40	1.009	8.40	1.027	8.50	1.025	9.05	0.980	12.5	0.834
0.03	9.00	1.012	10.1	0.943	15.8	0.771	31.7	0.600	81.0	0.374
0.5	31.2	0.520	64.0	0.398	157	0.333	370	0.295	980	0.262
0.7	38.6	0.412	79.8	0.338	196	0.286	473	0.260	1270	0.235
1.0	46.8	0.339	99.0	0.284	247	0.248	600	0.229	1640	0.209
3	77.4	0.172	175	0.151	465	0.143	1150	0.137	3250	0.135
10	120	0.120	290	0.074	800	0.072	2050	0.073	6000	0.077
30	172	0.036	428	0.034	1210	0.035	3150	0.036	9300	0.038
100	243	0.014	617	0.014	1760	0.015	4630	0.016	13800	0.016

管径比 $\alpha=0.50$ 时套管环空间内表面的努赛尔数　　　表 7-5

Pr \ Re	10^4		3×10^4		10^5		3×10^5		10^6	
	Nu_{ii}	θ_i^*	Nu_{ii}	θ_i^*	Nu_{ii}	θ_i^*	Nu_{ii}	θ_i^*	Nu_{ii}	θ_i^*
0.001	6.28	0.620	6.30	0.632	6.30	0.651	6.40	0.659	6.75	0.644
0.003	6.28	0.620	6.30	0.632	6.40	0.656	6.85	0.637	9.40	0.585
0.03	6.75	0.627	7.53	0.598	12.0	0.533	24.8	0.430	65.5	0.333
0.5	24.6	0.343	52.0	0.292	130	0.253	310	0.229	835	0.208
0.7	30.9	0.300	66.0	0.258	166	0.225	400	0.206	1080	0.185
1.0	38.2	0.247	83.5	0.218	212	0.208	520	0.183	1420	0.170
3	66.8	0.129	152	0.121	402	0.115	1010	0.114	2870	0.111
10	106	0.059	260	0.059	715	0.059	1850	0.059	5400	0.061
30	153	0.028	386	0.027	1080	0.028	2850	0.031	8400	0.032
100	220	0.006	558	0.006	1600	0.006	4250	0.007	12600	0.007

管径比 $\alpha=0.80$ 时套管环空间内表面的努赛尔数　　　表 7-6

Pr \ Re	10^4		3×10^4		10^5		3×10^5		10^6	
	Nu_{ii}	θ_i^*	Nu_{ii}	θ_i^*	Nu_{ii}	θ_i^*	Nu_{ii}	θ_i^*	Nu_{ii}	θ_i^*
0.001	5.87	0.489	5.90	0.505	5.92	0.515	6.00	0.518	6.33	0.516
0.003	5.87	0.489	5.90	0.505	6.03	0.485	6.40	0.504	8.80	0.468
0.03	6.20	0.478	7.05	0.485	11.4	0.445	23.0	0.357	61.0	0.276
0.5	22.9	0.268	49.5	0.250	123	0.214	296	0.193	800	0.174
0.7	28.5	0.244	62.3	0.212	157	0.186	384	0.172	1050	0.160
1.0	35.5	0.200	78.3	0.181	202	0.166	492	0.154	1350	0.140
3	63.0	0.108	145	0.102	386	0.097	973	0.096	2750	0.093
10	102	0.051	248	0.051	693	0.052	1790	0.051	5150	0.051
30	147	0.027	370	0.027	1050	0.028	2750	0.029	8100	0.030
100	215	0.010	540	0.010	1540	0.010	4050	0.011	12100	0.012

将解析结果与凯斯和勒恩的实验结果进行比较，值得注意的是，当雷诺数大约小于30000 时，解析解对 Nu_{ii} 的估计有偏高的趋势。对于水在四个不同 α 值的恒定总热流的系统中的流动情况，贾德（Judd）和韦德（Wade）提出的 Nu_{ii} 的实验数据与以上表中的数据较吻合。综上可知，表中实验数据是准确可信的，可以广泛应用于求解环空间流体的对流换热系数。

2. 环空间清水的对流换热系数

套管输送换热相当于环空间外壁面绝热、内壁面换热，即 $q''_{oo}=0$，而且清水在环空间的流态为紊流，因此以上数据完全适合用于计算套管环空间中介水与内表面的对流换热系数。通过计算研究可以得到，内表面的努赛尔数 Nu_{ii} 随中介水的雷诺数 Re 和普朗特数 Pr 的变化规律为：环空间内表面的努赛尔数 Nu_{ii} 随着雷诺数 Re 与普朗特数 Pr 的增大而增大，这与普通圆管内表面的换热特性是一致的。在 $Pr<0.003$ 时，努赛尔数 Nu_{ii} 随雷诺数 Re 的变化不是很明显，基本上趋于一条直线；在 $0.003<Pr<0.03$ 时，努赛尔特数 Nu_{ii} 随雷诺数 Re 成类抛物线变化；在 $0.5<Pr<1000$ 时，努赛尔特数 Nu_{ii} 随雷诺数 Re 成类直线变化，而且各直线的斜率相近。

用于污水热能采集的套管环空间中介水的普朗特数 Pr 一般在 3～10 之间，则套管内表面的努赛尔特数 Nu_{ii} 随雷诺数 Re 成线性变化。因此我们可以通过将实验数据拟合成公式，求出不同雷诺数 Re 和普朗特数 Pr 时的努赛尔数 Nu_{ii}，也就可以计算出环空间清水的对流换热系数。下面将最常用情况下的实验数据拟合成公式，便于套管输送换热法总传热系数的计算。将普朗特数 $Pr=3$，内、外管径比 $\alpha=0.20$ 和 $\alpha=0.50$ 时的实验数据拟合成曲线，见图 7-9，得到套管内表面努赛尔数 Nu_{ii} 的计算式（7-30）、式（7-31）。

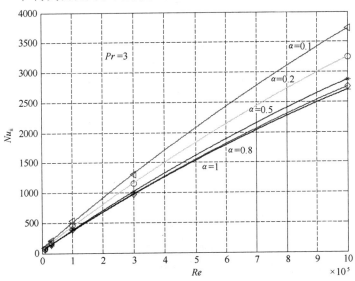

图 7-9　$Pr=3$ 时套管环空间内表面的 Nu_{ii}

当内、外管径比 $\alpha=0.20$ 时：

$$Nu_{ii}=-7.1\times10^{-10}Re^2+3.9\times10^{-3}Re+38.3 \tag{7-30}$$

当内、外管径比 $\alpha = 0.50$ 时：

$$Nu_{ii} = -6.0 \times 10^{-10} Re^2 + 3.4 \times 10^{-3} Re + 32.1 \qquad (7\text{-}31)$$

普朗特数 $Pr = 10$ 时，将内、外管径比 $\alpha = 0.20$ 和 $\alpha = 0.50$ 时的实验数据拟合成曲线，见图 7-10，得到在此种情况套管内表面努赛尔数 Nu_{ii} 的计算关联式（7-32）、式（7-31）：

当内、外管径比 $\alpha = 0.20$ 时：

$$Nu_{ii} = -7.1 \times 10^{-10} Re^2 + 3.9 \times 10^{-3} Re + 38.3 \qquad (7\text{-}32)$$

当内、外管径比 $\alpha = 0.50$ 时：

$$Nu_{ii} = -6.0 \times 10^{-10} Re^2 + 3.4 \times 10^{-3} Re + 32.1 \qquad (7\text{-}33)$$

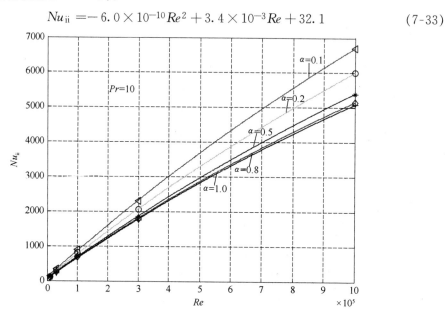

图 7-10　$Pr = 10$ 时套管环空间内表面的 Nu_{ii}

对于不同的 Pr 和 α，都可以将实验数据拟合成内表面 Nu_{ii} 与雷诺数 Re 的计算关系式，这样就可以求出任何雷诺数 Re 下的内表面努赛尔数 Nu_i，从而计算各种条件下的环空间清水的对流换热系数 h_q。

例如：套管环空间中介水的一般设计流速为 $u = 1.3\text{m/s}$，对应温度 t_q 下的 $Pr = 3$，$\lambda = 61.8 \times 10^{-2} \text{W/(m} \cdot \text{K)}$，$\nu = 0.805 \times 10^{-6} \text{m}^2 \text{/s}$，内外管径比 $\alpha = 0.20$，环空间当量直径 $d_e = 0.4\text{m}$。可先求出雷诺数

$$Re = \frac{u \cdot d_e}{\nu} = 6.46 \times 10^5$$

将其代入拟合公式（7-30），即可求出内表面努赛尔数

$$Nu_{ii} = 2274$$

由于套管环空间可以看成是内壁面受热、外壁面绝热，即

$$U''_o / U''_i = 0$$

将 Nu_{ii} 代入式（7-27）中，可求得套管环空间清水的对流换热系数

$$h_{iq} = \lambda \cdot Nu_i / d_e = 3513.3 \text{W/(m}^2 \cdot \text{℃})$$

同理可以计算出其他情况的内表面努赛尔数 Nu_{ii}，如表 7-7 所示。

常用情况下套管输送换热法环空间的努赛尔数与对流换热系数　　表 7-7

普朗特数 管径比	$Pr=3$		$Pr=10$	
	Nu_i	$h_{iq}\ [\mathrm{W/(m^2 \cdot ℃)}]$	Nu_i	$h_{iq}\ [\mathrm{W/(m^2 \cdot ℃)}]$
$\alpha=0.20$	2274	3513.3	4128	6377.5
$\alpha=0.50$	2010	3105.5	3852	5951.3

3. 管径比 α 对环空间对流换热的影响

若要研究内外管径比 α 对套管装置环空间对流换热的影响，就需要求出对应状态下清水的雷诺数 Re_q 和普朗特数 Pr_q。以夏季工况为例，取套管装置环空间清水的设计流速为 $u=1.2\mathrm{m/s}$，当量直径 $d_e=0.4\mathrm{m}$，清水温度 $t_q=30℃$，$\nu_q=0.805 \times 10^{-6}\ \mathrm{m^2/s}$，$Pr_q=5.42$，此时中介水的雷诺数 $Re_q=6\times10^5$。为了讨论的方便，分别取 $Re_q=3\times10^5$、$Pr_q=3$ 与 $Re_q=1\times10^6$、$Pr_q=10$ 时的努赛尔数来分析其变化规律，分析结果见表 7-8、表 7-9 和图 7-11。

$Re_q=3\times10^5$、$Pr_q=3$ 时不同管径比的内表面 Nu_{ii}　　表 7-8

α	0.1	0.2	0.5	0.8	1.0
Nu_{ii}	1300	1150	1010	973	966

$Re_q=1\times10^6$、$Pr_q=10$ 时不同管径比的内表面 Nu_{ii}　　表 7-9

α	0.1	0.2	0.5	0.8	1.0
Nu_{ii}	6700	6000	5400	5150	5080

由图 7-11 可知，在雷诺数 Re_q 与普朗特数 Pr_q 已知时，内表面的努赛尔数 Nu_{ii} 随内、外管径比 α 的增大而减小，即环径越大越不利于环空间中介水的对流换热。因此在设计套管时，增大环径虽然可以减少流动阻力，但是这样不仅浪费管材，而且不利于套管内中介

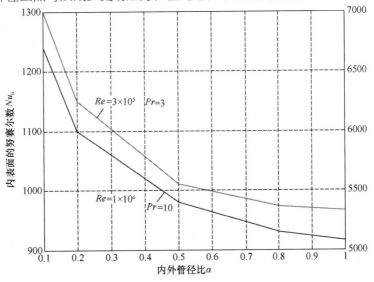

图 7-11　内表面的努赛尔数 Nu_{ii} 随管径比 α 的变化

水与污水的换热，应该全面的考虑环径大小对套管系统的影响。

7.3.3 套管的总传热系数

1. 污水流速对总传热系数的影响

在望江宾馆工程的实测中，从温度测试数据组中选取较为典型、流速分布较广的几组数据（统计了大量的测试数据），如表 7-10 所示。污水管内软垢的测试黏泥厚度 $\delta_1=5\times10^{-4}$m，导热系数按 $\lambda_1=1.41$W/(m·℃) 计算；铸铁管厚度 $\delta_2=2.5\times10^{-3}$m，导热系数 $\lambda_2=54$W/(m·℃)；一般情况下内外管径比 $a=0.50$，按拟合换热关联式计算得到 $h_q=3105.5$W/(m·℃)。

水源系统水源工况测试参数　　　　　　　　　表 7-10

	污水换热器进出水温度数据组（℃）						
	(1)	(2)	(3)	(4)	(5)	(6)	(7)
污水	10/6.8	14.2/10	12.8/7.2	14/8.5	11.5/8.5	14.2/8.1	14.0/8.9
清水	6/3.2	9/6.4	6.8/4.5	7.6/4.7	8.0/5.0	8.3/6.0	9.0/7.4

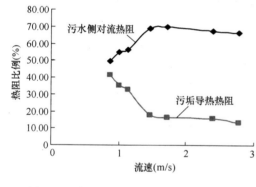

图 7-12 套管内污水流动的热阻变化特点

（1）污水流速对软垢热阻的影响

将表 7-10 中的测试数据代入式（7-25）、式（7-26）中，得到污水不同流速时的污水侧热阻、软垢热阻，结果如表 7-11 所示。由此可进一步得到软垢导热热阻与污水侧对流热阻随流速变化占总热阻的比例关系，如图 7-12 所示。结果表明：软垢热阻随着流速的增长，由 24% 减少到 15%，而污水侧对流热阻由 57% 增至 73%，当流速在 0.5～1m/s 之间时，污水对流热阻与软垢热阻趋于稳定，分别为 70% 和 16%。

（2）污水流速对对流换热系数的影响

由 $h_{tw}=1.28h_{gw}$，则根据式（7-25）、式（7-26）可定量推算出污水的对流换热系数及套管换热法的总传热系数 K，如表 7-11 所示。不难看出，套管换热是在强制对流条件下的流动换热，流速很大，污水侧换热系数较大，大部分在 1200W/(m²·℃) 左右，而且随流速变化幅度很大，如图 7-13 所示。当流速超过 1.70m/s 后，换热系数随流速增大而增大的幅度有些反常，这是由于实验点不多造成的，但并不影响其总的变化规律。

套管内污水流动换热系数 [W/(m²·℃)] 与热阻 [10⁻³(m²·℃)/W]   表 7-11

	污水换热器进出水温度数据组						
	(1)	(2)	(3)	(4)	(5)	(6)	(7)
u	2.78	2.4	1.72	1.47	1.14	1.0	0.87
h_w	1274	1082.9	850.2	833.3	815.1	780	761.8

续表

	污水换热器进出水温度数据组						
	(1)	(2)	(3)	(4)	(5)	(6)	(7)
K	735.3	636.9	523.6	507.6	396.8	369.0	322.6
$1/K$	1.36	1.57	1.91	1.97	2.52	2.71	3.10
$1/h_q$	0.32	0.32	0.32	0.32	0.32	0.32	0.32
$1/h_w$	0.78	0.92	1.18	1.20	1.23	1.28	1.31
δ_2/λ_2	0.05	0.05	0.05	0.05	0.05	0.05	0.05
δ_1/λ_1	0.21	0.28	0.36	0.40	0.92	1.06	1.42

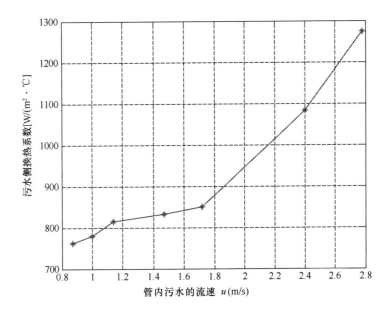

图 7-13　套管内污水流动传热系数随流速的变化规律

对比有软垢时套管换热法与壳管式换热器的总传热系数，如图 7-14 所示，可以发现二者在流速较小时相差的不是很大，为 $30W/(m^2 \cdot ℃)$ 左右，即 16%；流速较大时，相差 $100W/(m^2 \cdot ℃)$ 左右，即 25%。因此，在设计套管换热时，采用大流速是能明显提高污水侧换热系数的，从而增大了总的传热系数 K，提高了系统的换热效率。

2. 套管内管的富余面积

为了便于在实际工程中的应用，定义内管面积富余比 α' 为套管有、无软垢时传热系数之差的绝对值与有软垢时传热系数的比值，即：

$$\alpha' = \frac{|K_{yg} - K_{wg}|}{K_{yg}} \tag{7-34}$$

式中　K_{yg}——内管有软垢时套管传热系数，$W/(m^2 \cdot ℃)$；

　　　K_{wg}——内管无软垢时套管传热系数，$W/(m^2 \cdot ℃)$。

α' 随流速的变化见图 7-15，套管换热装置内管的设计流速一般在 2~3m/s 之间，由图可知 u 在这个区间时，$\alpha'_{max} = 16.7\%$，$\alpha'_{min} = 11\%$。因此在设计套管时，考虑内管壁软

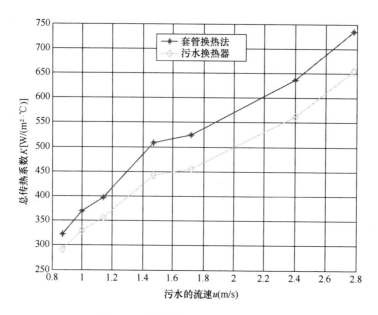

图 7-14   套管总传热系数的对比分析

垢热阻的影响，换热面积增加 10％左右即可以满足实际建筑物的需求。

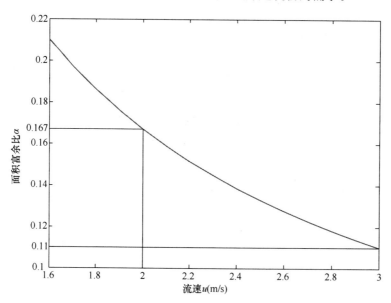

图 7-15   套管内管换热面积的富余量

3. 套管的总传热系数表达式

由于套管装置的内管采用大流速、大管径，而在实际工程中的流速达不到套管的要求，因此只知道流速大可以提高总的传热系数是远远不够的。在以往的污水源热泵系统计算中也没有对此给予合理的定量关系式，本书将实际工程中测得的具体数据拟合成一个近似公式，为套管换热法的总传热系数计算提供理论基础。

将有软垢时传热系数 K_{yg} 与污水流速 u 的曲线进行数值计算和多项式拟合，拟合后的曲线如图 7-16 所示，曲线方程为：

$$K_{yg} = -30.1u^2 - 313.4u + 82.8 \tag{7-35}$$

从图 7-16 可以看到拟合的趋势符合常规理论，虽然存在误差，但在 10% 左右。对于实验点不多的情况下，是可以尝试应用在套管换热法中的。当内管污水设计流速为 3m/s 时，有软垢时总传热系数 $K_{yg} = 734.7W/(m^2 \cdot ℃)$，无软垢时总传热系数 $K_{wg} = 790.2W/(m^2 \cdot ℃)$。

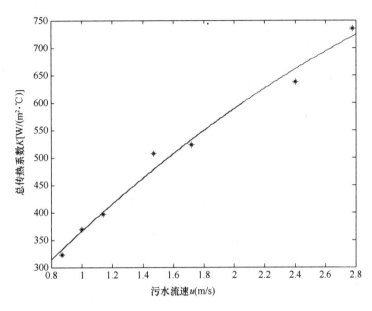

图 7-16　有软垢时传热系数 K_{yg} 的拟合

7.3.4　套管换热形式与换热效率

1. 双程套管顺逆流的换热效率

采用 $\varepsilon\text{-}NTU$ 法进行换热效率和换热量分析，一般定义换热器的换热效率 ε 为小热容量流体的进出口温度差与冷热两种流体的进口温度差之比，即 $\varepsilon = \left| \dfrac{t_{\min 1} - t_{\min 2}}{t_{\max 1} - t_{\min 1}} \right|$，$\varepsilon$ 值越大，小热容量流体的温度变化也越大，换热量就越大，因此换热效率就越高。NTU (Number of Transfer Units) 即传热单元数，其表达式为

$$NTU = \frac{KA}{C_{\min}} \tag{7-36}$$

式中　$C_{\min}$ ——换热流体中热容量的较小者。

由上述流动阻力和能耗分析可知，输送换热法的经济流量比 Cr 在 $0.54 \sim 0.85$ 之间，即污水流量较小，则

$$C_{\min} = \rho V_w c_w \tag{7-37}$$

需要指出的是，虽然根据 $\varepsilon\text{-}NTU$ 法定义，大热容量流体的进出口温度差与冷热两种流体的进口温度差之比已不再具有换热效率的含义，但是相应的 ε 与 NTU 之间的数学关

系依然正确，且 ε 值越大也能说明得到的换热量越大，不论流体是清水量较大还是污水量较大。以污水温度和流量作为计算依据（$\varepsilon = \Delta t_w / \Delta t_1$，$NTU = KA / C_w$，$Cr = C_w / C_q$），实验测得表面污水的密度和比热容与清水差别甚小，可认为二者相等，热容量之比即等于流量之比。对城市污水换热系统而言，污水侧对流换热阻和污垢热阻占有相当大的比例，因此系统的传热系数 K 非常稳定，基本上不随清水流速而变化。对于具体工程而言，污水的进口温度 t_{w1} 是一定的，清水的进口温度 t_{q1} 由热泵机组的蒸发器出口决定，变化也很小，则污水与清水的进口温度差 $\Delta t_1 = t_{w1} - t_{q1}$ 基本上是一个定值。

根据换热器换热效率 ε 的定义式可知，对于逆流单程套管换热有：$\varepsilon_{1n} = \dfrac{t_{w1} - t_{w2}}{t_{w1} - t_{q1}}$，$\varepsilon_{2n} = \dfrac{t_{w2} - t_{w3}}{t_{w2} - t_{q2}}$，由于去、回两程套管的 NTU 相同，故 $\varepsilon_{1n} = \varepsilon_{2n}$，且 $(t_{w1} - t_{w2})Cr = t_{q2} - t_{q1}$，最后可得双程套管逆流的总效率为：

$$\varepsilon_N = \frac{t_{w1} - t_{w3}}{t_{w1} - t_{q1}} = 2\varepsilon_{1n} - (1 + Cr)\varepsilon_{1n}^2 \tag{7-38}$$

逆流的单程换热效率为 $\varepsilon_{1n} = \dfrac{1 - \exp(-NTU(1 - Cr))}{1 - Cr\exp(-NTU(1 - Cr))}$，代入式（7-38）得

$$\varepsilon_N = \frac{(1 - Cr)[1 - \exp(-2NTU(1 - Cr))]}{[1 - Cr\exp(-NTU(1 - Cr))]^2} \tag{7-39}$$

特别的，当 $Cr = 1$ 时有：

$$\varepsilon_N = \frac{2NTU}{(1 + NTU)^2} \tag{7-40}$$

ε_N 与 Cr 和单程 NTU 的关系曲线如图 7-17 所示。

同理对于顺流单程套管换热有：$\varepsilon_{1s} = \dfrac{t_{w1} - t_{w2}}{t_{w1} - t_{q2}}$，$\varepsilon_{2s} = \dfrac{t_{w2} - t_{w3}}{t_{w2} - t_{q1}}$，且 $\varepsilon_{1s} = \varepsilon_{2s}$，$(t_{w1} - t_{w2})Cr = t_{q3} - t_{q2}$，最后可得双程套管顺流的总效率为：

$$\varepsilon_S = \frac{t_{w1} - t_{w3}}{t_{w1} - t_{q1}} = \frac{2\varepsilon_{1s} - (1 + Cr)\varepsilon_{1s}^2}{1 - Cr\varepsilon_{1s}^2} \tag{7-41}$$

顺流的单程换热效率为 $\varepsilon_{1s} = \dfrac{1 - \exp(-NTU(1 + Cr))}{1 + Cr}$，代入式（7-41）得

$$\varepsilon_S = \frac{(1 + Cr)[1 - \exp(-2NTU(1 + Cr))]}{1 + Cr + Cr^2 + 2Cr \cdot \exp(-NTU(1 + Cr)) - Cr \cdot \exp(-2NTU(1 + Cr))}$$

$$= \frac{(1 + Cr)[1 - \exp(-2NTU(1 + Cr))]}{(1 + Cr)^2 - Cr[1 - \exp(-NTU(1 + Cr))]^2} \tag{7-42}$$

由于式（7-42）过于复杂，不便于工程应用，对其进行泰勒级数展开，取前三项并合并，得下式：

$$\varepsilon'_S = \left(\frac{1+Gr}{1+Gr+Gr^2}\right)\left(1 - \frac{2Gr}{1+Gr+Gr^2}e^{-NTU(1+Gr)} - \frac{1-Gr+Gr^2}{1+Gr+Gr^2}e^{-2NTU(1+Gr)}\right) \quad (7-43)$$

其计算结果误差均在 ±3% 以内，可以简便地应用于工程设计。

ε_S 与 Cr 和单程 NTU 的关系曲线如图 7-17、图 7-18 所示。通过套管换热之后，污水的出口温度 t_{w3} 和换热量 Q_e 都将由双程套管换热总效率 ε_N 或 ε_S 决定。则顺流形式下的换热量为：

$$Q_e = \rho c_w V_w \varepsilon_S \Delta t_1 \quad (7-44)$$

以上计算公式 (7-39)、式 (7-40)、式 (7-42) 中的 NTU 都采用单程套管的 NTU。

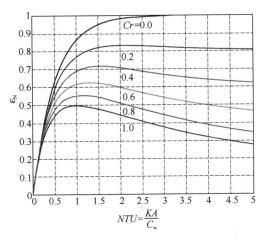

图 7-17　双程套管逆流换热效率

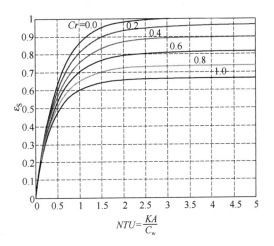

图 7-18　双程套管顺流换热效率

2. 顺流与逆流换热效率对比分析

根据式 (7-39) 可知，逆流换热总效率是单程效率的二次函数，当 $\varepsilon_{1n} = \dfrac{1}{1+Cr}$ 时，$\varepsilon_{Nmax} = \dfrac{1}{1+Cr}$。也就是说，对逆流双程套管换热系统而言，并非换热面积 A（也即 NTU）越大越好，当 A 过大并趋向无穷时，换热效率将减小并趋近于 $1-Cr$。图 7-38 中的 ε-NTU 曲线存在峰值也说明了这一点。这与常规换热器的观点是大相径庭的，导致这一现象的原因有二：

(1) 增大换热面积 A（即 NTU），第一程套管换热效率 ε_{1n}、污水温降（$t_{w1} - t_{w2}$）、中介水温升（$t_{q2} - t_{q1}$）都将增大，但是导致了第一程的出口温度 t_{w2} 过低、t_{z2} 过高。这样一来第二程套管的可利用温差（$t_{w1} - t_{q2}$）就非常小，换热量较小，从而最终减小了系统总的换热量和换热效率。

(2) 继续增大换热面积 A 至大于某一数值后，逆流双程套管换热将出现"返热"现象，即在第一程中，污水将热量传给中介水，在第二程中，中介水又将部分热量返回给污水。这部分在套管之间"徘徊"的热量占用了双程的换热面积，提高了单程的换热效率，却是"窝里返"，降低了双程的综合换热效率。例如 $Cr=1$ 的极限情况 $A \rightarrow \infty$ 时，污水传给中介水的热量将等于中介水返给污水的热量，系统的总效率 $\varepsilon_N=0$。

由式 (7-42) 可知，顺流双程套管系统总效率是 NTU 的单调增函数，换热面积 A 和 NTU 增加，换热效率也增加，这是正常的。因为 $\varepsilon_{1S}<\dfrac{1}{1+Cr}$，所以顺流双程总效率最大值 $\varepsilon_{Smax}=\dfrac{1+Cr}{1+Cr+Cr^2}$，达到最大效率的条件是换热面积 A 无穷大。双程套管顺流换热不存在"返热"现象。

对比顺流和逆流的换热效率公式可以发现，虽然相同的 NTU 条件下，单程效率逆流要比顺流大，但是从式 (7-38)、式 (7-41) 可以看出，双程总效率逆流并不一定就比顺流大。通过数学分析和数值计算可以看出，$\varepsilon_S/\varepsilon_N\geqslant1$ 是恒成立的，且比值是 NTU 的单调增函数，如图 7-19 所示。例如 $Cr=1$，$NTU=2$ 时，ε_S 是 ε_N 的 1.5 倍。

双程套管换热系统顺流效率要比逆流大，这与常规换热器逆流效率大于顺流效率的特点是大相径庭的。究其原因就是逆流形式充分利用了每一程（特别是第一程）的温差，却浪费了大部分的换热面积，顺流形式虽然每一程的温差利用不是很充分，却充分利用了整个系统的换热面积。综上所述，城市污水双程套管输送换热系统应当采用顺流形式。

虽然只有当 $NTU\to\infty$ 时，顺流系统换热效率才能取到最大值 $\varepsilon_{Smax}=\dfrac{1+Cr}{1+Cr+Cr^2}$，但是当 NTU 越大，其对增大 ε_S 的作用也就越小。图 7-20 表明当 $NTU>1.3\sim1.8$ 时，$\varepsilon_S/\varepsilon_{Smax}\geqslant0.95$；$NTU>1.6\sim2.2$ 时，$\varepsilon_S/\varepsilon_{Smax}\geqslant0.97$。这一特性在系统设计时应加以充分考虑，不能盲目追求较高的换热效率而增加套管长度、投资及运行费用。

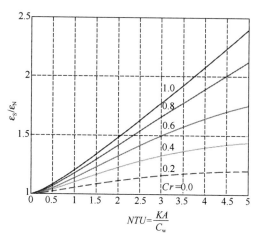

图 7-19　双程套管顺流效率与逆流效率之比

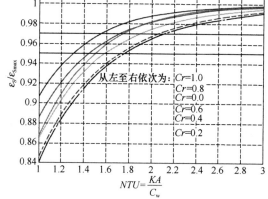

图 7-20　顺流实际效率与其最大效率之比

7.4　污水输送换热的经济优化分析

在以往的污水换热器中，都是采用小管径、小流速的形式，这样既增加了沿程流动阻力，又产生了相当大的局部阻力，使整个系统的泵耗大大增加。同时小流速产生了严重的结垢现象，不利于污水换热器的换热，从而大大降低了其换热效率。套管输送换热法采用大管径、大流速的形式，既降低了沿程流动阻力，又大幅度的减小了局部阻力，使整个系统的泵耗大大降低。由于采用大流速，壁面污垢热阻大幅度减小，从而大大提高了系统的换热效率。下面将以污水输送换热的经济性为前提，进行优化分析。

7.4.1　套管换热的经济流量比与流速比

对某一具体工程而言，污水流量 V_w、污水流速 u_w 和内管管径 d_1、单程套管长 L 等参数受建筑物冷热负荷、换热面积、污物不沉降堵塞等条件的限制，其值相对固定，变化很小，因此污水系统的能耗和投资基本是不可改变的。令中介水与污水的阻力比 $H_r = \dfrac{H_q}{H_w}$，流量比 $C_r = \dfrac{C_u}{C_q}$，速度比 $u_r = \dfrac{u_q}{u_w}$，TDHT 系统污水与清水水泵总功率为：

$$P_c = \eta^{-1} \rho g V_w H_w \left(1 + \frac{Hr}{Cr}\right) \tag{7-45}$$

式 (7-45) 说明，系统水泵总能耗是 Cr、Ur 的函数，减小中介水流速、适度增加中介水流量（当 $Cr \cdot Ur \geqslant 0.017754$ 时，P_c 是 Cr 的单调增函数，这很容易满足）都可以大幅度降低水泵的总能耗，但这是以增加外管管径也即系统管材、施工等初投资为代价的。因此如何确定中介水的流量和流速是一个投资与运行的经济优化问题。式 (7-45) 说明流速比 Ur 对系统总能耗的影响程度要远大于流量比 Cr，而且由于污水换热系统约有 85% 的热阻集中在污水侧，减小中介水流速对换热系数的影响较小，但减小中介水流量却对换热效率有较大影响，因此双程套管系统应该以减小中介水流速作为控制投资和能耗的主要手段。

系统的投资或成本包括设备材料费用、折旧费、投资利率等。设备材料费按管材耗钢量折算（包括施工和水泵费用），并按年限平均法计算折旧，故 TDHT 污水系统的投资为：

$$I_w = 2\pi d_1 L \delta \rho_s p_s [1 + N\alpha_z + (1 + \alpha_L)^N] \tag{7-46}$$

式中　δ——管壁厚度，m；

ρ_s——钢材密度，kg/m^3；

p_s——钢材单价，元/kg；

N——折旧年限；

α_z——平均折旧率；

α_L——投资利率。

因此 TDHT 系统的总投资为：

$$I_c = I_w \left(1 + \sqrt{1 + \frac{1}{CrUr}}\right) \tag{7-47}$$

TDHT 系统的污水泵功率为：

$$P_w = 2\eta^{-1} \rho g a_w L V_w^3 \tag{7-48}$$

污水泵在折旧年限内的总运行费用为：

$$F_w = NP_w T\varphi p_e \tag{7-49}$$

式中　T——年使用小时数，h；

　　　φ——负荷系数，即平均负荷与设计负荷之比；

　　　p_e——平均电价，元/kW。

因此 TDHT 系统的总运行费用为：

$$F_c = F_w\left(1 + \frac{Hr}{Cr}\right) \tag{7-50}$$

定义污水系统投资与其运行费用比 $\sigma = I_w/F_w$，折旧年限内的投资与运行费用总和为：

$$M_c = F_w\left(1 + \frac{Hr}{Cr} + \sigma + \sigma\sqrt{1 + \frac{1}{CrUr}}\right) \tag{7-51}$$

对式（7-51）在技术可行的 Cr、Ur 范围内进行二元优化就可以确定经济流量比和流速比。结论指出，TDHT 系统技术可行的流量比和流速比范围分别为 $(0.4\sim0.5) \leqslant Cr \leqslant 1.0$、$(0.33\sim0.4) \leqslant Ur \leqslant (0.72\sim0.81)$。对一般工程而言，经济流速比在 0.3～0.4 之间，经济流量比在 0.54～0.85 之间；对于较大工程，Ur 可取较小值，而对应的 Cr 可取较大值，此时中介水泵扬程与污水泵扬程之比在 0.7～1.6 之间。

以哈尔滨地区某一工程为例，管材厚度 $\delta=6$mm，管材价格 p_s 为 6000 元/t，平均年折旧率 $\alpha_z=10\%$，平均投资利率 $\alpha_L=0.05\%$，供暖天数 180 天，空调天数 60 天，水泵平均一天运行 16h，负荷系数 $\varphi=0.641$，水泵效率 $\eta=0.9$，污水流速 u_w 为 2.5m/s，平均电价 p_e 为 0.80 元/kWh，折旧年限 N 为 20 年，则污水系统投资与总运行费用之比 $\sigma = I_w/F_w \approx 0.822$。令 $Mr = M_c/F_w$，图 7-21 给出了经济流量比和流速比的特点。$\partial Mr/\partial Ur = 0$ 和 $\partial Mr/\partial Cr = 0$ 两条线将整个区域划分为三个区域。区域 I 有 $\partial Mr/\partial Cr < 0$，$\partial Mr/\partial Ur < 0$；区域 II 有 $\partial Mr/\partial Cr < 0$，$\partial Mr/\partial Ur > 0$；区域 III 有 $\partial Mr/\partial Cr > 0$，$\partial Mr/\partial Ur > 0$ 因此一

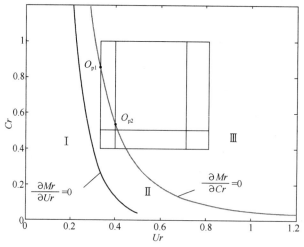

图 7-21　经济流量比和流速比的确定

般而言，技术可行范围内的最优点将落在 Ur 下限垂线与 Cr 上限水平线和 $\partial Mr/\partial Cr=0$ 线的交点上（若其交点在区域 I 内，则最优点变为 $\partial Mr/\partial Ur=0$ 线与 Cr 上限水平线的交点；若其交点不在技术可行范围内，则最优点就是 Ur、Cr 的下限值），如图中的 O_{p1} 和 O_{p2}。针对上述哈尔滨市的工程案例，其经济流量比和流速比分别为 $Cr=0.537\sim0.847$、$Ur=0.33\sim0.4$。

不同 σ 值对应的经济流量比和流速比　　　　　　表 7-12

σ	0.1	0.2	0.3	0.4	0.5	0.6	0.7	0.8	0.9	1.0
Cr	0.50~0.4	0.50~0.4	0.51~0.4	0.59~0.4	0.66~0.42	0.73~0.46	0.78~0.49	0.84~0.53	0.89~0.56	0.93~0.59
Ur	0.33~0.4	0.33~0.4	0.33~0.4	0.33~0.4	0.33~0.4	0.33~0.4	0.33~0.4	0.33~0.4	0.33~0.4	0.33~0.4
Hr	0.26~1.34	0.26~1.34	0.26~1.34	0.34~1.34	0.41~1.36	0.48~1.43	0.56~1.49	0.63~1.55	0.71~1.61	0.78~1.68
Mr	1.88~2.23	2.24~2.60	2.61~2.97	2.96~3.34	3.30~3.71	3.63~4.06	3.95~4.42	4.27~4.76	4.58~5.09	4.89~5.43
σ	1.1	1.2	1.3	1.4	1.5	1.6	1.7	1.8	1.9	2.0
Cr	0.97~0.62	1.00~0.65	1.00~0.68	1.00~0.70	1.00~0.73	1.00~0.75	1.00~0.77	1.00~0.79	1.00~0.81	1.00~0.83
Ur	0.33~0.4	0.33~0.4	0.33~0.4	0.33~0.4	0.33~0.4	0.33~0.4	0.33~0.4	0.33~0.4	0.33~0.4	0.33~0.4
Hr	0.85~1.74	0.89~1.80	0.89~1.87	0.89~1.92	0.89~2.00	0.89~2.05	0.89~2.10	0.89~2.16	0.89~2.22	0.89~2.28
Mr	5.19~5.75	5.49~6.07	5.97~6.39	6.09~6.71	6.39~7.02	6.69~7.33	6.99~7.64	7.29~7.94	7.59~8.24	7.89~8.54

　　图 7-21 中 O_{p1} 点对应的 $Mr=4.34$，O_{p2} 点对应的 $Mr=4.83$。可以看出，当（Ur，Cr）向左上（右下）走向时，Mr 值将减小（增大）。研究同时发现，当 σ 值增大时，即投资所占比例增加时，$\partial Mr/\partial Ur=0$ 和 $\partial Mr/\partial Cr=0$ 两条线都将向右上方移动，说明经济流量比 Cr 值在增加。不同 σ 值的经济流量比和流速比及其对应的 Hr、Mr 见表 7-12。对于较大工程，Ur 可取较小值，对应的 Cr 可取较大值。

7.4.2　技术经济最小距离负荷比

　　城市污水冷热源套管输送换热法一般采用对称的双程形式，对具体工程而言，冷热负荷 Q_d 是确定不变的，减小套管长度看似可以节省投资，却降低了换热效率，导致污水量增大，将增加运行费用和内外管径，并带来许多技术性难题，如何确定套管长度将是一个经济优化问题。令换热损失系数

$$\beta = \frac{\varepsilon_{Smax} - \varepsilon_S}{\varepsilon_{Smax}} \tag{7-52}$$

代入式（7-42）并解二次方程得

$$NTU = \ln\left(\frac{1 - Cr + Cr^2}{\sqrt{(1+\beta)Cr^2 + \beta(1+Cr^4) - Cr}}\right)\frac{1}{(1+Cr)} \tag{7-53}$$

且 $NTU = \dfrac{KA}{C_{\min}} = \dfrac{K\pi d_1 L}{\rho c_{\mathrm{w}} V_{\mathrm{w}}}$，令 $\Delta t_1 = t_{\mathrm{w}1} - t_{\mathrm{z}1}$，将 $V_{\mathrm{w}} = \dfrac{Q_{\mathrm{d}}}{\rho c_{\mathrm{w}}(1-\beta)\varepsilon_{Smax}\Delta t_1}$、$d_1 = \sqrt{\dfrac{4V_{\mathrm{w}}}{\pi u_{\mathrm{w}}}}$

代入，最终可得

$$DLR = \frac{L}{\sqrt{Q_{\mathrm{d}}}} = G(\beta, Cr)\sqrt{\frac{\rho c_{\mathrm{w}} u_{\mathrm{w}}}{4\pi \Delta t_1 K^2}} \tag{7-54}$$

式中　$G(\beta, Cr) = \ln\left[\dfrac{1 - Cr + Cr^2}{(1+\beta)Cr^2 + \beta(1+Cr^4) - Cr}\right]\sqrt{\dfrac{1 + Cr + Cr^2}{(1-\beta)(1+Cr)^3}}$

　　定义式（7-54）中的 $L/\sqrt{Q_{\mathrm{d}}}$ 为距离负荷比，即 DLR（Distance-Load Ratio），L 为套管总长的一半，一般为建筑物与污水干渠的距离。结合式（7-45）、式（7-46）可知污水的总运行费用可表达为：

$$F_{\mathrm{w}} = A f_{\mathrm{w}}(\beta, Cr) \tag{7-55}$$

式中　$f_{\mathrm{w}}(\beta, Cr) = \ln\left[\dfrac{1 - Cr + Cr^2}{(1+\beta)Cr^2 + \beta(1+Cr^4) - Cr}\right](1-\beta)^{-0.85}$，$A$ 为一常数，与上述五个不变量有关。

　　分析计算发现：参数流量比 Cr 对 $f_{\mathrm{w}}(\beta, Cr)$ 的影响甚小，可认为与 Cr 无关；在 $0 < \beta \leqslant 0.25$ 的范围内，β 增加对污水总运行费用的减小起到了很大作用，当 $\beta > 0.25$ 之后，继续增加 β 对运行费用的减小基本不起作用，因此可以认为 $0.05 \leqslant \beta \leqslant 0.25$ 才是技术经济可行的换热损失系数。

　　考虑到经济流量比 $0.54 \leqslant Cr \leqslant 0.85$，经济换热损失系数 $0.05 \leqslant \beta \leqslant 0.25$，一般污水流速在 $u_{\mathrm{w}} = 2.5\mathrm{m/s}$ 左右，进口温度差 $\Delta t_1 = 10^\circ\mathrm{C}$，总传热系数稳定在 $K = 750\mathrm{W/(m^2 \cdot ℃)}$ 左右，则套管输送换热的 DLR 值如表 7-13 所示。

TDHT 系统的技术经济 *DLR* 值（m/kW⁰·⁵）　　　　　表 7-13

Cr \ β	0.54	0.60	0.65	0.70	0.75	0.80	0.85
0.05	19.346	19.166	18.970	18.763	18.549	18.331	18.110
0.10	14.788	14.761	14.538	14.393	14.240	14.080	13.916
0.15	12.266	12.177	12.075	11.961	11.838	11.710	11.576
0.20	10.549	10.478	10.394	10.299	10.196	10.088	9.974
0.25	9.259	9.200	9.128	9.047	8.959	8.864	8.766

注：表中数据对应单程长度 L 的单位为 m，负荷 Q 的单位为 kW。

通过技术与经济优化分析，指出双程 TDHT 系统的换热损失系数 β 的范围应该为 $0.05 \leqslant \beta \leqslant 0.25$，并在此基础上得到了城市污水套管输送换热法应用的技术可行、经济合理的最小距离负荷比 DLR 值在 $8.8\text{m}/\text{kW}^{0.5}$ 左右。如果某一工程的 DLR 值大于 $8.8\text{m}/\text{kW}^{0.5}$，则已经具备了套管输送换热法应用的技术与经济必要条件。

第8章

污水防阻原理与设备

在暖通空调中经常要用到过滤技术，例如通风除尘器、新风过滤器、Y型过滤器等，容易发现这些设备中的滤面在工作时静止不动，污物在其上过滤、截留、积累，直至失效后才把滤面（料）取出，将污物从滤面上分离清除，这一滤面再生是一个周期性的间歇过程，因此传统的过滤技术具有静态积累、分离式间歇再生的特点。城市原生污水含有大量的固体污物，能在几十秒之内完全堵塞换热器，因此必须对其进行粗效过滤处理。传统过滤技术由于下述原因而无法被采用：污水污物含量太高，滤面将在几十秒内瘫痪，无法保证滤面及时再生；分离清除下来的污物将污染空气、机房等，造成二次污染。为防止污杂物在换热设备中的积累，防堵塞也是城市污水源热泵的关键技术。

8.1 污水防阻原理及其发展

城市污水水质极其恶劣，在污水源热泵利用过程中首先遇到的难题就是堵塞问题，常见的堵塞点有水泵、阀门、下弯头、换热器等。一旦发生此问题，换热设备将完全失去功能。防堵塞的基本思路有两种：第一是过滤；第二是绞碎。污水源热泵防堵塞技术必须满足两个条件：①滤面连续再生；②污物污水还原。即使水质较好的江、河、湖、海水，为防止污杂物在换热设备中的积累，防堵塞也是开式地表水源热泵的关键技术。

8.1.1 防堵塞技术基本要素

由于城市污水源热泵的污水子系统是一个开式系统，而且污水污物浓度很大，高达3‰，这就要求适用于污水源热泵系统的防堵塞技术必须满足下述两点基本要求：

（1）过滤面的连续再生：过滤总是容易的，但是针对污水而言，滤面的失效太快，通常不到一分钟。只有滤面的连续再生，才能保证过滤的连续正常运转。滤面的再生方法有很多，主要有水力、重力、机械的方法。

（2）污杂物的连续还原：过滤下来的污杂物很多，很难处理，搬运会造成运行成本增加，处理不当容易造成二次污染，因此污物应当还原给污水，仍然由污水输运。也就是说污水热能利用之后仅仅造成污水温度改变，而其物理化学成分保持不变。

此外，对于过滤滤面，如图8-1所示，有以下要求或建议：

（1）滤孔尺寸要求：滤孔尺寸指标由三个参数组成，即滤孔直径 D、滤孔边距 W、

滤孔厚度 H，其中 $W+H$ 称之为滤孔缠绕长度。三个参数必须根据后续换热器的流道尺寸来确定。滤孔直径 D 越小，换热器堵塞程度越小，但过滤和再生压力越大；缠绕长度 $W+H$ 越大，柔性丝状污物越易清理，过滤和再生压力就越小，而且 W 和 H 也存在一个合适的比例范围。

（2）滤孔处置要求：对于滤孔，必须采用钻孔方式加工，并且里外两面必须去除毛刺，打磨光滑。建议采用楔形滤孔，过滤时污水从宽口面流进，反冲时污水从窄口面流进。

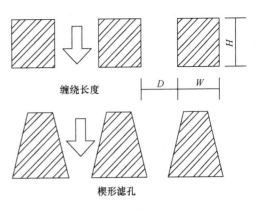

图 8-1　滤孔尺寸参数与楔形滤孔

8.1.2　防阻机的发展历程

过滤永远是容易的，与过滤相辅相成的另一个过程是再生，对城市污水而言，再生是极其困难的。城市原生的固体污杂物含量为 0.2%～0.4%，主要成分为烂菜叶、泥沙、粪便，以及少量的塑料片、纱布条、头发丝等。假设为某一万平方米的建筑提供冷、热源，约需水量 100m³/h，则任何水的预处理设备都必须承担约 300kg/h 的污杂物负荷。这个污杂物数量足以在几十秒钟内把任何传统的过滤面堵死。

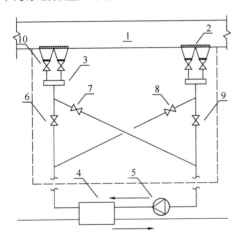

图 8-2　城市污水源热泵系统的一种应用工艺
1—城市污水干渠；2—2 个进出口滤面；3—静压接头；4—换热器；5—污水泵；6～9—电动控制阀；10—子滤面电动控制阀

研究人员最早提出的方案如图 8-2 所示，是一种多滤面交替反冲再生方法，属于间歇再生范畴。实践证明其根本不可行，由于水的流动惯性和电动阀门的机械特性，间歇周期远大于滤面正常工作所能承受的时间。也就是说阀门还未完成切换动作，水流还未转向，滤面已经就被堵死了。

后来在此思路的基础上发展了平板式滤面水力连续再生技术和装置，即防阻机，如图 8-3 所示。其滤面水力连续再生技术的基本思路是将滤面分成两部分，A 部分滤面进行过滤的同时，B 部分滤面进行再生，这一再生过程是靠水力反冲滤面来实现的，被冲除的污物同时被水流带走（即污物还原）。为保证滤面的及时再生并向过滤区供应充足的"清洁滤面"，要求整个滤面做旋转运动，这样一来，再生后的"清洁滤面"将连续地进入过滤区进行工作，而堵塞后的"密死滤面"也将连续地进入再生区进行再生。这一动态的过滤与再生过程将达到一种平衡，例如图中 p 点位置的滤面虽然在不断的更换，但处于这一位置的滤面的堵塞状态都是相同的。这种动态平衡保证了过滤区滤面始终处于一种"渐变的非完全堵塞"状态，达到装置稳定工作的目的。

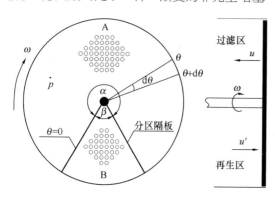

图 8-3　滤面水力连续再生原理图

以上不难看出，滤面水力连续再生技术具有如下特点：

（1）整个滤面被划分为过滤区和再生区两部分；

（2）整个滤面连续旋转，保证两部分滤面连续更替，实现连续再生；

（3）过滤区滤面达到动态平衡，各位置的堵塞情况是稳态的，实现流量稳定；

（4）滤面上附着的污物依靠反冲洗来清除，实现水力再生；

（5）清除下来的污物由水流带走回到污水干渠，实现还原过程。

为了实现滤面的绕轴旋转，滤面的形状只有两种，即平板式和圆筒式，二者只存在结构上的差异。平板式防阻机置于大型污水干渠的侧壁，过滤平板被分割为过滤取和再生区，并且以一定的速度旋转，保证任何时刻都有堵塞的滤面进入再生区进行再生，任何时刻都有再生好的滤面进入过滤区行使过滤功能。平板式防阻机具有如下缺点：

（1）必须安装在污水干渠侧壁，这在绝大多数工程中都不被允许；

（2）平板受力不均，四周磨损严重；

（3）对大型工程而言，平板直径过大，而分解为多台也难以实施；

（4）低温回水与进水太靠近，容易发生混水。

为了解决平板式防阻机所面临的技术难题，后来发展了筒式防阻机。早期的方案如图 8-4 所示，其原理为将防阻机设计成管道式设备，内置一个旋转的滤筒，用内外隔板将滤筒内外空间划分为 A、B、C、D 四块，

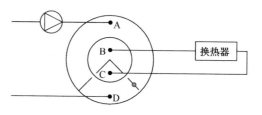

图 8-4　早期单级泵筒式防阻机原理图

可以实现连续再生和过滤。其中内隔板固定，外隔板为可开启式，目的是能将积攒的污物放行。但是实践证明，该方案中的外隔板是一个失败的设置：

（1）给污物放行只是一厢情愿，积攒的污物导致 A 区污物浓度增加，过滤功能很快丧失；

（2）由于旋转滤筒与固定隔板之间缝隙的存在，在一级泵的作用下，大部分水量从缝中旁通，换热器根本得不到足够的污水量。

有鉴于此，不如干脆取消外隔板，以保证滤筒过滤的污物可以顺利达到反冲区，增设二级泵，以保证换热器可以得到充足的水量，其工作原理如图 8-5 所示。用污水泵 1 抽吸

污水干渠中的城市原生污水进入筒外供水区 A，经旋转的圆筒形格栅滤网 3，过滤后进入筒内供水区 B，此时污水中已不再含有会引起污水换热器堵塞的大粒径污杂物，利用污水泵 5 将筒内供水区 B 中的污水引至污水换热器 6 中，换热后污水回到筒内回水区 C，在压力下经过圆筒形格栅滤网 3 时，对在圆筒格栅外表面上已经淤积的污杂物进行反冲洗，进行过反洗的污水进入筒外回水区 D，并被继续地送回污水干渠中。

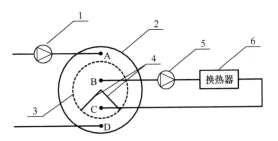

图 8-5　双级泵筒式防阻机原理图

1——级污水泵；2—外壳；3—旋转滤网；4—内挡板；
5—二级污水泵；6—污水换热器

取消外隔板增设二级泵是现在防阻机的最终形式。之后又在诸多技术细节方面进行了改进，但是其基本原理没有改变。改进的技术细节主要包括：

（1）滤孔的最优直径；

（2）滤筒的加工工艺；

（3）过滤区与反冲区的最优比例；

（4）滤筒直径与高度的最优比例；

（5）滤筒的最优旋转速度；

（6）污水进出口的位置与方式；

（7）设置检修口。

这些改进使得防阻机趋于完善，目前防阻机已形成了成熟的生产线和系列化的产品。

8.2　水力连续再生滤面的动态特性

滤面水力连续再生技术是一种动态平衡、还原式连续再生的过滤技术，特别适用于污物含量超高、污物无需分离清除的场合，目前该技术主要应用于城市污水源热泵供暖空调系统中的污水前置粗效处理，防止后续换热设备堵塞。下面以滤面堵塞系数作为过滤和再生过程中滤面状态的定量描述，分别建立了针对滤面的动态模型和针对位置的稳态模型，结合试验数据分析确定了分区角度比、转速范围、平均堵塞系数以及单位角度滤面面积的计算方法，为滤面水力连续再生装置的设计与优化提供了理论依据。

8.2.1　水力连续再生滤面的理想运行特点

滤面水力连续再生原理如图 8-3 所示，从结构上来看，水力连续再生滤面与常规静态滤面大不相同。为研究其理想运行特点，将作如下定义和假设：

（1）孔板面积比：滤面网眼的总面积（即过流面积）与滤面的总面积（过流面积与非过流面积之和）之比，以符号 S_0 表示；

（2）过滤区与反冲区角度：以滤面的旋转中心为顶点，过滤区与反冲区分别所占的平面角，分别用 α 与 β 表示；

（3）过滤面积比：滤面的过滤区面积与反冲区面积之比，用符号 γ 表示，即 $\gamma = \dfrac{\alpha}{\beta}$；

或者反冲面积比：反冲区面积与过滤区面积之比，用符号 φ 表示，$\varphi = \dfrac{\beta}{\alpha}$；

（4）局部阻力系数对所有网孔（不考虑堵与不堵）都一样，$\zeta = 3.0$；

（5）内筒隔栅两侧的压差在 A、B 区间内处处相同；

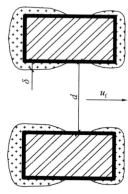

图 8-6　网孔堵塞情况
示意图

（6）堵塞厚度与网孔流量成正比，与孔径成反比；同样，冲刷厚度与网孔流量成正比，与孔径成反比。

工程实践总结发现，造成滤面堵塞的主要原因是丝状纤维类污物缠绕于滤孔上，无法水力反冲洗掉。设网孔堵塞厚度为 δ，建立如图 8-6 所示的网孔堵塞与再生模型。

由假设 4 可得 $\Delta p = \zeta \dfrac{\rho u_{\mathrm f}^2}{2}$，网孔过滤流速在 A 区间处处都一样，流量与孔径的平方成正比。由假设 5 可得

$$\mathrm d\delta = \frac{C_{\mathrm f} Q_{\mathrm f}}{\pi d'}\mathrm d\theta = \frac{C_{\mathrm f} u_{\mathrm f}}{2}(r-\delta)\mathrm d\theta \tag{8-1}$$

式中　$C_{\mathrm f}$——正比系数（或挂壁系数）；

　　　d'——网孔堵塞情况下的滤孔直径，m。

令堵塞系数 $B = \dfrac{C_{\mathrm f} u_{\mathrm f}}{2}$，该参数与污水中污杂物的浓度 c、挂壁概率 φ、内筒转速 n 以及网孔滤速 $u_{\mathrm f}$（过滤压差 $\Delta p_{\mathrm f}$）有关，其数值可通过试验测得。因此式（8-1）可简化为

$$\mathrm d\delta = B(r-\delta)\mathrm d\theta \tag{8-2}$$

通过积分 $\displaystyle\int_0^\delta \mathrm d\delta = \int_0^\theta B(r-\delta)\mathrm d\theta$ 可得堵塞厚度随角度的变化关系为

$$\delta = r(1 - e^{-B\theta}) \tag{8-3}$$

由式（8-3）可求得网孔流量随角度的变化关系为

$$Q_{\mathrm f} = u_{\mathrm f}\pi(r-\delta)^2 = u_{\mathrm f}\pi r^2 e^{-2B\theta} = Q_{\mathrm{f0}} e^{-2B\theta} \tag{8-4}$$

网孔实际过流面积随角度的变化关系为

$$A_{\mathrm f} = \pi(r-\delta)^2 = A_{\mathrm{f0}} e^{-2B\theta} \tag{8-5}$$

网孔实际平均过流面积为

$$\overline{A_{\mathrm f}} = \frac{\displaystyle\int_0^\alpha A_{\mathrm f}\mathrm d\theta}{\alpha} = \frac{\displaystyle\int_0^\alpha A_{\mathrm{f0}} e^{-2B\theta}\mathrm d\theta}{\alpha} = \frac{A_{\mathrm{f0}}(1 - e^{-2B\alpha})}{2B\alpha} \tag{8-6}$$

孔板面积比随角度的变化关系为

$$S = S_0 e^{-2B\theta} \tag{8-7}$$

平均孔板面积比为

$$\overline{S} = \frac{\int_0^\alpha S \mathrm{d}\theta}{\alpha} = \frac{\int_0^\alpha S_0 e^{-2B\theta} \mathrm{d}\theta}{\alpha} = \frac{S_0(1 - e^{-2B\alpha})}{2B\alpha} \tag{8-8}$$

式中　Q_{f0}——滤孔清洁状态时的过水流量，$\mathrm{m^3/h}$；

　　　A_{f0}——滤孔清洁状态时的过水面积，$\mathrm{m^2}$；

　　　S_0——滤孔清洁状态时的孔板面积比。

由上述分析可以看出，不论是在过滤区还是反冲再生区，滤面都是逐渐被堵塞的，各位置上滤孔的过流面积是逐渐减小的。也就是说由于滤面逐渐堵塞，实际运行时滤面的真实过流能力是要小于静态清洁时的过流能力，由此引入未堵塞系数的概念。定义滤面平均未堵塞系数为实际运行时滤面的过流面积与清洁时滤面的过流面积之比，表达式如下：

$$\xi = \frac{\overline{S}}{S_0} = \frac{1 - e^{-2B\alpha}}{2B\alpha} \tag{8-9}$$

滤面平均未堵塞系数可用于衡量防阻机在实际运行过程中，滤面的真实过流能力。

对于反冲区，参照过滤区，定义容垢系数 C_w 和冲刷系数 B'，B' 与内筒转速 n、反冲流速 u'（反冲压差 Δp_w）等有关，可由实验测得。在反冲区堵塞厚度与角度的微分关系为：

$$-\mathrm{d}\delta = \frac{C_w Q_w}{\pi d''} = \frac{C_w u' \pi (r-\delta)^2}{2\pi(r-\delta)} \mathrm{d}\theta = B'(r-\delta)\mathrm{d}\theta \tag{8-10}$$

式中　d''——反冲区下修正的滤孔直径，m。

通过积分可得：

$$\frac{r-\delta}{r-\delta_\alpha} = e^{B'(\theta-\alpha)} \tag{8-11}$$

式中　δ_α——α 处的最大堵塞厚度。

因此滤孔堵塞厚度的分布情况如图 8-7 所示。

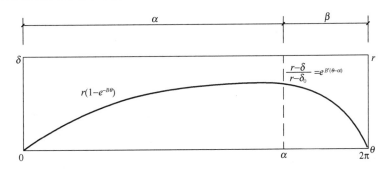

图 8-7　滤孔堵塞厚度沿角度 θ 的分布示意图

8.2.2　水力连续再生滤面的实际运行特点

在工程实践的初期，设计水力连续再生滤面采取的是常规静态过滤面的设计方法，表征滤面应用效果的结构参数仅考虑了滤孔直径，因此采取的滤面就是普通的冲孔薄钢网

（板）。然而在多个污水源热泵工程中的应用均出现了不锈钢网破裂脱落的现象，而且这种破裂都发生在滤面的反冲区，这主要是由于滤面反冲的再生效果恶化，导致反冲滤面两侧压差剧增并最终破坏滤面。传统静态滤面设计指标上没有可以表征或衡量滤面水力再生效果的参数，因此对污水滤面是不适用的。

通过对破坏滤面的观察可以发现，堵塞滤面的污物均是丝状纤维类污物。纤维类污物堵塞滤面后，一些泥沙和油脂就会在纤维类垫层上累积，最终将完全堵塞滤面。纤维类污物堵塞滤面如图 8-8 所示。

图 8-8   丝状纤维类污物造成滤面的堵塞

随着设备长时间的运行，丝状纤维类污物会越来越多地缠绕在滤孔上，造成 B 区反冲效果越来越差，使得滤面转出反冲区时，不能被完全再生干净，将保留一定的堵塞厚度。如图 8-9 所示，纤维缠绕堵塞滤孔后，滤孔堵塞厚度沿角度 θ 的分布就会发生变化。

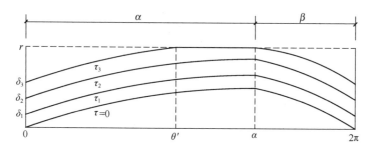

图 8-9   反冲不彻底时滤孔堵塞厚度随角度 θ 的分布

随着运行时间的加长，滤面转出反冲区（$\theta = 0$ 处）时，滤孔的初始堵塞厚度越来越大（$\delta_1 < \delta_2$），即初始的过流面积越来越小，过流能力越来越差；而且滤孔完全堵死处的角度越来越小（$\theta' < \alpha$）。因此必须引入衡量该现象的指标，用以表征随着时间的推移，再生能力的退化和纤维类污物的累积。

（1）定义反冲效率：某一时刻，滤面转出反冲区时（再生后）的过流面积与清洁滤面的过流面积之比。反冲效率的表达式为：

$$\eta = \left(\frac{d - 2\delta_{2\pi}}{d} \right)^2 \tag{8-12}$$

在污水水质一定的情况下，反冲效率是时间的函数，时间越久，数值越小，说明再生效果越来越差，滤面的过流能力也越来越差。反冲效率与污水中纤维类污物的量和尺寸分布、滤面结构参数、转速等密切相关，可以通过实验测得。

根据反冲效率定义，滤面运行一段时间之后，纤维类污物堵塞后的实际孔板面积比为：

$$S = S_0 \xi \eta \tag{8-13}$$

（2）定义滤面缠绕长度：将滤孔边距 W 与滤孔厚度 H 之和，即 $L_c = W + H$，称之为滤面缠绕长度。缠绕长度 L_c 越大，柔性丝状污物越易冲洗，过滤和再生压力就越小。为了确定最优的缠绕长度，针对滤孔直径 4mm，缠绕长度分别为 8mm、12mm、16mm、20mm、24mm 的滤面进行了实验测试，结果如表 8-1 所示，表中流量变化系数 χ 为污水滤面运行一段时间后的流量与最初运行流量的比值。

由表 8-1 和图 8-10 可以看出，在滤孔直径及滤板面积一定情况下，随着缠绕长度的加大，污水滤面的设计流量逐渐减少，主要是因为滤孔边距的加大使得孔板面积比 S_0 不断减小，从而导致过流面积减小。但随着运行时间的加长，缠绕长度越小的滤面，流量衰减越厉害。以 $L_c = 8m$ 的污水滤面为例，运行 16 天后，流量仅为设计流量的 20%；而 $L_c = 24mm$ 的污水滤面，运行 28 天后，仍保持设计流量的 70% 左右。如果规定以运行流量为最初设计流量的 70% 作为设备的清理周期，则不同的缠绕长度的滤面清理周期如表 8-1 所示。

不同缠绕长度 ($W+H$) 下的过流能力　　表 8-1

$L_c=W+H$ V (m³/h) 天数 τ	8 (mm) 4+4		12 (mm) 6+6		16 (mm) 6+10		20 (mm) 8+12		24 (mm) 8+16	
	V	χ	V	χ	V	χ	V	χ	V	χ
1	521	1	458	1	370	1	316	1	280	1
4	461	0.90	421	0.92	348	0.94	307	0.97	277	0.99
7	420	0.82	394	0.86	337	0.89	300	0.95	274	0.98
10	353	0.69	357	0.78	315	0.82	294	0.93	269	0.95
13	246	0.48	307	0.67	292	0.74	284	0.90	260	0.90
16	108	0.21	243	0.53	252	0.68	269	0.85	249	0.85
19	—	—	188	0.41	192	0.52	250	0.79	235	0.81
22	—	—	105	0.23	144	0.39	224	0.71	218	0.78
25	—	—	—	—	78	0.21	196	0.62	199	0.73
28	—	—	—	—	—	—	161	0.51	165	0.69
31	—	—	—	—	—	—	123	0.39	137	0.51
清理周期	9 天		12 天		15 天		22 天		28 天	

上述实验结果表明：缠绕长度可以用于衡量滤面抵抗纤维类污物堵塞的能力，缠绕长度大的滤面，反冲效率随时间的递减速度小，清洗周期延长，因此防阻机的滤面设计时应尽量采取较大的缠绕长度。

防阻机在制造加工的过程中，不能再采取骨架贴膜的工艺，而应采取铸造的滤筒。滤

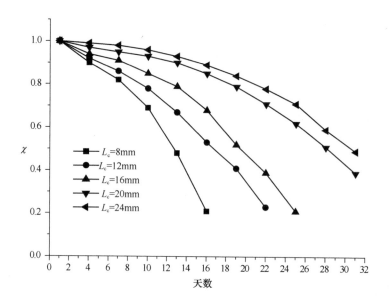

图 8-10　不同缠绕长度 L_c 下流量变化系数 χ 随运行天数的变化

筒的厚度一般在 10mm 左右，而且所有的滤孔必须采取钻眼工艺，并去除毛刺。虽然钻眼加工难度大，工期长，成本高，但是可以保证较大的缠绕长度和滤筒强度，保证使用效果。

8.2.3　滤面动态数学模型与设计方法

结合上述水力连续再生滤面的理想运行和实际运行特点，为了建立新的过滤过程的动态数学模型，且为了方便理解和计算，重新作如下定义和假设：

(1) 滤面截面系数：滤面的网眼总面积（即过水面积 A'）与滤面总面积 A 之比，以符号 μ 表示；

(2) 滤面完全失效：滤面滤眼完全被堵死，过流能力为零时，则称滤面已完全失效；

(3) 滤面污物密度：滤面上单位过水面积覆盖的污物质量，单位为 kg/m^2，以符号 σ 表示；

(4) 滤面失效污物密度：滤面完全失效时，单位过水面积覆盖的污物质量，单位为 kg/m^2，以符号 σ_m 表示；

(5) 滤面堵塞系数：滤面上已覆盖的污物质量与完全失效时所能覆盖的最大污物质量之比，以符号 φ 表示，也即 $\varphi = \dfrac{\sigma}{\sigma_m}$，$0 < \varphi < 1$；不难看出，若滤面面积为 A，则未被覆盖的滤面面积为 $A(1-\varphi)$，因此堵塞系数也可以定义为滤面已被堵塞的面积与滤面面积之比；

(6) 假设污水中大于网眼直径的污物（其体积浓度用 C_w 表示，kg/m^3）在流经滤面时，全部被截留覆盖在滤面上，造成滤面堵塞；

(7) 假设滤面的堵塞过程是一个连续的渐变过程，堵塞程度与覆盖的污物质量程正比，因此滤面的失效与再生的过程完全可以用堵塞系数来表达；

（8）滤面厚度很薄时，假设滤眼的局部阻力系数不变，只要滤面两边的压差不变，则滤眼的流速 u 不随堵塞情况而变，是一常数。

在图 8-3 中，虽然整个滤面是动态的，但是针对 p 点滤面而言，在其进入过滤区到走出过滤区这段时间为 τ_0，p 点滤面处于一个静态的污物积累过程。针对具体滤面，可以建立其静态积累的数学模型，在 τ_0 时段的某一位微元时间 $d\tau$ 内，p 点滤面堵塞系数的变化量为：

$$d\varphi = \frac{uA'(1-\varphi)C_w d\tau}{\sigma_m A'} \tag{8-14}$$

初始条件 $\tau = 0$ 时，$\varphi = 0$，解得

$$\varphi(\tau) = 1 - \exp\left(-\frac{uC_w}{\sigma_m}\tau\right) \tag{8-15}$$

定义 $\varphi = 0.95$ 时滤面就已完全失效，一般城市污水 >4mm 的污物浓度为 $C_w = 1.1$kg/m³，经实验测得的 $\sigma_m = 1.2$kg/m²。当过滤流速 $u = 0.5$m/s 时，滤面完全失效的时间为

$$\tau_n = -\frac{\sigma_m \ln(1-0.95)}{uC_w} \tag{8-16}$$

计算得 $\tau_n = 6.54$s，可见滤面的完全失效时间很短，也说明了传统的间歇再生周期必须在 6.54s 左右，这是很难达到的。

令滤面的旋转角速度为 ω（转速 n），过滤区所占角度为 α，再生区所占角度为 $\beta = 2\pi - \alpha$，则 p 点滤面在过滤区的存留时间为

$$\tau_0 = \frac{\alpha}{\omega} = \frac{\alpha}{2\pi n} \tag{8-17}$$

如果 $\tau_0 > \tau_n$，则滤面旋转较慢（电机减速成本也会增加），而且在 $\tau_0 - \tau_n$ 时间内滤面处于非工作状态下，因此要求 $\tau_0 \leqslant \tau_n$。于是可以得到滤面的转速关系为

$$n \geqslant \frac{\alpha}{2\pi\tau_n} \tag{8-18}$$

针对过滤区（或再生区）内的某一位置而言，虽然经过它的滤面时刻在变化，但是这些滤面的堵塞状态都一样，因为它们在到达该位置之前所经历的过滤（再生）时间都是一样，根据式（8-15）可知它们的堵塞系数都相同。定义单位角度的滤面面积为 A_θ，单位 m²/rad，对于圆板式滤面 $A_\theta = \frac{R^2}{2}$（R 为圆板半径），对于圆筒式滤面 $A_\theta = \frac{DL}{2}$（D 为圆筒直径，L 为圆筒长度）。如图 8-3 所示，用角度来表示过滤区内的位置，顺着滤面旋转的方向，过滤区内的第一块分区隔板的角度为 0。当角度增加微元量时，对于位置 θ 和 $\theta + d\theta$，它们的堵塞系数增量为：$d\varphi(\theta) = d\varphi(\tau) = \frac{uC_w}{\sigma_m}\exp\left(-\frac{uC_w}{\sigma_m}\tau\right)d\tau$。

又由于 $d\tau = \frac{d\theta}{\omega} = \frac{d\theta}{2\pi n}$，故有：

$$d\varphi(\theta) = \frac{uC_w}{\sigma_m}\exp\left(-\frac{uC_w\theta}{2\pi N\sigma_m}\right)\frac{d\theta}{2\pi n} \tag{8-19}$$

代入边界条件 $\theta = 0$, $\varphi = 0$, 解得

$$\varphi(\theta) = 1 - \exp\left(-\frac{u C_{\mathrm{w}}}{2\pi n \sigma_{\mathrm{m}}}\theta\right) \tag{8-20}$$

可见，过滤区的堵塞状态仅是位置坐标 θ 的函数，呈指数分布。过滤区总的过水流量为：

$$\dot{V} = \int_0^\alpha u(1-\varphi(\theta))\mu A_\theta \mathrm{d}\theta = \frac{2\pi N\sigma_{\mathrm{m}}\mu A_\theta}{C_{\mathrm{w}}}\left[1 - \exp\left(\frac{-u C_{\mathrm{w}}}{2\pi N\sigma_{\mathrm{m}}}\alpha\right)\right] \tag{8-21}$$

过滤区可能的最大流量为 $\dot{V}_{\mathrm{m}} = u\mu A_\theta \alpha$, 过滤区平均的堵塞系数为：

$$\overline{\varphi} = \frac{\int_0^\alpha \varphi(\theta)\mathrm{d}\theta}{\alpha} = \frac{\dot{V}_{\mathrm{m}} - \dot{V}}{\dot{V}_{\mathrm{m}}} = 1 - \frac{2\pi N\sigma_{\mathrm{m}}}{u\alpha C_{\mathrm{w}}}\left[1 - \exp\left(\frac{-u C_{\mathrm{w}}}{2\pi N\sigma_{\mathrm{m}}}\alpha\right)\right] \tag{8-22}$$

于是简化的流量计算式为：

$$\dot{V} = \dot{V}_{\mathrm{m}}(1-\overline{\varphi}) = u\mu A_\theta \alpha(1-\overline{\varphi}) \tag{8-23}$$

假设滤面再生时，滤面上污物的去除也是一个连续过程，污物的去除量与通过滤面的累积过水量呈正比，则滤面的再生过程完全可被视为滤面失效过程的逆过程，将式（8-15）、式（8-20）、式（8-21）、式（8-22）经过一些代换和变化即可得到再生过程的堵塞系数、流量等计算公式，这里不再冗述。以再生区的过水流量为例，如果反冲再生流量与过滤流量的关系为 $\dot{V}' = \varepsilon \dot{V}$, 则 $C_{\mathrm{w}}' = \dfrac{C_{\mathrm{w}}}{\varepsilon}$, 且假设滤面旋转至 $\theta=0$ 位置时，滤面恰好再生完全，$\varphi'=0$, 则有再生区总过水流量为：

$$\dot{V}' = \frac{2\pi N\sigma_{\mathrm{m}}\varepsilon\mu A_\theta}{C_{\mathrm{w}}}\left[1 - \exp\left(\frac{-u' C_{\mathrm{w}}}{2\pi N\sigma_{\mathrm{m}}\varepsilon}\beta\right)\right] \tag{8-24}$$

8.2.4　水力再生防阻机的关键参数

由式（8-21）、式（8-22）可以看出，滤面水力连续再生装置的相关参数有①结构参数：截面系数 μ, 单位角度滤面面积 A_θ, 过滤区角度 α（或再生区角度 β）；②运行参数：过滤流速 u, 反冲流速 u', 流量 $\dot{V}$, 转速 N, 流量比 ε；③工况参数：滤面失效污物密度 σ_{m}, 污水体积浓度 C_{w}。为了便于滤网加工，且尽可能增大截面系数，污水滤网的滤眼一般采用正三角形分布，圆眼滤孔，直径为 d, 孔心距为 l, 截面系数为：

$$\mu = 0.907\left(\frac{d}{l}\right)^2 \tag{8-25}$$

一般情况下，取完热量之后的污水全部用来反冲再生，则 $\varepsilon=1$, 而且通过试验发现附着污物的脱离需要由流速来提供一定剪切破坏应力，因此反冲流速 u' 是有要求的。试验结果指出 $u'/u>2.5$, 考虑设备制造简单、外形美观的因素，一般取 $u'/u=3.0$, 此时根据式（8-21）和式（8-24）不难发现，$\beta=\alpha/3$, 于是 $\alpha=3\pi/2$, $\beta=\pi/2$。由式（8-21）还可以看出，当装置结构参数、工况参数及流速确定后，装置的处理流量 $\dot{V}$ 是转速 N 的单调增函数，由洛必达法则可知

$$\lim_{N\to\infty}\dot V = \dot V_{\mathrm m} = u\mu A_\theta\alpha \tag{8-26}$$

图 8-11 为某板式装置（$\mu=0.403$，$u=0.5\mathrm{m/s}$，$\alpha=3\pi/2$，$D=0.4\mathrm{m}$，$A_\theta=0.08\mathrm{m^2/rad}$）的流量、平均堵塞系数与转速的变化关系图。可以看出，转速越大时，转速的增加对流量的增加作用就越小（$\mathrm d\dot V/\mathrm dN$ 是转速的递减函数）。转速增加所带来的问题是能耗（为转速的二次方函数）和磨损急剧增加，密封件更换周期和设备寿命急剧变短，噪声增大等，实验推荐的转速值是 $N\leqslant20\sim30\mathrm{r/min}$，半径较大时取较小值。由式（8-18）可知，$N\geqslant0.115\mathrm{r/s}=6.9\mathrm{r/min}$，因此滤面的转速范围是 $6.9\sim30\mathrm{r/min}$，一般设计和运行可取 $N=15\mathrm{r/min}$，此时滤面平均堵塞系数 $\bar\varphi=0.457$，堵塞较为严重。至此，滤面水力连续再生装置的关键结构参数 α 和运行参数 N 都已经能够确定了。

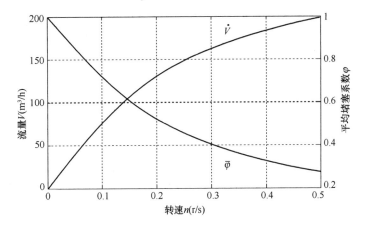

图 8-11　流量、平均堵塞系数的变化规律

8.3　水力再生防阻机的混水特性

8.3.1　单级泵系统的混水特性

1. 单级泵系统的混水模型

如图 8-4 所示，单级泵系统短路流量主要发生在 6 条缝隙中，它们分别与其他流量形成并联关系，将其简化得到如图 8-12 所示的阻抗计算模型。

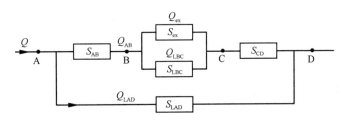

图 8-12　短路计算阻抗示意图

S_{AB}—A 点到 B 网孔的阻抗；S_{LBC}—B 点到 C 缝隙的阻抗；S_{CD}—C 点到 D 网孔的

阻抗；S_{LAD}—A 点到 D 缝隙的阻抗；S_{ex}—换热器及管路的阻抗

对网孔和缝隙，它们只有局部阻力系数，根据

$$\Delta H = \zeta \frac{u^2}{2g} = \frac{\zeta}{2g}\left(\frac{Q}{A}\right)^2 \tag{8-27}$$

可得

$$S = \frac{\zeta}{2g} \cdot \frac{1}{A^2} \tag{8-28}$$

对管路，局部阻力阻抗

$$S = \frac{8\zeta}{g\pi^2 d^4} \tag{8-29}$$

沿程阻力阻抗

$$S = al = \frac{8\lambda l}{g\pi^2 d^5} \tag{8-30}$$

式中　a——沿程比阻，$a = \dfrac{8\lambda}{g\pi^2 d^5}$。

串联总阻抗公式

$$S_T = \sum S_i \tag{8-31}$$

并联总阻抗公式

$$\frac{1}{\sqrt{S_T}} = \sum \frac{1}{\sqrt{S_i}} \tag{8-32}$$

B 点到 C 点总阻抗

$$S_{TBC} = \left(\frac{1}{\frac{1}{\sqrt{S_{ex}}} + \frac{1}{\sqrt{S_{LBC}}}}\right)^2 = \frac{S_{ex}S_{LBC}}{(\sqrt{S_{ex}} + \sqrt{S_{LBC}})^2} \tag{8-33}$$

ABCD 线路总阻抗

$$S_{AD} = S_{AB} + S_{TBC} + S_{CD} \tag{8-34}$$

A 点到 D 点总阻抗

$$S_{TAD} = \left(\frac{1}{\frac{1}{\sqrt{S_{AD}}} + \frac{1}{\sqrt{S_{LAD}}}}\right)^2 = \frac{S_{AD}S_{LAD}}{(\sqrt{S_{AD}} + \sqrt{S_{LAD}})^2} \tag{8-35}$$

A 点到 D 点缝隙漏水比例

$$\frac{Q_{LAD}}{Q} = \frac{\sqrt{S_{TAD}}}{\sqrt{S_{LAD}}} = \frac{\sqrt{S_{AD}}}{\sqrt{S_{AD}} + \sqrt{S_{LAD}}} \tag{8-36}$$

B 点到 C 点缝隙漏水比例

$$\frac{Q_{LBC}}{Q} = \left(1 - \frac{Q_{LAD}}{Q}\right)\frac{\sqrt{S_{TBC}}}{\sqrt{S_{LBC}}} = \left(1 - \frac{Q_{LAD}}{Q}\right)\frac{\sqrt{S_{ex}}}{\sqrt{S_{ex}} + \sqrt{S_{LAD}}} \tag{8-37}$$

总漏水率

$$\overline{Q}_L = \frac{Q_{LAD}}{Q} + \frac{Q_{LBC}}{Q} \tag{8-38}$$

漏水量计算的另一种公式，即直接从流量与压力的关系出发得到总漏水量公式

$$Q_{lz} = 2L\sigma\sqrt{\frac{2\Delta p_{ex}}{\rho\zeta_1}} + 3L\sigma\sqrt{\frac{2(\Delta p_{ex} + \Delta p_{AB} + \Delta p_{CD})}{\rho\zeta_1}} \tag{8-39}$$

可以看出：

（1）漏水量分别与缝隙长度 L 和缝隙宽度 σ 成正比，但是缝隙长度 L 与缝隙宽度 σ 相比，缝宽更难变化，因此首先应该考虑减小内筒的长度来减小漏水量。

（2）由于过滤面积和反冲面积都很大，导致 ΔP_{AB}、ΔP_{CD} 与 ΔP_{ex} 相比显得很小，甚至可以忽略不计。因此压差 ΔP_{ex} 是漏水量的主要控制因素，要减小漏水率，最好的办法就是减小换热器管路进出口的压差（而非阻力损失）。

2. 单级泵系统内漏实例分析

设内筒直径 $D=0.4\text{m}$，长 $L=0.8\text{m}$，缝隙宽度 $\delta=0.002\text{m}$，孔板面积比 $S_a=0.35$，反冲面积比 $\varphi=0.25$，孔和缝隙的局部阻力系数 $\zeta=2.0$，则过滤面积为：

$$A_{AB} = (1-\varphi)S_a\pi DL = 0.033\text{m}^2$$

反冲面积为：

$$A_{CD} = \varphi S_d\pi DL = 0.011\text{m}^2$$

B 点到 C 点缝隙面积

$$A_{LBC} = 2\delta L = 0.0032\text{m}^2$$

A 点到 D 点缝隙面积

$$A_{LAD} = 3\delta L = 0.0048\text{m}^2$$

最后得到

$$S_{AB} = \frac{2.0}{2\times 9.8\times 0.033^2} = 93.7\text{s}^2/\text{m}^5$$

$$S_{CD} = \frac{2.0}{2\times 9.8\times 0.011^2} = 843.31\text{s}^2/\text{m}^5$$

$$S_{LBC} = \frac{2.0}{2\times 9.8\times 0.0032^2} = 9964.92\text{s}^2/\text{m}^5$$

$$S_{LAD} = \frac{2.0}{2\times 9.8\times 0.0048^2} = 4428.85\text{s}^2/\text{m}^5$$

对换热器和管路有如下数据：管程数 $n=6$，管程长 $L=5.0\text{m}$，换热管内径 $d=0.025\text{m}$，每管程有 35 根换热管，封头内每管程的总局部阻力系数 $\zeta=1.5$。因此每根换热管的沿程阻抗为：

$$S_{if} = al = 1643000\times(5\times 6) = 49290000\text{s}^2/\text{m}^5$$

局部阻抗为：

$$S_{il} = \frac{8\times(1.5\times 6)}{9.8\times\pi^2\times 0.025^4} = 1905656.45\text{s}^2/\text{m}^5$$

每根换热管的总阻抗为：

$$S_{is} = S_{if} + S_{il} = 51195656.45\text{s}^2/\text{m}^5$$

由于每管程有 35 根换热管，故每台换热器的总阻抗为：

$$S_{ih} = \frac{S_{is}}{35^2} = 41792.37 s^2 / m^5$$

如图 8-13 所示，对管路作如下假设：$DN250$ 管道长 80m，查得比阻 $a=2.583 s^2 / m^6$；其上由 15 个弯头，$\zeta=0.3$，于是有

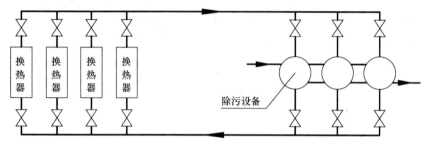

图 8-13　换热器与管路系统示意图

$$S_{f250} = al = 206.64 s^2 / m^5$$

$$S_{l250} = \frac{8 \times (0.3 \times 15)}{9.8 \times \pi^2 \times 0.25^4} = 95.28 s^2 / m^5$$

$$S_{250} = S_{f250} + S_{l250} = 301.92 s^2 / m^5$$

每台换热器接 $DN100$ 管道长 20m，查得 $a=267.4 s^2 / m^6$；三通 4 个，$\zeta=1.5$；蝶阀 4 个，$\zeta=1.0$；弯头 4 个，$\zeta=0.3$，于是有

$$S_{f100} = al = 5348.0 s^2 / m^5$$

$$S_{l100} = \frac{8 \times (6 + 4 + 1.2)}{9.8 \times \pi^2 \times 0.10^4} = 9263.61 s^2 / m^5$$

$$S_{i100} = S_{f100} + S_{l100} = 14611.61 s^2 / m^5$$

因此每台换热器加管路的总阻抗为：

$$S_{iex} = S_{ih} + S_{i100} = 56403.98 s^2 / m^5$$

三台换热器并联运行的总阻抗为：

$$S_{he} = \frac{S_{iex}}{3^2} = 6267.11 s^2 / m^5$$

所以换热器与管道总的阻抗为：

$$S_{ex} = S_{he} + S_{250} = 6569.03 s^2 / m^5$$

$$S_{TBC} = \frac{S_{ex}S_{LBC}}{(\sqrt{S_{ex}} + \sqrt{S_{LBC}})^2} = \frac{6569.03 \times 9964.92}{(\sqrt{6569.03} + \sqrt{9964.92})^2} = 2000.89 s^2 / m^6$$

$$S_{AD} = S_{AB} + S_{TBC} + S_{CD} = 93.7 + 2000.89 + 843.31 = 2937.90 s^2 / m^5$$

$$S_{TAD} = \frac{S_{AD}S_{LAD}}{(\sqrt{S_{AD}} + \sqrt{S_{LAD}})^2} = \frac{2937.90 \times 4428.85}{(\sqrt{2937.90} + \sqrt{4428.85})^2} = 892.36 s^2 / m^5$$

A 点到 D 点缝隙漏水比例

$$\frac{Q_{LAD}}{Q} = \frac{\sqrt{S_{TAD}}}{\sqrt{S_{LAD}}} = \sqrt{\frac{892.36}{4428.85}} = 0.4489$$

B 点到 C 点缝隙漏水比例

$$Q_{LBC} = \left(1 - \frac{Q_{LAD}}{Q}\right)\frac{\sqrt{S_{TBC}}}{\sqrt{S_{LBC}}} = (1 - 0.4489)\sqrt{\frac{2000.89}{9964.92}} = 0.2470$$

总漏水率为：

$$\overline{Q}_L = \frac{Q_{LAD}}{Q} + \frac{Q_{LBC}}{Q} = 0.2470 + 0.4489 = 0.6959$$

通过内漏的实际数据分析，有以下结论：

（1）对于网孔的过滤和反冲，由于过流面积较大，导致阻抗比较小，跟缝隙和换热器管路相比差了一个数量级，某些情况下是可以忽略的。

（2）缝隙的阻抗和换热器管路的阻抗在同一个数量级上，但是缝隙的阻抗比换热器管路的阻抗稍大。它们是整个系统中的主要阻抗。

（3）换热器内局部阻力约占沿程阻力的 4%，而连接管路的阻力约占换热器阻力的 36.2%。

（4）短路水量十分巨大，在 50% 左右。导致短路水量如此之大的直接原因是换热器管路的阻抗太大，而使得缝隙两面的压差太大，换热器总过流面积与缝隙总面积比值为 10 左右。

（5）换热器管路的阻抗是客观存在的，它很难再减小，因此应该想其他办法来减小漏水率。

8.3.2　双级泵系统的混水特性

防阻机由于机械制造加工的精度问题，运动部件与静止部件之间存在缝隙，导致换热之后的污水漏向新进污水并与之掺混，降低了进入污水蒸发器的污水温度，影响污水换热的效率和系统效率。

采用双级泵技术的防阻机原理如图 8-14 所示，防阻机内部存在 4 个分区。1 区和 4 区是连通的，它们之间的阻抗为零，压差也为零；1 区和 2 区之间的阻抗为过滤区阻抗，取决于过滤面积，压差为过滤区滤网局部阻力，流量为过滤流量（无外漏时是真正提供换热量的污水）；3 区和 4 区之间的阻抗为反冲区阻抗，取决于反冲面积，压差为反冲区滤网局部阻力，流量等于过滤流量；2 区和

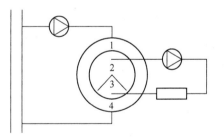

图 8-14　双级泵条件下防阻机运行原理图

3 区之间的阻抗由两部分并联构成，其一为换热器及其管路阻抗，其二为内隔板缝隙的局部阻抗，压差等于过滤区滤网局部阻力和反冲区滤网局部阻力之和。

二级泵从 2 区抽水输送给换热器，抽取的流量和温度是真正影响换热效果和换热量的参数。但是导致 2 区温度不等于污水源温度的因素有两个，其一是流经外筒的流量，称之为外漏。外漏的方向不确定，可能由 1 区流向 4 区，此时外漏不影响换热温度；如果外漏由 4 区流向 1 区，那么已经换热了的低温污水将降低 2 区温度而影响换热效果。外漏是可

以避免的，通过选择合理的一级、二级泵的设计参数和运行参数，可以实现外漏流量等于零。其二是通过内隔板缝隙由3区流向2区的流量，称之为内漏。内漏的方向唯一，而且必然导致2区温度降低。这是由于压力存在如下关系：3区高于4区，4区等于1区，1区高于2区，也即3区与2区的压差等于过滤区滤网局部阻力和反冲区滤网局部阻力之和。因此内漏是不可避免的。

不难发现，内漏的流量取决于两个因素，其一是过滤与反冲的面积比例，它决定内漏压差；其二是内隔板缝隙的大小，它决定内漏阻抗。由于加工制造原因，内漏阻抗一般较难改变或者能改变的范围较小。

8.3.3   防阻机反冲比与内漏率

防阻机内部的阻抗及流量分配如图8-15所示，由于防阻机外筒的压力均匀，即1点和4点压力相同，因此滤筒和二级泵、换热器构成闭合回路，可以独立进行计算。防阻机的阻抗网络图如图8-16所示，由于外漏是可以避免的，下面将针对外漏为零（这导致过滤流量的温度为污水源温度，没有降低）的前提下讨论内漏问题。

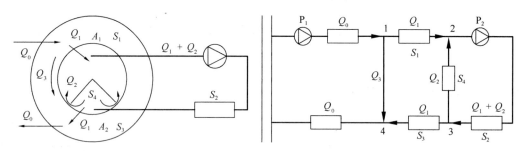

图 8-15   防阻机的阻抗及流量分配   图 8-16   防阻机的阻抗网络图

设一级泵提供 Q_0 流量，外漏流量为 Q_3（下面讨论中为零）。滤筒的总过流面积为 A_0，其中过滤区过流面积 A_1，阻抗 S_1；反冲区过流面积 A_2，阻抗 S_3。如果过滤流量为 Q_1，则由质量守恒可知反冲流量为 Q_1，而且 $Q_0 = Q_1$。内隔板缝隙的总过流面积为 A_4，阻抗 S_4，内漏流量 Q_2。那么二级泵抽取的流量将为 $Q_1 + Q_2$，换热器及其管路阻抗为 S_2，扬程为 H mH$_2$O。

为方便分析，作如下定义：

反冲面积比：

$$\varphi = \frac{A_2}{A_1} \tag{8-40}$$

内漏率：

$$\varepsilon = \frac{Q_2}{Q_1} \tag{8-41}$$

混水率：

$$\beta = \frac{Q_2}{Q_1 + Q_2} = \frac{\varepsilon}{1 + \varepsilon} \tag{8-42}$$

一般而言，过滤和反冲滤网及内隔板缝隙的局部阻抗可按下式计算：

$$S_i = \frac{\zeta}{2gA_i^2} \ (mH_2Oh^2/m^6) \tag{8-43}$$

式中　A_i——滤孔或缝隙的总过流面积；

$\quad\quad\zeta$——局部阻力系数，一般可取为 3；

$\quad\quad g$——重力加速度。

由于滤筒和二级泵、换热器构成了一个独立闭合回路，因此存在如下流量控制方程：

$$S_1Q_1^2 + S_3Q_1^2 = S_4Q_2^2 \tag{8-44}$$

$$S_1Q_1^2 + S_2(Q_1+Q_2)^2 + S_3Q_1^2 = H \tag{8-45}$$

代入内漏率的定义式，得到简化的下式：

$$S_1 + S_3 = S_4\varepsilon^2 \tag{8-46}$$

$$S_1 + S_2(1+\varepsilon)^2 + S_3 = \frac{H}{Q_1^2} \tag{8-47}$$

对式（8-46）应用阻抗公式（8-43）可解得：

$$\varepsilon = \sqrt{\frac{S_1+S_3}{S_4}} = \frac{A^4}{A_0}\sqrt{(1+\varphi)^2 + \left(1+\frac{1}{\varphi}\right)^2} \tag{8-48}$$

联合式（8-46）和式（8-47）可解得通过过滤区得到的新鲜污水量为：

$$Q_1 = \sqrt{\frac{H}{S_4\varepsilon^2 + S_2(1+\varepsilon)^2}} \tag{8-49}$$

二级泵的抽水流量为：

$$Q_{2p} = (1+\varepsilon)\sqrt{\frac{H}{S_4\varepsilon^2 + S_2(1+\varepsilon)^2}} \tag{8-50}$$

防阻机的当量阻抗为：

$$S_e = \frac{S_1+S_2}{(1+\varepsilon)^2} \tag{8-51}$$

以一台 400m³/h 的防阻机为例，$A_0 = 0.16m^2$；内隔板缝隙 2mm，$A_4 = 0.006m^2$；$H = 25mH_2O$；换热器及管路阻抗 $S_2 = 2.78 \times 10^{-4} mH_2Oh^2/m^6$。计算得到的反冲比对混水的影响结果如表 8-2 所示。

反冲面积比对混水的影响　　　　　　　　　　　　　　　　　　表 8-2

φ	1/3	1/4	1/5	1/6	1/8	1/10	1/15	1/20
ε (%)	15.7	19.3	23.0	26.6	34.1	41.2	60.0	78.9
β (%)	13.6	16.2	18.7	21.0	25.4	29.2	37.5	44.1
Q_1 (m³/h)	342.4	331.2	320.2	309.6	289.9	272.6	235.1	205.9
Q_2 (m³/h)	54.1	64.0	73.5	82.4	98.6	112.4	141.0	162.1
Q_1+Q_2 (m³/h)	396.5	395.2	393.7	392.0	388.5	385.0	376.1	368.0

由以上分析可以得出如下结论：

（1）环路独立性：对于小阻抗旁路串联水泵系统，改变某一环路的管路特性或水泵特性，对另一环路流量的影响很小，对本环路的影响符合单级闭合环路的一般规律，这一特性称为环路独立性。环路独立性是按照各环路流量和阻力选择各环路水泵的前提条件。设计时，通过过滤区的新鲜污水流量由换热负荷确定，而二级泵的扬程可由式（8-49）确定，流量由式（8-50）确定；运行时，过滤污水量由式（8-49）确定，取决于二级泵扬程、反冲比、内漏阻抗、换热器阻抗，与一级污水泵和一级管路无关。

（2）内漏率 ε 或混水率 β 与扬程 H 和换热器阻抗 S_2 无关，隔板缝隙面积、内筒总过流面积、反冲面积比例是影响混水比例的三要素。

（3）换热器真正有效利用的污水量 Q_1，随反冲比例 φ 的减小而显著减小，混水率 β 随反冲面积比的减小而显著增加，因此不建议采用过小的反冲面积比。当反冲比大于 1/4 时，内漏率小于 20%。

（4）通过换热器的总流量（$Q_1 + Q_2$）随反冲比例 φ 的减小而小幅减小，可以认为基本不变（当然这是在水泵扬程不变和 $S_2 \gg (S_1 + S_3)$ 前提下得出的）。也即反冲比例减小，泵耗基本没有变化，但是污水利用率显著下降。

（5）分级调试方法：由环路独立性可知，一级管路阻抗对实际用水量的影响很小，但是对系统流量系数的调节作用很大，因此系统调试时应该首先调节二级管路使用水量达到要求，然后再调节一级管路使流量系数达到要求。

此外，通过上述分析也可以得知，如果运行过程发现机组污水侧循环水温度过低，其根本原因是有效污水流量减小，除了混水之外还可能有以下原因：

（1）二级泵、换热器、阀门可能部分堵塞，导致二级管路流量减小。由式（8-49）可知阻抗 S_2 增加或扬程 H 减小，都会导致通过换热器的有效污水流量减小。

（2）一级泵、一级管路部分堵塞。如果二级泵流量大于一级泵流量（即：$Q_0 < Q_1 < (Q_1 + Q_2)$），筒外也将发生回流外漏，但是污水有效利用流量等于一级泵流量，所以一级泵流量减小也会导致通过换热器的有效污水流量减小。

因此，出现污水进入机组温度过低情况时，首先应该检查一级泵、二级泵的流量（或电流）是否正常。

8.3.4   混水对换热效果的影响程度

内漏混水会降低进入换热器的污水温度，从而减少换热器的平均传热温差和换热量。但是如果二级泵按照式（8-50）选择流量，那么将增大流量和流速，部分削弱换热量的减少程度。采用混水后的换热量与严格无混水时的换热量之比，（称之为换热保证率）来表征换热量的减小程度。

如图 8-17 所示，在外漏为零的前提下，设污水源来流新鲜污水的热容量为 C_1（W/℃），内漏率为 ε，污水源温度为 t_0'，进入换热器污水温度（混

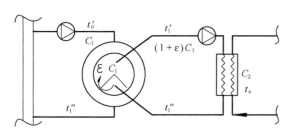

图 8-17   内漏混水后的污水换热系统

水后）为 t_1'，换热器出口温度（也即污水最终排水温度）为 t_1''，中介水的热容量为 C_2（W/℃），制冷剂蒸发温度为 t_e。系统设计时一般要求热泵机组的出口温度不低于某值，以保证机组的蒸发温度处于某一范围。因此，下面的换热量对比分析中保证制冷剂的蒸发温度 t_e 不变，且为已知量，一般为 2～4℃。混水后与无混水的换热保证率为：

$$\phi = \frac{(1+\varepsilon)C_1(t_1'-t_1'')}{C_1(t_0'-t_0'')} = \frac{(1+\varepsilon)(t_1'-t_1'')}{t_0'-t_0''} \tag{8-52}$$

式中　t_0''——无混水条件下的换热器出水温度。

混水后，可以得到如下换热方程

$$(t_0'-t_1'')C_1 = (1+\varepsilon)C_1(t_1'-t_1'') \tag{8-53}$$

$$(1+\varepsilon)C_1(t_1'-t_1'') = KA\Delta t_m \tag{8-54}$$

$$\Delta t_m = \frac{t_1'-t_2''}{\ln \dfrac{t_1'-t_e}{t_2''-t_e}} \tag{8-55}$$

换热器传热单元数 $NTU = \dfrac{KA}{(1+\varepsilon)C_1}$，在严格无混水的条件下，$\varepsilon=0$，代入上述方程组可解得污水出口温度

$$t_0'' = t_e + e^{-NTU}(t_0'-t_e) \tag{8-56}$$

在内漏率为 ε 的混水条件下，解得各点温度为：

$$t_1' = \frac{t_e(e^{NTU}-1) + \dfrac{t_0'}{\varepsilon}e^{NTU}}{\dfrac{1+\varepsilon}{\varepsilon}e^{NTU}-1} \tag{8-57}$$

$$t_1'' = \left(1+\frac{1}{\varepsilon}\right)t_1' - \frac{1}{\varepsilon}t_0' \tag{8-58}$$

混水和不混水的换热保证率为：

$$\phi = \frac{(1+\varepsilon)(2+NTU)}{2(1+\varepsilon)+(2\varepsilon+1)NTU} = g(\varepsilon,NTU) \tag{8-59}$$

可见，换热保证率与污水流量及水温无关，而仅与污水内漏率及换热器的 NTU 有关。一般而言，污水源处水温冬季为 8～17℃，传热单元数 NTU 取值为 1.2～1.8 之间。表 8-3 列出了在 $t_e=3℃$、$NTU=1.5$ 的条件下，混水后换热器进口温度与污水源温度和内漏率的关系。可见当内漏率小于 20% 时，防阻机混水导致的机组蒸发器污水进口温降小于 1.75℃。

$t_e=3℃$、$NTU=1.5$，混水后温度 t_1'　　　　　　表 8-3

ε ＼ t_0'	8	9	10	11	12	13	14	15	16	17
0.05	7.817	8.780	9.744	10.707	11.670	12.634	13.597	14.560	15.524	16.487
0.10	7.654	8.584	9.515	10.446	11.377	12.307	13.238	14.169	15.100	16.030
0.15	7.507	8.409	9.310	10.212	11.113	12.015	12.916	13.818	14.719	15.621
0.20	7.376	8.251	9.126	10.001	10.876	11.751	12.626	13.502	14.377	15.252

续表

ε \ t_0'	8	9	10	11	12	13	14	15	16	17
0.25	7.256	8.108	8.959	9.810	10.662	11.513	12.364	13.215	14.067	14.918
0.30	7.148	7.978	8.807	9.637	10.467	11.296	12.126	12.956	13.785	14.615
0.35	7.049	7.859	8.669	9.479	10.289	11.099	11.908	12.718	13.528	14.338
0.40	6.959	7.751	8.542	9.334	10.126	10.918	11.709	12.501	13.293	14.085
0.45	6.876	7.651	8.426	9.201	9.976	10.751	11.527	12.302	13.077	13.852
0.50	6.799	7.559	8.319	9.079	9.839	10.599	11.358	12.118	12.878	13.638

图 8-18 和图 8-19 分别列出了在 $t_e = 3℃$ 时换热保证率 ϕ 随各参数的变化情况。由图 8-18 可以看出，在 $t_0' = 12℃$、$t_e = 3℃$、$NTU = 1.5$ 时，换热保证率 ϕ 随着内漏率 ε 的增大而减小，当内漏率小于 20% 时，防阻机能够保证换热器 96.5% 左右的换热量，也就是说内漏混水并没有严重导致换热器换热量下降。由图 8-19 可以看出，换热保证率随 NTU 的变化并不明显。因此，只要控制好防阻机的内漏率不大于 20%，就能保证换热器换热量在 95% 以上。

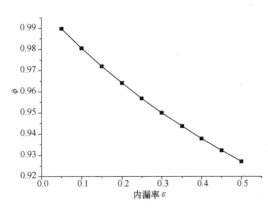

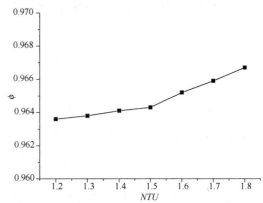

图 8-18 $NTU = 1.5$ 时，换热保证率 ϕ 与
内漏率 ε 的关系

图 8-19 $\varepsilon = 20\%$ 时，换热保证率 ϕ 与
NTU 的关系

8.3.5   考虑混水后的系统设计

如 8.3.3 节、8.3.4 节所述，当防阻机的反冲比控制在 1/4 以上时（一般为 1/3），防阻机的内漏率小于 20%，从而可以保证换热器的换热量在 95% 以上。为了避免外漏，一级、二级污水泵的流量和扬程按如下方法确定。

考虑混水后防阻机和一级污水泵的流量按下式计算

$$Q_1 = \frac{\xi \Phi}{\rho c_w (t_0' - t_0'')} \tag{8-60}$$

式中 Φ ——污水设计换热量，kW；

ξ——考虑混水后的换热量扩容因子，为换热保证率 ϕ 的倒数，根据上述结果可取为 $1.05\sim1.1$；

t'_0——设计污水源温度，℃；

t''_0——设计污水排水温度，℃。

一级污水泵扬程按污水一级管路阻力确定。二级污水泵的选型流量按 $(1+\varepsilon)Q_1$ 确定，扬程由式（8-45）计算，其中内漏率根据上述结果可取为 $0.15\sim0.2$。

污水换热器的设计参数按如下方法确定：设计污水流量为 $(1+\varepsilon)Q_1$，污水出口温度为 t''_0，污水进口温度为：

$$t'_1 = t'_0 \frac{1}{1+\varepsilon} + t''_0 \frac{1}{1+\varepsilon} \tag{8-61}$$

污水换热器的中介水设计流量为 Q_1，设计进口温度 t'_2，设计出口温度为 $t''_2 = t'_2 + t'_0 - t''_0$。

8.4　水力再生防阻机设计

8.4.1　水力再生防阻机的设计参数

通过上述研究，总结提出以下防阻机滤面设计与评价指标：

（1）滤孔直径 d：用于衡量过滤污物的尺度，滤孔直径越小，则进入后续换热器的污水相对越清洁，换热器的运行安全性越高。

（2）缠绕长度 L_c：用于衡量滤面抵抗纤维类污物堵塞的能力，缠绕长度越大，则反冲再生效果越好，能够延缓反冲效率的减小。

（3）孔边距 W：滤孔孔边的最小间距，对于等边三角形滤孔布置方式，孔边距等于滤孔孔心距减去滤孔直径。

（4）滤孔厚度 H：也即滤筒的厚度。滤孔厚度越厚，强度越大。孔边距与滤孔厚度之和即为缠绕长度。

（5）孔板面积比 S_0：清洁状态下滤面过流面积与滤筒侧面积之比，与孔边距 W 和滤孔直径 d 密切相关。

（6）过滤面积比 γ：过滤区面积与反冲区面积之比。有时也可用反冲比 φ 来表示，二者互为倒数。

（7）滤筒直径 D_T：滤筒直径将关系到整个防阻机的外筒直径和占地面积。

（8）滤筒高度 H_T：滤筒高度将关系到整个防阻机的高度和安装时对机房层高的要求。

（9）过滤区过流面积 A_{ft}：清洁状态下，过滤区的所有滤孔面积之和，表征防阻机的处理能力。

（10）滤孔个数 N：整个滤筒的滤孔总个数，直接关系到防阻机的制造加工工作量。

（11）滤面平均未堵塞系数 ξ：用于表征整个滤面沿角度分布逐渐堵塞后，过流面积的减小程度。

(12) 反冲效率 η：用于表征运行一段时间之后，由于纤维类污物的缠绕堵塞，滤面反冲再生能力的下降程度。与滤孔的缠绕长度密切相关，缠绕长度越大，反冲效率随时间衰退的越慢。

(13) 清理周期 T_c：防阻机由于纤维类污物堵塞后，反冲效率下降，过流能力减小。过流能力降低为初始流量的 70% 所累计运行的时间。

(14) 滤筒转速 n：滤筒转速关系到滤面的再生周期和再生效果，以及影响运行电耗和稳定性，一般转速在 $6\sim10\mathrm{r/min}$。

(15) 过滤流速 u_f：滤孔内的污水流速，关系到防阻机的处理能力和运行阻力。反冲区的流速则为 γu_f。

(16) 处理流量 $\overline{V}$：经过过滤处理后的提供给换热器的污水量，是工程设计中防阻机选型参数。

(17) 内隔板缝隙 δ：内隔板缝隙直接关系到防阻机的内漏混水量，是必须严格控制的参数，与加工制造能力和精度密切相关。

(18) 内漏率 ε：用于表征反冲区利用后的污水泄漏至过滤区的程度，主要与内隔板的缝隙、滤筒总过流面积及反冲比有关。

(19) 混水率 β：混水率与内漏率等价，即 $\beta=\dfrac{\varepsilon}{1+\varepsilon}$，可直观表征混水的程度。

(20) 换热保证率 ϕ：用于表征防阻机产生内漏之后，仍可为后续换热设备提供的换热量，可用于间接衡量防阻机内漏造成的换热损失。换热保证率与反冲比密切相关。

(21) 流动阻力 ΔP：过滤阻力与反冲阻力之和，系统设计时，进出水管的局部阻力归结到管路阻力中。流动阻力用于工程设计时防阻机的选型。

8.4.2　水力再生防阻机的控制方程

8.4.1 节中的设计与评价指标用于防阻机的设计与选型时，各参数存在以下关系：

(1) 正三角形滤孔布置

$$S_0=\frac{\pi}{2\sqrt{3}}\left(\frac{d}{W+d}\right)^2$$

(2) $\gamma=\alpha/\beta$（α 与 β 分别为过滤区和反冲区所占的角度空间）；

(3) $A_{ft}=\pi D_T H_T\cdot\gamma\cdot S_0$；

(4) $N=4S_0\cdot\dfrac{D_T H_T}{d^2}$；

(5) $\overline{V}=\pi D_T H_T\cdot\dfrac{\gamma}{1+\gamma}\cdot S_0\cdot\xi\cdot\eta\cdot u_f$；

(6) $\xi=\dfrac{\overline{S}}{S_0}=\dfrac{1-e^{-2B\alpha}}{2B\alpha}$（该参数一般根据工程实践经验取值）；

(7) $\eta=\left(\dfrac{d-2\delta_{2\pi}}{d}\right)^2$（该参数一般根据工程实践经验取值）；

$$(8)\ \varepsilon = \frac{\pi D_T H_T}{[2H_T + \gamma\pi D_T/(1+\gamma)]\delta}\sqrt{(1+\varphi)^2 + \left(1+\frac{1}{\varphi}\right)^2}\ (\delta 为内隔板与滤筒之间的$$

缝隙）；

$$(9)\ \phi = \frac{(1+\varepsilon)(2+NTU)}{2(1+\varepsilon)+(2\varepsilon+1)NTU}\ (NTU 为污水蒸发器或冷凝器对污水的传热单$$

元数）；

$$(10)\ \Delta P = \frac{\rho\zeta}{2(A_{\mathrm{ft}}\xi\eta)^2}(1+\gamma^2)\overline{V}^2 。$$

采用上述指标体系和公式进行防阻机设计时的步骤如下：

（1）首先给定防阻机的性能参数：处理流量 $\overline{V}$、过滤流速 u_{f}，以及基本的结构参数：滤孔直径 d、缠绕长度 L_c、孔边距 W、滤孔厚度 H、内隔板缝隙 δ、过滤面积比 γ。再根据工程实践和经验确定性能参数：滤面平均未堵塞系数 ξ、反冲效率 η、滤筒转速 n。

（2）其次计算中间参数：孔板面积比 S_0、过滤区过流面积 A_{ft}、内漏率 ε 或者混水率 β、滤孔个数 N。

（3）最终得到防阻机的结构参数：滤筒直径 D_T、滤筒高度 H_T，以及性能参数：换热保证率 ϕ（需结合换热器的 NTU）、流动阻力 ΔP。

工程设计中进行防阻机的选型的三个指标是：处理流量 $\overline{V}$、滤孔直径 d 和流动阻力 ΔP。选型过程中，还可以把缠绕长度 L_c、内漏率 ε、换热保证率 ϕ、清理周期 T_c 作为辅助考核指标。

8.4.3　水力再生防阻机的设计实例

滤面水力连续再生装置的设计主要是在确定了污水处理流量 $\dot{V}$ 和工况参数 σ_m、C_w 的条件下，根据式（8-21）或式（8-22）来确定装置的单位角度滤面面积 A_θ（即直径 R 和筒长 L）和阻力。由于滤面网眼太小，在 4mm 厚的平板（或筒壁）上打钻几十万个网眼难度非常大，目前的做法是先在平板（或筒壁）上钻直径 30mm 的大孔形成骨架，再在骨架上绑架 4mm 甚至更小网眼的不锈钢薄板钢网，因此总的截面系数为骨架和钢网的截面系数的乘积。由于摩擦力矩是直径的二次方函数，为了减少磨损和能耗，滤面直径不宜太大，在保证加工简单、外形美观的前提下，圆筒式装置的直径一般与其长度相同，即 $D=L$。

举例说明滤面水力连续再生装置的设计过程如下：

（1）已知设备要求处理能力 200m³/h（0.0556m³/s），粗效去除 2mm 以上污物，污水中 >2mm 污物浓度 $C_w=1.7$kg/m³，滤面失效污物密度 $\sigma_m=1.5$kg/m²。

（2）设计骨架孔眼直径 30mm，孔心距 36mm（由骨架强度决定），截面系数 $\mu_1=0.63$；钢网网眼直径 2.0mm，孔心距 3.0mm（由过滤要求决定），局部阻力系数 $\zeta=3.5$，截面系数 $\mu_2=0.403$。滤面总的截面系数 $\mu=\mu_1\mu_2=0.254$。

（3）过滤区与再生区面积比为 3∶1，即 $\alpha=3\pi/2$。过滤流速 $u=0.8$m/s，反冲流速 u'

$=2.4\mathrm{m/s}$，过滤阻力 $\Delta H_1=0.114\mathrm{mH_2O}$，反冲阻力 $\Delta H_1=1.029\mathrm{mH_2O}$，装置总阻力损失 $\Delta H=1.142\mathrm{mH_2O}$（可见过滤流速不宜过大，否则设备阻力太大），滤面转速 $n=20\mathrm{r/min}$。

（4）根据式（8-22）计算滤面平均堵塞系数 $\bar{\varphi}=0.5735$。根据式（8-23）计算单位角度滤面面积 $A_\theta=0.136\mathrm{m^2/rad}$。

（5）若采用圆板式，圆板直径为 $D_\mathrm{Y}=\sqrt{8A_\theta}=1.04\mathrm{m}$；若采用圆筒式，筒径 $D_\mathrm{T}=\sqrt{2A_\theta}=0.52\mathrm{m}$，考虑周边损耗，筒长 $L=0.6\mathrm{m}$。可见同样的工作条件下，圆板式结构不如圆筒式优越，圆板式装置直径太大，不便于安装施工，旋转能耗也大。

至此，装置的结构参数和性能参数都已基本确定，余下的任务就是机械设计了。

第 9 章

污水换热器

污水换热器是污水源热泵系统的重要组成部分。污水换热器的传热系数小或换热面积不足就会导致热泵主机工况恶化，效率低下，出力不足；换热器的承压能力不足，容易造成内部部件连接处大幅变形，应力集中，疲劳破坏，最终漏水混水；换热器防堵塞能力不好或阻力过大，就会增加系统的泵耗；换热器淤堵后，如果其结构设计没考虑方便的清理维护措施，将会造成运行维护的承重负担。实际上，污水换热器的造价约占整个热泵机房造价的 15%左右，不是主要的投资部分，但是却起着至关重要的作用。因此建议投资者不必在污水换热器方面吝啬节约，增加 20%的换热面积，也仅仅增加了 3%的总投资，在将来的运行过程中却能节省大笔费用。目前在工程应用中的换热器主要有壳管式换热器、宽流道平板式换热器、宽流道圆管式换热器。

9.1　污水换热器需满足的基本要求

污水参与的换热具有如下两个特点：

(1) 污水换热是低传热系数换热。由于污水水质特别，容易造成堵塞以及生成软垢，黏度大，相同条件下传热系数比清水小。

(2) 污水换热属于小温差换热。一般而言，冬季污水温度只有十多度，受冰点的限制，在这十度左右的区间内要分配污水温降、中介水温升、传热温差，必然导致污水的温降只有 3~4℃，传热温差也只有 3~4℃。

以上特点决定了污水换热器须满足如下基本要求：

(1) 污水中大量的悬浮固体污物的存在，要求污水换热器必须采用稍大的污水流通截面。即使前端有防阻机等粗效过滤措施，仍然无法保证毛发纤维等污物进入换热器。污物的堵塞是一个不可逆的累积过程，稍大的流通截面能够简单、有效地延缓这一过程。目前防阻机还无法做到串联多级过滤，可以简单串联多级过滤的防堵塞技术和设备还需要进行相关的研究。

(2) 同样是由于污物和泥沙、油脂、有机物的存在，要求污水换热器必须采用平直光滑的流道，这一点对于强化传热是不利的。传统的流场扰动措施针对污水有两个缺点：一是容易拦截附着污物，造成堵塞且无法清理；二是沟壑凹槽处容易寄生软垢，不但填平了沟壑凹槽，而且会增加热阻，特别的，这些部位的软垢也更不易清理干净。

（3）小温差传热要求污水换热器的设计必须精细化，要求换热器的结构形式必须保证换热形式更加接近纯逆流状态，要求流程之间不能"窜水""短路"。多流程设计是接近纯逆流状态的常用手段，纯逆流也要求冷热两种流体的主流方向必须相逆。一般而言，也要求中介水的流程数与污水相同。在设计和加工时保证污水或中介水各自的流程之间不能"窜水""短路"，否则将严重减小传热温差和有效传热面积。

（4）由于无法绝对保证换热器不堵塞，而且还必须清除软垢，这就要求换热器在结构设计时考虑方便开启、安装和清理的各项措施，安全和效率是第一位的。污水换热器的体积一般都很大，端盖都很笨重，拆卸或安装的安全性必须足够重视（端盖伤人的事故在实际工程时有发生），将端盖分解或者大小相套是一种解决措施。

（5）一般而言，污水换热器的工作压力都不高，但是并不能由此就过于降低污水换热器的承压能力（特别是采用水路切换的高程建筑系统）。承压能力差就容易导致变形，频繁的变形和应力集中必然导致焊接部位开裂，造成漏水、污水与中介水混合等严重问题。

（6）污水对金属具有腐蚀性，因此污水换热器应该有一定的抗腐蚀或防腐蚀能力，或者在经济合理的前提下有合理的使用寿命。这要求污水换热器要有一定的壁厚，或者采用特殊的金属材质或特殊的表面处理方法。此外，焊接处金属材料发生化学变质后，是最容易被腐蚀的地方，这就要求污水换热器的焊接部位不宜过多，焊缝不能过长，焊接操作难度不能太大，否则难以保证焊接质量。

综上所述，污水换热器无法避免的存在如下特点：

（1）污水流道截面稍大，流道平直；

（2）金属壁较厚；

（3）单位体积的换热面积系数较小；

（4）污水源热泵工程所需的换热面积都比较大，体积和占地面积也较大。

9.2 污水换热器的热工设计

一般而言，换热器设计应追求使用较少的耗材、具有较小的体积、消耗较少的水泵用电来获得预期的换热效果。虽然上述要求相互矛盾，但人们对一般的换热器早已有了成熟的设计经验。而污水换热器要达到上述要求绝非易事，必须精确计算，才能避免耗材过多、体积过大或泵耗过高，才能在各项指标中找到一个最佳，至少较佳的平衡点。与耗材、体积、泵耗这三大指标相关的参数不仅有结构参数，诸如管径、管长、管间距、管程数等，也有运行参数，诸如流速、流量、压降、各节点进出口温度、换热量等。

本节所述的污水换热器的设计方法，主要针对"中介水与污水流量相等"的间接式污水源热泵系统中的壳管式换热器。污水换热系统的温度分布与符号如图 9-1 所示。

对于大多数污水源热泵系统的换热设计：

已知条件：污水进口温度 t_{wi}、换热量 Q、换热管内直径 d；

中间参数：沿程阻力系数 f、传热系数 K、沿程阻力 ΔH_f、流速 u、平均传热温差

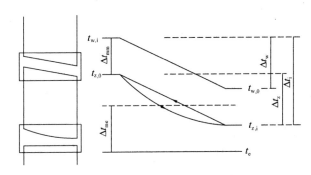

图 9-1 间接式污水换热系统的温度分布

Δt_{mm}、污水温降 Δt_w；

待求目标：污水流量 V，即污水出口温度 t_{wo}；换热面积 A，即换热管流程长度 L 和单程根数 N；结构参数：管程数 n_p 和换热器直径 D 等。

9.2.1 污水换热器的传热能力

研究污水换热器的传热能力，需要计算如下参数：

1. 管内污水侧换热系数

机组换热器内，污水在管内紊流流动，由实验可得污水在管内受迫紊流换热准则关联式为：

$$\frac{h_w d_i}{\lambda_w} = Nu_w = 0.0158 Re_w^{0.86} Pr_w^{0.34} \tag{9-1}$$

所以管内污水侧对流换热系数为：

$$h_w = 0.0158 \frac{\lambda_w}{d_i} Re_w^{0.86} Pr_w^{0.34} \tag{9-2}$$

式中　λ_w ——污水的导热系数，W/(m·K)；

d_i ——换热管内径，m；

Re_w ——污水侧雷诺数，$Re_w = \frac{u_w^{1.08} d_i^{0.92}}{\nu_w}$；

u_w ——管内污水流速，m/s；

ν_w ——污水的运动黏度，m²/s；

Pr_w ——污水侧普朗特数，$Pr_w = \frac{c_{p,w} \mu_w d_i^{0.08}}{\lambda_w u^{0.08}}$；

$c_{p,w}$ ——污水的定压比热，kJ/(kg·℃)；

μ_w ——污水的动力黏度，N·S/m²。

2. 管内清水侧对流换热系数

管内清水侧对流换热系数的计算取适用范围较宽（$4000 < Re < 10^6$）的 Gnielinski 关系式：

$$Nu = \frac{h_q d_i}{\lambda_q} = C_i \frac{(f/8)(Re_q - 1000)Pr_q}{1 + 12.7(f/8)^{0.5}(Pr_q^{2/3} - 1)} \tag{9-3}$$

所以管内清水侧对流换热系数为：

$$h_q = C_i \frac{\lambda_q}{d_i} \frac{(f/8)(Re_q - 1000)Pr_q}{1 + 12.7(f/8)^{0.5}(Pr_q^{2/3} - 1)} \tag{9-4}$$

式中　λ_q ——管内清水的导热系数，$W/(m \cdot K)$；

　　　d_i ——换热管内径，m；

　　　Re_q ——管内清水的雷诺数；

　　　Pr_q ——管内清水的普朗特数；

　　　f ——摩擦因子，$f = (0.79 \ln Re_w - 1.64)^{-2}$；

　　　C_i ——系数，取决于管内表面强化状况，对于普通光管，$C_i = 1$；对于一般高效传
　　　　　　热强化管 $C_i = 3.08$。

　　一般也可用管壳换热系数比系数来简化计算和分析。管壳换热系数比系数 ε，即壳程清水侧的对流表面传热系数是管程污水侧对流表面传热系数的倍数，若污水侧对流换热系数是 h_w，则清水侧对流换热系数为 εh_w。清水侧可通过管间距、纵横折流板间距来调整清水侧流速并保证 ε 值的实现。

　　3. 管束外蒸发时的换热系数 $h_{r,e}$

　　蒸发时管束外的换热系数为池沸腾换热系数与单液相对流换热系数之和。池沸腾换热系数 h_{nbp} 根据管型和制冷剂种类的不同进行具体计算。

　　h_{nbp} 的计算式为：

$$h_{nbp} = AU_e^B \tag{9-5}$$

式中　U_e ——蒸发器的热流密度，W/m^2；

　　　A, B ——常数，与蒸发管型和制冷剂种类决定，例如对于 R22 和高效蒸发管，取 $A = 296.57$，$B = 0.397$。

　　考虑到对流换热对整个管束外换热系数的影响，计算时取

$$h_{r,e} = \alpha \times h_{nbp} \tag{9-6}$$

式中　α ——修正系数，对于一般高效传热管，$\alpha = 1.1$。

　　4. 管束外冷凝时的换热系数

　　冷凝器内制冷剂侧的换热为膜状冷凝，其传热系数经验公式为：

$$h_{r,c} = 0.725 \left(\frac{\lambda^3 \rho^2 gr}{\mu d_0 \Delta t} \right)^{1/4} \varepsilon_f \varepsilon_z \tag{9-7}$$

式中　d_0 ——定性尺寸，换热管外径，m；

　　　Δt ——冷凝温度与壁面温度之差，℃；壁面温度即为冷却水进口温度；

　　　λ ——制冷剂的导热系数，$W/(m \cdot K)$；

　　　ρ ——制冷剂的液体密度，kg/m^3；

　　　r ——制冷剂的比潜热，J/kg；

　　　μ ——制冷剂的动力黏度，$N \cdot s/m^2$；

　　　g ——重力加速度，m/s^2；

ε_f ——强化管修正系数，可根据不同的强化程度取值，对一般高效冷凝管，取 $\varepsilon_f=8.2$；

ε_z ——管束修正系数，$\varepsilon_z=Z^{-1/6}$；顺排时 Z 取垂直方向的排数；当正三角叉排时，可近似取 $Z=0.6N^{0.5}$，N 为管子总数。

对于高效蒸发冷凝兼用管，蒸发时，$h'_{r,e}=\zeta h'_{r,e}$；冷凝时，$h'_{r,e}=\xi h_{r,e}$；式中，系数 ζ、ξ 可近似取 0.8。

5. 污垢热阻

管内为污水流动时，由实验结论可知，当污垢在涂纳米层的铜管内以某流速达到渐近稳定时，污垢热阻与管内流速的关系式为：

$$R_{f,w}=9.67u_w^{-0.22}\times10^{-5} \tag{9-8}$$

式中　$R_{r,w}$ ——管内污水侧的污垢热阻，$(m^2\cdot K)/W$；

u_w ——管内污水流速，m/s。

管内为清水时，管内污垢热阻取值为：$R_{f,q}=7.2\times10^{-5}$ $(m^2\cdot K)/W$。

一般也可以用污垢热阻放大系数 φ 来简化计算。污垢热阻放大系数 φ，即换热器总传热热阻，是清污两侧对流总热阻的倍数，它是污水流速的函数，一般可视为常数。

6. 换热器总传热系数

在管内水侧和管外制冷剂侧换热系数的基础上，结合污垢热阻（忽略管壁热阻），便可求得换热器的总传热系数为：

$$K=\frac{1}{A\left(\frac{1}{h_iA_i}+\frac{R_f}{A_i}+\frac{R_w}{A_w}+\frac{1}{A_oh_o}\right)} \tag{9-9}$$

式中　K ——换热器的总传热系数，$W/(m^2\cdot K)$；

h_i，h_o ——管内外的换热系数，$W/(m^2\cdot K)$；

R_f ——管内污垢热阻，$(m^2\cdot K)/W$；

R_w ——管壁热阻，$(m^2\cdot K)/W$；

A ——基于管子包络外径的管外换热面积，m^2；

A_i ——基于标准内径的管内换热面积，m^2；

A_o ——换热管管外总面积，m^2。

9.2.2　污水换热器的控制方程

要进行污水换热器的控制，需要先对换热器进行计算设计。换热器计算设计的基本方程如下：

（1）连续性方程

$$u=\frac{4V}{N\pi d^2}\quad\text{或者}\quad V=N\frac{\pi d^2}{4}u \tag{9-10}$$

（2）阻力方程

$$\Delta H=\left(\lambda\frac{L}{d}+\sum\zeta\right)\frac{u^2}{2g} \tag{9-11}$$

式中 ΔH ——换热器内沿程阻力，m；

$\quad\quad\quad$ λ ——冷媒水的沿程阻力系数；对于污水，由实验结论可知 $\lambda = 0.276(Re)^{-0.238}$；

$\quad\quad\quad$ 对于清水，$\lambda = \left[2 \times \lg\left(\dfrac{d}{k_s}\right) + 1.74 \right]^{-2}$；

$\quad\quad\quad$ k_s ——管壁绝对粗糙度，对于铜管，$k_s = 0.005mm$；

$\quad\quad\quad$ L ——换热器内单管串联总长度，m；

$\quad\quad\quad$ d ——换热器内管管径，m；

$\quad\quad\quad$ u ——换热管内冷媒水流速，m/s；

$\quad\quad$ $\sum \zeta$ ——各局部阻力系数之和，$\sum \zeta = 2 + 2.5Z$，Z 为设计管程数。

为了计算和分析的简便，沿程阻力系数采用紊流粗糙区的希弗林松公式计算，则沿程阻力为：

$$\Delta H_f = 0.11 \left(\frac{\sigma}{d}\right)^{0.25} \cdot \frac{L}{d} \cdot \frac{u^2}{2g} \tag{9-12}$$

即：

$$\Delta H_f = \Pi L u^2 \tag{9-13}$$

式中，$\Pi = 0.0055 \times \dfrac{\sigma^{0.25}}{d^{1.25}}$，主要与管径 d 有关。σ 表示换热管内壁当量粗糙度，考虑软垢的影响一般可取为 1mm。

（3）流量-热量方程

$$Q = \rho c V \Delta t_w \tag{9-14}$$

（4）换热量方程

$$Q = A K \Delta t_m \tag{9-15}$$

式中 Q ——换热器的设计换热量，W；

$\quad\quad\quad$ A ——换热器总换热面积，m^2；

$\quad\quad$ Δt_m ——换热器对数平均温差，℃。

（5）换热性能方程

研究换热性能时，采用当量黏度的概念，将污水视为新的牛顿流体。在引入黏度比系数 k、管壳换热系数比系数 ε 和污垢热阻放大系数 φ 之后，应用迪图斯-贝尔特公式，则换热器总传热系数：

$$K = \frac{1}{\varphi\left(\dfrac{1}{h_w} + \dfrac{1}{\varepsilon h_w}\right)} = \frac{0.023\varepsilon}{\varphi(1+\varepsilon)} \cdot \frac{\lambda Pr^{0.3}}{dk^{0.5}} \cdot \left(\frac{ud}{\nu}\right)^{0.8} \tag{9-16}$$

式中，k 为黏度比系数，即污水当量黏度是同温条件下清水黏度的倍数，若清水黏度是 ν，则污水黏度是 $k\nu$。

单根换热管或换热器的传热单元数 NTU 为：

$$NTU_m = \frac{KA}{\rho c V} = \frac{0.092\varepsilon}{\varphi(1+\varepsilon)d^{1.2}} \cdot \frac{a^{0.2}}{k^{0.5} Pr^{0.5}} \cdot \frac{L}{u^{0.2}} \tag{9-17}$$

即：

$$NTU_m = \Theta L u^{-0.2} \tag{9-18}$$

式中, $\Theta = \dfrac{0.092\varepsilon}{\varphi(1+\varepsilon)d^{1.2}} \cdot \dfrac{a^{0.2}}{(kPr)^{0.5}}$, 除物性参数外仅与管径 d 有关。

考虑 (9-13) 式, NTU_m 也可以写成如下形式

$$NTU_m = \frac{\Theta}{\Pi} \cdot \frac{\Delta H_f}{u^{2.2}} = \Theta\Big(\frac{\Pi}{\Delta H_f}\Big)^{0.1} L^{1.1} \tag{9-19}$$

传热单元数与温差的关系:

$$NTU_m = \frac{\Delta t_w}{\Delta t_{mm}} \tag{9-20}$$

$$\Delta t_{mm} = t_{wi} - t_{zo} = t_{wo} - t_{zi} \tag{9-21}$$

$$\Delta t_i = t_{wi} - t_{zi} = \Delta t_w + t_{mm} \tag{9-22}$$

(6) 换热面积

$$A = \pi d N L \tag{9-23}$$

9.2.3　污水换热器设计方法与步骤

进行污水换热器的计算, 除了换热量和污水进口温度的工程条件限制外, 还受一些技术条件的限制, 不同的技术限制条件的组合需采用不同的换热器计算方法。污水换热器的基本计算步骤有: 确定合适的技术限制条件组合; 根据技术限制条件组合, 确定污水温降 Δt_w; 计算所需污水流量 V; 计算换热管流程长度 L; 计算换热管单程根数 N; 改变技术条件中某一条件的数值, 得到一系列换热器数据, 根据性能比较从中选择合适的换热器参数, 并确定结构参数。

1. 限定污水出口端差的设计

进行污水出口端差的设计时, 需要提前设定好污水换热器的污水出口温度与中介水出口温度的差值 Δt_o、蒸发温度 t_e、蒸发器平均传热温差 Δt_{me} 以及合适的沿程阻力 ΔH_f。

设定完成后, 不难发现:

$$\Delta t_{mm} = \Delta t_w + \Delta t_o \tag{9-24}$$

$$t_{wi} = \frac{2 - \exp(-\Delta t_w / \Delta t_{me})}{1 - \exp(-\Delta t_w / \Delta t_{me})}\Delta t_w + t_e + \Delta t_o \tag{9-25}$$

式 (9-25) 通过一个隐函数确定了污水利用温差与污水进口温度的一一对应关系。主要计算步骤如图 9-2 所示。

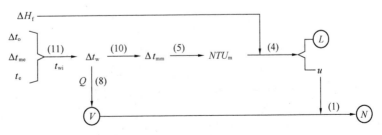

图 9-2　限定污水出口端差的换热器计算步骤

设计计算时, 一般按一定步长改变 Δt_o, 从而得到一组换热器数据, 并从中择优选取。

2. 限定中介水温度的设计

进行中介水温度的设计时，需要提前设定好中介水的进口温度 t_{zi}、污水流速 u、合适的沿程阻力 ΔH_f。

结合式（9-20）、式（9-21）、式（9-22）三式，可得到：

$$\Delta t_w = \frac{NTU_m}{1 + NTU_m}(t_{wi} - t_{zi}) \tag{9-26}$$

式（9-26）通过一个显函数确定了污水利用温差与污水进口温度的一一对应关系。主要计算步骤如图 9-3 所示。

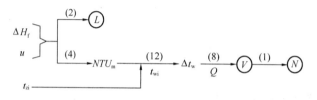

图 9-3　限定中介水温度的换热器计算步骤

设计计算时，一般按一定步长改变流速 u，从而得到一组换热器数据，并从中择优选取。

3. 限定传热单元数的设计

进行传热单元数的设计时，需要提前设定好蒸发温度 t_e、蒸发器的 NTU_e、污水流速 u 以及合适的沿程阻力 ΔH_f。

通过式（9-20）、式（9-21）推导容易得到：

$$\frac{\Delta t_w}{t_{wi} - \dfrac{\Delta t_w}{NTU_m} - t_e} = 1 - \exp(-NTU_e) \tag{9-27}$$

$$\Delta t_w = \frac{1 - \exp(-NTU_e)}{1 - \exp(-NTU_e) + NTU_m}(t_{wi} - t_e) \tag{9-28}$$

式（9-28）通过一个显函数确定了污水利用温差与污水进口温度的一一对应关系。主要计算步骤如图 9-4 所示。

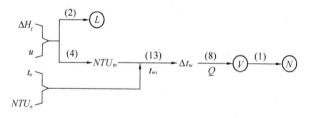

图 9-4　限定传热单元数的换热器计算步骤

4. 限定平均传热温差的设计

进行平均传热温差的设计时，需要提前设定好蒸发温度 t_e、蒸发器的平均传热温差 Δt_{me}、污水流速 u 以及合适的沿程阻力 ΔH_f。

根据式（9-20）、式（9-28）容易得到：

$$\Delta t_{\mathrm{w}} = \frac{1 - \exp\left(-\dfrac{\Delta t_{\mathrm{w}}}{\Delta t_{\mathrm{me}}}\right)}{NTU_{\mathrm{m}} + 1 - \exp\left(-\dfrac{\Delta t_{\mathrm{w}}}{\Delta t_{\mathrm{me}}}\right)}(t_{\mathrm{wi}} - t_{\mathrm{e}}) \tag{9-29}$$

式（9-29）通过一个隐函数确定了污水利用温差与污水进口温度的一一对应关系。主要计算步骤如图 9-5 所示。

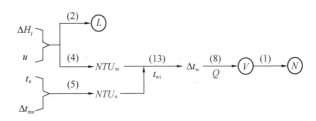

图 9-5 限定传热温差的换热器计算步骤

上述计算方法也适用于宽流道全焊接板式换热器的设计计算。设宽流道板式换热器的板间距 δ，板宽 w，则宽流道的当量直径 $d_{\mathrm{e}} = 2\delta w/(w+\delta) \approx 2\delta$。分析将会发现板宽 w 对换热面积 A 和单程长 L 几乎没有影响（因为当量直径 $d_{\mathrm{e}} \approx 2\delta$，与 w 无关）。但是由于当量直径约增大了 4～6 倍，这将导致流程长度增加 5～10 倍。宽流道全焊接板式换热器的最大弊病在于承压能力极低（0.1～0.2MPa），焊缝处极易开裂漏水，相同水温条件下，相同换热量的宽流道全焊接板式换热器的制造成本要比壳管式换热器高 2～3 倍。

9.3 换热器的结构设计

壳管式换热器按其结构可分为固定管板式、U 形管式、浮头式等。在相同的壳体直径内，与其他几种形式相比，固定管板式排管最多，且整个换热器结构简单紧凑，因此在实际应用中，壳管式换热器大多采用固定管板式，两端的管板可以直接焊接在壳体上并延伸到壳体周围之外作为法兰，管板分为方形和圆形，但其管排设计方法是相同的。本节以圆形固定管板式为例进行管排设计。

管排设计的步骤为：

（1）确定换热管管型及管子排列方式

换热管在管板上的排列常见有两种情况：等边三角形排列（正六角形排列）和正方形排列，如图 9-6 所示。相对于正方形排列，等边三角形布管比较紧凑，传热系数较高，便于管板划线和钻孔，本文将换热管布置成等边三角形排列。

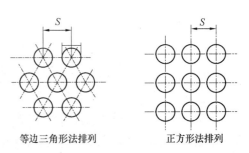

图 9-6 换热管的两种排列方式

（2）确定换热管基管尺寸

针对内切换污水源热泵机组，污水换热器中的换热管管内为污水流动，污水流动的特殊性决定了换热管管内无法采用任何强化措施，为光滑内壁；清水换热器管内可采取加肋或内螺纹等措施强化换热。换热器换热管管外都采取蒸发冷凝兼顾强化措施；外切换机组蒸发器和冷凝器的换热管内都会走污水，管内为光滑内壁，管外则根据蒸发冷凝的不同作用，分别采取有利于蒸发和冷凝的强化措施。

（3）根据热力计算结果，计算出每流程所需流通面积

$$A_c = \frac{V}{36000u} \tag{9-30}$$

式中 V ——冷媒水流量，m^3/h；

u ——换热管内冷媒水流速，m/s；计算时根据经验给定。

（4）计算每流程所需管子数

$$N = \frac{4A_c}{\pi d_i^2} \tag{9-31}$$

（5）计算所需换热管总数

$$N' = NZ \tag{9-32}$$

式中 Z ——管程数，计算时初步给定，一般取偶数，可根据换热管计算长度及换热器布置区域大小进行调整。

（6）计算换热管长度

$$l = \frac{A}{\pi d_o N'} \tag{9-33}$$

式中 l ——单根换热管长度，m；推荐值为：1.5、2.0、2.5、3.0、4.5、6.0、7.5、9.0、12.0等，计算时结合推荐值和换热器布置区域大小，取一长度值后重新校核换热面积。

（7）计算管心距 s

换热器管子的排列间距由 $s/d_o = 1.5$ 确定。

（8）计算壳体内壁至管板上最外层换热管外表面的距离 e

$$e = (1 \sim 1.5)d_o - 0.5d_o \tag{9-34}$$

（9）计算壳体内径

壳管式换热器的管板上均匀布满换热管，六边形对角线上的管子数 $N'_c = 1.1\sqrt{N'}$；管板上换热管管束最大直径 $D'_{max} = (N'_c - 1)s + d_o$，因此壳体的内径为：

$$D'_i = D'_{max} + 2e \tag{9-35}$$

一般满液式蒸发器设计时，管板上最上层换热管中心高度约为壳体内径的2/3。考虑到该换热器同时满足蒸发和冷凝的需要，设计时取管板最上层换热管中心高度为壳体内径的3/4，管板最下层换热管中心高度为1/5的壳体内径。根据充注制冷剂的种类不同来控制壳体内制冷剂的液面高度。

（10）确定换热器壳体内径

根据热力计算和结构设计可知，若满足换热器的换热量，则管板上需要布置的换热管根数至少为 N' 根，因此壳体内径 $D_i > D_i'$。取 $D_i = \gamma D_i'$，γ 为比例系数，$\gamma = 1.1 \sim 1.2$，设计计算时该数值初步给定，换热管根数越多，γ 初步取值越大。

（11）计算换热器管板管束最大直径

$$D_{max} = D_i - 2e \tag{9-36}$$

（12）计算换热器管板中心线上管子数

$$N_c = \frac{D_{max} - d_o}{s} + 1 \tag{9-37}$$

（13）计算换热器管板上中心线以上半圆内管排数

$$H_1 = \frac{D_i}{2\sqrt{3}s} \tag{9-38}$$

（14）计算换热器管板上中心线以下半圆内管排数

$$H_2 = \frac{\sqrt{3}D_i}{5s} \tag{9-39}$$

（15）计算换热器管板上总的换热管数

$$N'' = N_c + N_c(H_1 + H_2) - \frac{(H_1 + 1)H_1}{2} - \frac{(H_2 + 1)H_2}{2} \tag{9-40}$$

将 N'' 与 N' 进行比较，必须满足 $N'' \geqslant N'$（考虑到换热器的体积，不宜过大），否则调整 γ 值以调整壳体内径 D_i 的大小。

9.4　污水换热器的数值模拟

污水源热泵内的换热器一般是壳管式换热器，污水和清水在换热管内流动，制冷剂在管外蒸发或冷凝。为了进行污水换热器的数值模拟，做以下假设：

（1）管内污水和清水的流动均为一维流动，且在换热管内的流速保持不变。

（2）管内冷却水或冷水在流程发生变化时，会在壳体的空腔内混合后，由相同状态进入到下一流程。

（3）满液式蒸发器内制冷剂以两相状态进入，以饱和蒸气状态离开；冷凝器内以过热气体状态进入，以饱和液体状态离开。

（4）不考虑管壁热阻，与管内外侧的换热热阻相比，管壁径向热阻很小，而管壁的轴向热阻对换热的影响非常小，均可忽略不计。

（5）忽略不凝气体及润滑油对流动和换热的影响。

9.4.1　分布参数模型与网格划分

污水满液式蒸发器中污水在换热管内流动，制冷剂在管外蒸发沸腾。由于污水换热的特殊性，为了保证换热效果，必须采用多管程的设计方法（一般设计为 4 管程）。蒸发器内制冷剂蒸气流速高，属于两相强制流动沸腾换热。由于管束紧靠壳体内径，不存在回流现象，制冷剂在壳侧属于单向流动，满液式蒸发器一般情况下需要采用浅管束设计以消除内静压对换热的影响。制冷剂干度从底排管向上逐渐增大，到顶排管时干度为 1，以饱和蒸气状态离开。

夏季污水源热泵机组运行正常后，经压缩机的过热制冷剂进入到污水冷凝器中，与管内污水换热，被冷却至饱和液体状态后离开冷凝器。根据制冷剂的状态可将其分为两个相区：过热区和两相区。与污水满液式蒸发器相同，换热器内污水温度沿轴向发生变化，制冷剂温度则沿管排方向发生变化。对于污水满液式蒸发器和污水冷凝器将沿换热管轴向和管排方向建立二维网格单元，对每个单元建立其流动和传热模型，计算分析换热器的换热性能。

图 9-7 中，(a) 图为污水满液式蒸发器网格剖分示意图，(b) 图为污水冷凝器的网格剖分示意图。沿轴向一个流程划分为 N_x 个网格，对于有 N_p 个流程、水平布置的换热器，管长方向总的网格数为 $N_p \times N_x$。沿管排方向划分为 N_t 个网格。因此，有 N_p 个流程，水平布置的换热器总的单元数为 $(N_p \times N_x) \times N_t$。图 9-7 中，$i$、$j$ 表示换热管轴向和管排方向的网格序号。

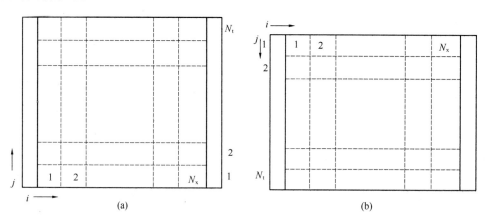

图 9-7   污水换热器微元划分示意图
(a) 污水满液式蒸发器；(b) 污水冷凝器

9.4.2   单元内的传热方程与压降方程

对于不同类型的单元，需要建立不同的传热方程和压降方程。接下来将就此进行讨论，给出相应的计算方程组。

(1) 对于污水满液式蒸发器模型内的任一微元，可以建立如下方程组：
污水侧流动换热方程：

$$Q_{ij,w} = m_{we} c_{pw} (t_{w,i} - t_{w,o}) \tag{9-41}$$

制冷剂侧流动换热方程：

$$Q_{ij,r} = m_r (h_o - h_i) \tag{9-42}$$

根据传热单元法，单元内热负荷为：

$$Q_{ij} = (m_{we}c_{pw})_w \varepsilon (t_{w,i} - t_{r,i}) \tag{9-43}$$

$$\varepsilon = 1 - e^{-NTU} \tag{9-44}$$

$$NTU = \frac{K_{ij}A_{ij}}{(m_{wc}c_{pw})_{cw}} \tag{9-45}$$

管内外换热量平衡方程：

$$Q_{ij,w} = Q_{ij,r} = Q_{ij} \tag{9-46}$$

式中　Q_{ij}——单元内热负荷，W；

$\qquad m_{we}$——管内污水的质量流量，kg/s；

$\qquad m_r$——单元内制冷剂的质量流量，kg/s；

$\quad h_i, h_o$——单元内制冷剂进出口处焓值，kJ/kg；

$\qquad c_{pw}$——管内污水的比热容，kJ/(kg·℃)；

$t_{w,i}, t_{w,o}$——单元内污水的进出口温度及管外制冷剂的入口温度，℃；

$\qquad t_{r,i}$——单元内管外制冷剂的入口温度，℃；

$\qquad \varepsilon$——单元换热器效能；

$\quad NTU$——传热单元数；

$\qquad A_{ij}$——单元内基于管子包络外径的管外换热面积，m²；

$\qquad K_{ij}$——单元内的总传热系数，W/(m²·K)。

（2）对于污水冷凝器模型内任一微元，可以建立如下方程组：

污水侧流动换热方程：

$$Q_{ij,w} = m_{we}c_{pw}(t_{w,o} - t_{w,i}) \tag{9-47}$$

制冷剂侧流动换热方程：

$$Q_{ij,r} = m_r(h_i - h_o) \tag{9-48}$$

两相区内制冷剂侧与污水侧的传热方程：

$$Q_{ij} = (m_{wc}c_{pw})_w \varepsilon (t_{r,i} - t_{w,i}) \tag{9-49}$$

$$\varepsilon = 1 - e^{-NTU} \tag{9-50}$$

$$NTU = \frac{K_{tp}A_{ij}}{(m_{wc}c_{pw})_{cw}} \tag{9-51}$$

过热区内制冷剂侧与污水侧的传热方程：

$$Q_{ij} = K_{sh}A_{ij}\Delta t_{sh} \tag{9-52}$$

管内外换热量平衡方程：

$$Q_{ij,w} = Q_{ij,r} = Q_{ij} \tag{9-53}$$

制冷剂在过热区的流动换热为外掠管束换热时，采用下式来计算其换热系数：

$$h_{r,sh} = \frac{\lambda_{r,sh}Nu_{sh}}{d_0} = 0.4\frac{\lambda_{r,sh}}{d_0}Re_{sh}^{0.6}Pr_{sh}^{0.36} \quad (1000 < Re_{sh} < 2 \times 10^6) \tag{9-54}$$

制冷剂在冷凝器两相区为冷凝换热时，其首排管冷凝换热系数：

$$h_{r,tp1} = 0.725\left(\frac{\lambda^3\rho^2 gr}{\mu d_0\Delta t}\right)^{1/4}\varepsilon_f \tag{9-55}$$

第 n 排管冷凝换热系数为：

$$h_{r,tpn} = h_{r,tp1}[n^{5/6} - (n-1)^{5/6}] \tag{9-56}$$

式中　　　Q_{ij} ——单元内热负荷，W；

m_{we} ——单元内管内污水的质量流量，kg/s；

m_r ——单元内制冷剂的质量流量，kg/s；

c_{pw} ——管内污水的比热容，kJ/(kg·℃)；

$t_{w,i}$、$t_{w,o}$、$t_{r,i}$ ——单元内污水的进出口温度及管外制冷剂的入口温度，℃；

ε ——单元换热器效能；

NTU ——传热单元数；

A_{ij} ——单元内基于管子包络外径的管外换热面积，m²；

K_{tp} ——两相区内单元的总传热系数，W/(m²·K)；

K_{sh} ——过热区内单元的总传热系数，W/(m²·K)；

Δt_{sh} ——过热区内每个单元的换热温差，℃；采用计算平均温差计算：

$$\Delta t_{sh} = \frac{(t_{r,i} - t_{w,o}) - (t_{r,o} - t_{w,i})}{\ln[(t_{r,i} - t_{w,o})/(t_{r,o} - t_{w,i})]} \tag{9-57}$$

（3）对污水蒸发器和污水冷凝器，两相压降均由摩擦压降 Δp_f、加速压降 Δp_a 和重力压降 Δp_g 组成：

$$\Delta p = \Delta p_f + \Delta p_a + \Delta p_g \tag{9-58}$$

下面将对三种压降的计算分别进行说明：

1）摩擦压降的计算公式为：

$$\Delta p_f = \Delta p_l \phi \tag{9-59}$$

$$\Delta p_l = 2f_p f_{sf} \rho_l u_l^2 H \tag{9-60}$$

$$f_p = b_1 \left(\frac{1.33}{P_t/d_0}\right)^{\frac{b_3}{1+0.14Re_l^{b_4}}} Re_l^{b_2} \tag{9-61}$$

式中　　Δp_l ——单液相摩擦压降，Pa；

f_p ——液相横掠光滑管束的摩擦因子；

f_{sf} ——摩擦修正因子，对于光管，$f_{sf} = 1$，对于强化管，$f_{sf} = 1.4$；

H ——单元内的管排数；

Re_l ——液相雷诺数。

对于三角形排列管束，式中系数 b_1、b_2、b_3、b_4 如表 9-1 所示。

系数 b_1、b_2、b_3、b_4 的取值　　　　　　　　　　　表 9-1

Re	b_1	b_2	b_3	b_4
$10^4 \sim 10^5$	0.372	−0.123	—	—
$10^3 \sim 10^4$	0.486	−0.152	—	—
$10^2 \sim 10^3$	4.570	−0.476	7.0	0.5
$10 \sim 10^2$	45.100	−0.973	—	—
$0 \sim 10$	48.000	−0.100	—	—

2）加速压降的计算公式为：

$$\Delta p_{a} = G^2\left[\frac{x^2}{\alpha\rho_{g}} + \frac{(1-x)^2}{(1-\alpha)\rho_{l}}\right] \tag{9-62}$$

$$\alpha = \alpha_{h}(1 + 0.36G^{-0.191}\ln x) \tag{9-63}$$

$$\alpha_{h} = 1\Big/\left(1 + \frac{1-x}{x}\frac{\rho_{g}}{\rho_{l}}\right) \tag{9-64}$$

式中　G——基于最小流通面积的两相质量流速，$kg/(m^2\cdot s)$；

　　α——气相空隙率；

　　α_{h}——均相流模型的气相空隙率。

3）重力压降的计算公式为：

$$\Delta p_{g} = [\alpha\rho_{g} + (1-\alpha)\rho_{l}]g\Delta z \tag{9-65}$$

式中　Δz——单元沿管排方向的高度，m。

9.4.3　换热器仿真模型求解方法

针对流程水平布置的满液式蒸发器，其模型计算的思路为：依据污水流向，逐个计算每个轴向单元；在同一轴向单元内，计算方向为从底排管开始，沿管排方向直至蒸发器的顶排管。计算的具体步骤为：

（1）输入已知条件：蒸发器结构参数、总管排数 H_t、流程数 N_p；污水的进口质量流量、温度；制冷剂入口压力、焓值 h_1 与干度 x_{in}。

（2）开始计算第 1 流程、污水进口端的第一个轴向单元（$i=1$，$j=1$ 时），假设该单元的制冷剂进口蒸发量为 $m_{r,i}$。

（3）假设该单元的制冷剂出口干度 x。计算单元内气相空隙率、制冷剂的压降和制冷剂出口温度、换热管的总传热系数、各单元污水的出口温度，并根据式（9-43）计算单元内的热负荷 Q_{ij}。

（4）由制冷剂出口温度与干度计算制冷剂的出口焓值 h_2，根据式（9-42）计算单元内热负荷 $Q_{ij,r}$。

（5）判断该单元热负荷是否收敛，若不收敛，则重复步骤 3，重新假定制冷剂出口干度；若收敛，则进行下一步。

（6）判断是否达到蒸发器顶排管束，若不收敛，则令 $j=j+1$，计算下一排管束，并重复步骤 3；若收敛，则进行下一步。

（7）判断该单元顶排管制冷剂出口干度是否为 1，若干度不为 1，则调整制冷剂的蒸发量，重复进行步骤 3，赋值 $j=1$，重新计算该轴向单元；若干度为 1，则进行下一步。

（8）判断是否已经计算完毕该流程的所有轴向单元，若还未全部计算完成，则赋 $i=i+1$，$j=1$，重复进行步骤 2，开始下一轴向单元的计算；若全部计算均已完成，则可求出流程污水的出口温度。

（9）判断所有流程是否已经计算完毕，若还未全部计算完成，则赋 $i=i+1$，$j=1$，重复进行步骤 2，计算下一个流程的下一个轴向单元；若全部计算均已完成，则输出结果。

污水蒸发器流程在进行上下布置时，其结构不同于水平布置情况，各个流程与每个轴向单元在管排方向上相互交错，故各轴向单元间相互影响，不方便确定各轴向单元制冷剂蒸发量情况。应先假设在轴向方向上制冷剂的蒸发量分布情况，然后按各流程顺序计算各个轴向单元。以 Marquart 算法整体调整制冷剂蒸发量沿轴向的分布，确保蒸发器顶排管上各处的制冷剂出口干度为 1。

9.5 污水换热器的对比与选型

9.5.1 污水换热器的对比分析

最早用于污水源热泵系统的换热器形式是壳管式换热器。为了抗腐蚀的经济性，采用 2.5～3mm 厚的普通无缝碳钢管作为换热管，实践证明，在无氧条件下，可以抗腐蚀使用 15 年左右。壳管式换热器的换热管直径主要与前端防阻机的过滤尺寸密切相关，需要科学确定，一般可取 20mm 左右，实际上可以做到 10mm。为了实现小温差纯逆流，还必须对换热器的流程和隔板进行特殊设计。图 9-8 是工程实际应用的壳管式换热器。在该换热器内，污水走平直溜圆的管程空间，干净的中介水走复杂的壳程空间。目前为止，壳管式污水换热器是最为成功的污水换热器。

图 9-8 壳管式污水换热器

后来有人认为板式换热器的传热系数非常高，就想简单地套用到污水换热中来，仅仅是加大了板间距（板间距 10mm）。对于清水与清水之间的换热，当两侧水的压差不是很大时，板式换热器有无可争议的优点。原因一是板薄，金属耗量小；二是板式换热器内部结构更致密，板上有波纹，加强扰动，因此传热系数高。

但对于污水换热，为了减轻堵塞与污染，必须将本来 1～2mm 的板间距扩大到 10～40mm，这时的板式换热器虽然仍是用"板"换热，但已经完全失去了传统板式换热器的优点，人们应对它重新评价。事实证明，传统板式换热器的简单改良是根本不可行的，因为污物极容易堵塞在流程入口处和凹槽鼓包处，换热器被污染、堵塞的现象很严重。图 9-9 是加大板间距的传统板式换热器应用于污水换热的结果。

图 9-9　板式换热器应用于污水换热

宽流道换热器，其基本思路就是加大污水流道的尺寸直至污物能够顺利通过，期望达到解决污物堵塞的难题。虽然违背换热器紧凑设计原则，但不失为一种污水防阻塞的解决办法。所谓宽流道换热器有两种形式，其一是宽流道平板式换热器，如图 9-10 所示；另一种是宽流道圆管式换热器，如图 9-11 所示。

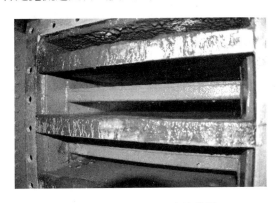

图 9-10　宽流道平板式换热器　　　　图 9-11　宽流道圆管式换热器

宽流道平板式换热器是一种全焊接式板式换热器，焊缝非常长，具有如下特点：① 换热面是平板，没有冲压的沟槽；② 平板之间的间距加大到 30～40mm；③ 将污水在流程转折处的进出口进行平直钝化设计。平板式换热器目前呈现的技术缺陷主要是传热效果差、承压能力差，破裂漏水风险高。

宽流道圆管式换热器实际上是一种采用大尺寸（80～100mm）换热管的壳管式换热器，只是将换热器做成方形，并将流程长度和流程数成倍增加。宽流道圆管式换热器依然无法解决传热效果差的难题，不满足换热器紧凑、高效和经济的要求。

壳管式污水换热器的换热管直径一般为 20mm，宽流道圆管式换热器的换热管直径一般为 80mm，宽流道平板式换热器的板间距一般为 30mm（水力直径为 60mm）。针对

1MW 换热量的三种换热器的关键结构参数和性能如表 9-2 所示。

针对 1MW 换热量的三种换热器数据对比　　　　　表 9-2

条件	Δt_w＝4℃，Δt_m＝4℃，相同流速：u＝1m/s							
换热器形式	A_e		L		V_e		ΔH	
	m²	倍数	m	倍数	m³	倍数	mH₂O	倍数
壳管式	435.5	1.0	36.6	1.0	4.8	1.0	4.86	1.0
宽流道平板式	542.5	1.25	136.7	3.73	17.9	3.73	4.60	0.95
宽流道圆管式	574.7	1.31	193.1	5.28	25.3	5.28	4.54	0.93

换热面积相同时，三种换热器的关键结构参数和性能如表 9-3 所示。

相同面积下三种换热器数据对比　　　　　表 9-3

条件	Δt_w＝4℃，Δt_m＝4℃，相同换热面积：435.5 m²							
换热器形式	u		L		V_e		ΔH	
	m/s	倍数	m	倍数	m³	倍数	mH₂O	倍数
壳管式	1.0	1.0	36.6	1.0	4.8	1.0	4.86	1.0
宽流道平板式	1.32	1.32	144.6	3.95	14.4	3	8.42	1.73
宽流道圆管式	1.41	1.41	207.2	5.66	19.2	4	9.72	2.0

通过上述数据对比可以看出，宽流道换热器的流程总长度和换热器体积要比壳管式换热器大 3～5 倍。流速相同的条件下，换热器阻力相差不大。在相同流速条件下，宽流道换热器比壳管式换热器所增加的换热器面积比例，要远小于相同换热面积条件下所增加的流动阻力和泵耗，因此在考虑经济性的前提下，建议采用增加换热面积而非流速的措施来达到换热要求。

9.5.2　污水换热器选型

污水换热器选型时，不建议将"阻力"和"传热系数"作为首要考核参数，因为对换热器而言，阻力与传热系数主要是由外部条件决定的，设计工况的流量、流速或者水质与规定工况不同时，阻力和传热系数就会不同。阻力和传热系数不是换热器的特性参数，或者说，阻力和传热系数更多的是由设计者或运行者决定，而不是由供应商决定。此外，阻力和换热系数不便于验收核实。因此，"阻力"和"传热系数"只可作为辅助的限制性参数。

可以将换热面积和单位面积的价格作为首要参考指标，因为换热面积是真正的换热器特征参数，不随工况而变，而且容易量测和验收。单位面积的价格就体现了该换热器的性价比。因此这两个因素可以作为污水换热器选型时的首要参考指标。

第 10 章

污水源热泵系统设计

污水源热泵系统基本上由污水取排系统、污水预处理系统、污水换热系统、热泵系统和用户末端系统构成。下面将对污水源热泵系统的各构成部分的设计方法和经验进行总结介绍。

10.1 污水取排系统

污水的顺畅取得及排放是工程成功的第一步，因此污水取排及污水泵房的设计与施工就突显出相当重要的作用。取排系统设计不当将带来两大严重问题：一是污水泵的气蚀破坏，通常污水泵都没有自吸能力，泵的吸入口一般要求非真空，这一特殊要求只能通过特殊设计来满足；二是取水量不足，其带来的后果就是供热量不足，末端设备冻坏，系统不稳定，热泵机组频繁启停等。

污水取排系统是热泵机组从污水取水口获得水资源，通过输送管线送至机房，经过利用后再送回排放的管道系统及附属设施，包括取水口、水泵、管线、过滤设备、排水口等。污水取排系统的设计，不仅关系到系统需水量的满足与系统的稳定可靠性，并且涉及市政、交通等方面的一系列规章制度，以及投资费用、控制管理与维护，因此污水取排系统应该根据项目的实际情况与工程需要对其进行合理的选择与设计。

10.1.1 取排水口的设置方式

工程水系统取水口和排水口的设计主要分为分列式、差位式和重叠式三种，不同的设置各有优劣，适用范围也不相同。其设计布置总的思路是尽量避免排水口出水直接进入取水口，利用取排水口的空间距离、水域的自然功能和水流动能特性带走使用过的系统排水，尽量减少冷热流道的掺混干扰，达到系统稳定安全取排水的目的，并减少排水对周围环境的负面影响。

取排水口的设置有如下几种方式：

1. 分列式

分列式取排水口的布置如图 10-1 所示，系统取水口和排水口在平面上要保持一个相当大的距离，目的是避免使用过的系统排水进入取水水域影响取水水质，这种设置方式称为"分列式"，在我国及世界各国，绝大部分电厂的水循环冷却系统都采用这种布局。其

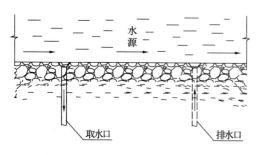

图 10-1　分列式取排水口布置平面图

特点是设计施工简便，适用范围广，可靠性高；通过增加取排水管道或渠道扩大取排口的横向距离，避免取排水的相互掺混影响。

2. 重叠式

即在排水口下面一定深度处布置取水口，取排水口的平面距离为零，它利用不同温度水体分层的现象，从底部抽取冷水，从表层排出温水，具体布置如图 10-2 所示。为了达到更安全的取水效果，可将取水口倾向上游，排水口倾向下游，这样的取排水口布置，称其为 Y 形取排水口布置，也属于重叠式的取排水口设计。重叠式取排水系统特点是：打破了排、取水口一定要有较大平面间距的传统观点，不但节省管道及渠道建设投资、方便管理，而且它的水力热力特性也优于分列式；但采用重叠式取排水口，需满足水域必须具备一定的水深和一定的容积等前提条件。

3. 差位式

指取排水口之间的距离主要在同一河道断面垂直水流方向的横间距，取水口在河道中间，排水口在岸边，或排水口在河道中间，取水口在岸边。这种方式把取排水口间距从水流方向的法向间距，转移到垂直水流方向的横向间距上来，如图 10-3 所示。其特点是：排水有去路，取水有来源；同时取排水管线可采用同一渠道，不但节省建设投资、方便管理，而且它的水力热力特性也优于分列式及重叠式。差位式运用的前提条件是，水域有较大的横向纵向空间。目前国内已有较多电厂的冷却水工程采用差位式布置。

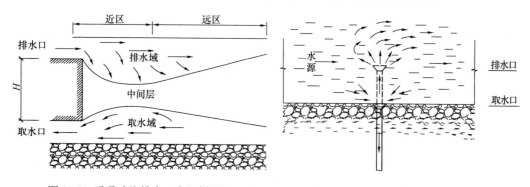

图 10-2　重叠式取排水口布置剖面图　　　　图 10-3　差位式取排水口布置平面图

在工程实际中，应根据实际水文地形条件，充分利用水域的自然功能和水流动能特性，因势利导，利用平面和立面差位，合理选择取排水口设置方式，达到取排水域互不掺混干扰及降低工程投资造价的目的。

当采用城市污水时，由于城市污水干渠宽度一般在 10m 以内，且水深不超过 1m，其横向空间、纵向空间都相对较小，因此在污水干渠中设置同垂直面的污水取排口，必然会造成排水与取水的掺混，降低取水冷热量，因而必须采用分列式的取排水口设置，充分考虑取水口与排水口之间的相互影响，选择合理的间距将取排水口设置在污水干渠同一连通水域的不同区域，以保证取排水域相互独立，互不掺混。

当采用江、河、湖、海水作为水源时，取排水域在纵向空间和横向空间都有较大的可利用范围，此时可以根据工程实际情况选择三种方式中最为合理的取排水口设置，以保证系统安全取水，减少工程投资运行费用；当取排水域在纵向空间上有较大的可利用范围时，应尽量考虑采用重叠式取排水口设置以减少工程管道渠道投资费用；当取排水域有较大的横向空间范围时，应考虑采用差位式取排水口设置，以保证系统取水的安全可靠性。

10.1.2　取水方式

通过长期工程实践经验，可将污水源热泵系统的主要取水方式归结为：全淹没湿式取水、干式水泵取水、自吸水泵取水。每种取水方式都有其自身不同的特点，根据工程实际情况可以选择相应的取水方式。

1. 全淹没湿式取水——潜水泵取水方式

将污水潜水泵直接安放于污水干渠中，直接取水，或在水源附近设置取水井，引水入井再用污水潜水泵取水，取水井与水源相通，如图 10-4 所示。

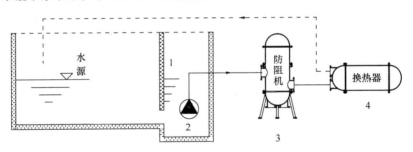

图 10-4　潜水泵取水方法示意图
1—取水井；2—污水潜水泵；3—污水热泵防阻机；4—专用换热器或蒸发器或冷凝器

全淹没湿式取水的优点如下：

① 全淹没湿式取水安装布置简便，工程造价低，节省泵房空间，适用于机房空间较小的情况；② 污水潜水泵能适应各种污水水质，系统相对安全可靠；③ 取水口的设置灵活，可根据系统需水量和污水干渠排水量设置，取水井还可兼顾蓄水的功能，适用范围较广。

缺点如下：

(1) 置于污水干渠中：① 在污水干渠中设置污水潜水泵，一定程度上会影响污水干渠的正常排水，而且必须得到市政局的同意；② 污水潜水泵必须全部淹没于污水中，常用于污水排量较大的污水干渠中；③ 将污水潜水泵置于污水干渠中，必然会大量将沉积于污水干渠底部的淤泥杂质一并带入系统，加大系统除污过滤的负担；④ 需要设置特殊的污水潜水泵以保障系统的安全可靠，并且污水泵的清理维护不便。

(2) 设置取水井：① 相对于潜水泵直接放置于污水干渠，增加了取水井的挖掘建造工程，增加了工程费用；② 引水口应该低于取水干渠的最低水位以保证污水的正常流入，通常用于需水量较大的系统及排量较小的干渠中；③ 引水口常设置于干渠底部，同样会带入大量沉积淤泥；④ 取水井的死角会产生大量的淤泥沉积影响水井的蓄水容量。

2. 干式水泵取水

干式水泵取水是指利用旁设管道从污水干渠引水，再用干式水泵取水。此方式需设置取水泵房（一般可设置于主机房内），且泵房底面高度或水泵吸入口要低于水源最低液面 0.7m 左右，污水经短距离自流管线进入污水泵吸入口，可在水源取水口设置转轮式防阻器，或在机房设置转筒式防阻器，如图 10-5 所示。

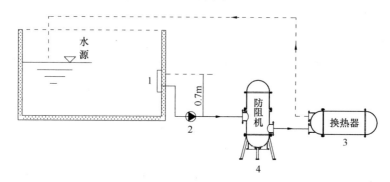

图 10-5　干式水泵取水方法示意图

1—转轮式防阻器或拦网隔栅；2—水泵；3—专用换热器或蒸发器或冷凝器

（有 3 则 1 为拦网隔栅）；4—污水热泵防阻机

管道引流取水的优势在于：设计施工简便，工程费用低，设立单独的水泵房或将水泵置于主机房内，便于水泵的统一管理与维护；密闭性好，对周围环境影响不大。

不足之处主要在于：对取水口的设计要求较高，取水口必须设置在水源较低的水位，以保证在系统高峰取水或污水干渠低峰排水时不出现取水口露出水面吸空的情况；要求污水泵入口比污水渠自由水面低 0.3～0.7m，一般运用于污水源热泵系统设置于地下，且排量较大的污水干渠的情况。

3. 自吸水泵取水

自吸水泵取水是指将取水管道直接插入污水干渠中，并保证吸水口不吸空，再利用自吸水泵抽引水源水，送水至转筒式防阻器防阻，系统结构示意图如图 10-6 所示。

自吸水泵取水方法的优点有：采用自吸水泵取水，水泵吸入口可高出水源液面 2m 左右，也就是说取水泵房可设置在地面或浅层地下，因而泵房的设置就具有较大的灵活性；设置安装简便，工程造价低。

不足之处在于：必须采用自吸水泵，并有相应措施保证自吸水泵的正常开启、吸水、运行；相对而言系统不稳定性较大。

4. 其他取水方式

根据工程情况和实际要求，可以采用一些比较特殊的取水方式，或者综合运用前面几种取水方式，以保证工程需要与系统的安全稳定运行。

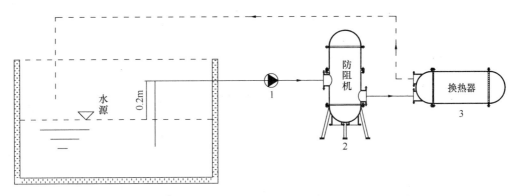

图 10-6　自吸水泵取水方法示意图

1—水泵；2—转筒式防阻器；3—专用换热器或蒸发器或冷凝器

10.1.3　分列式安全取排水设计

污水冷热源工程中的取排水系统如图 10-7 所示，该取排水系统有几个非常明显的特点必须给予重视：

(1) 污水在完成取热之后将在取水口下游不远处排回干渠，污水的回排将对上游造成影响，不同于一般的明渠横向取水。

(2) 这是一个开式系统，在污水干渠内污水直接与大气接触，存在自由液面，不同于通常的闭式系统。

(3) 有压流与无压流并存，在污水干渠内污水靠重力流动，遵循明渠无压流动的规律；在取水管内污水靠污水泵做功流动，遵循管道有压流动的规律。

(4) 污水干渠、污水泵、管道设备三者构成一个统一系统，流量分配相互耦合，都不能孤立地考虑。

问题的特殊性决定了它的复杂性和价值。如何确定取水管道的最小自流高差、取排水口的最大与最小距离、污水干渠的最大取水量等是设计要重点讨论的问题。

1. 取水管最小自流高差

(1) 污水设计取水量

决定污水设计取水量大小的因素主要有：

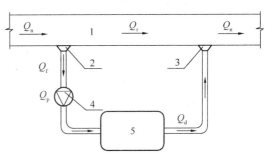

图 10-7　污水取排系统示意图

1—污水干渠；2—取水口；3—排水口；

4—污水泵；5—除污及换热设备

1) 供热量 Q_h 与换热温差 Δt：

$$Q_{d1} = \frac{Q_h}{\rho c_w \Delta t} \qquad (10\text{-}1)$$

2) 污水流动最小管径与最小流速。为了防止管道严重堵塞，必然存在最小管径与最小流速的概念，于是存在最小流量：

$$Q_{d2} = \frac{\pi u_{\min} d_{\min}^2}{4} \tag{10-2}$$

3）出于系统运行时的水力稳定性与可调节性考虑，也应该保证设计流量不小于某以下限流量 Q_{d3}。

污水设计取水量应当取三者中的最大值。对供热（冷）量较大的冷热源系统，一般取 $Q_d = Q_{d1}$ 即可满足所有要求。

（2）污水泵运行流量

污水泵的运行流量 Q_p 由污水泵自身的性能和管路特性共同决定，如图 10-8 所示。

可以看出污水泵运行流量是确定的，且不受其他因素影响，即它与干渠正常流量 Q_n、取水管自流量 Q_f 无关。相反，中间段的分（回）流量 Q_r、自流量 Q_f 应当由为污水泵流量 Q_p 所决定。因此污水泵的运行流量 Q_p 才是整个系统的控制流量。系统设计时通常让污水泵的额定流量等于设计取水量，这样在运行时也可以进行定流量质调节，于是有：

$$Q_p = Q_d \tag{10-3}$$

（3）取水管自流量

由于污水泵自身一般不具有自吸能力或是自吸能力很弱，因此设计时应该保证污水泵的吸水管能完全靠重力自流来满足流量要求，即必须有 $Q_{f\max} \geqslant Q_p$，如图 10-9 所示，由于是从污水干渠侧面取水，不受干渠水流动压影响，可以只考虑静压作用。取 0-0、1-1 断面列伯努利（Bernoulli）方程有：

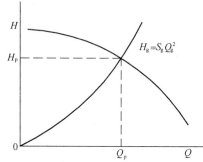

图 10-8   污水泵运行流量的确定

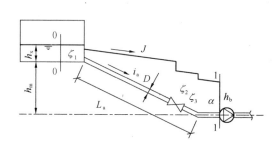

图 10-9   取水管自流段阻力示意图

$$h_x + h_m - h_b = \left(\zeta_1 + \zeta_2 + \zeta_3 + \lambda \frac{L_a}{D} + \alpha \right) \frac{u_b^2}{2g} \tag{10-4}$$

$$h_x + h_m - h_b = \left(\sum \zeta_i + \lambda \frac{L_a}{D} + \alpha \right) \frac{1}{2g} \left(\frac{4Q_f}{\pi D^2} \right)^2 \tag{10-5}$$

式中　　α——动能修正系数；

ζ_i——各局部阻力系数；

h_x——取水口处水深，m；

h_m——取水管自流高差，m；

h_b——水泵前静压水头，m。

令取水管阻抗：

$$S = \frac{8\left(\Sigma\,\zeta_i + \lambda\dfrac{L_a}{D} + \alpha\right)}{\pi^2 D^4} \tag{10-6}$$

容易看出阻抗是一个确定的常数，因此有：

$$Q_f = \sqrt{\frac{h_x + h_m + h_b}{S}} \tag{10-7}$$

（4）取水管最小自流高差

由式（10-7）可知：

1）当水泵前静压水头 $h_b = 0$ 时，自流量 Q_f 达到最大值：

$$Q_{fmax} = \sqrt{\frac{h_x + h_m}{S}} \tag{10-8}$$

2）当污水泵的运行流量 $Q_p < Q_{fmax}$ 时，将会有水泵前静压水头 $h_b > 0$，从而使得自流作用压头 $H = h_x + h_m - h_b$ 减小，最终结果是使得 $Q_p = Q_f$ 而达到流量平衡。这就是水泵前静压水头 h_b 的调节作用，也是水泵运行流量之所以能作为整个流量匹配系统的控制因素的原因。

污水来流在取水口附近由于分流，将会出现跌落现象，使得取水口处水深小于来流正常水深，即 $h_x < h_n$。取水口处水深 h_x 由中间段的分（回）流量决定。但是取水口处水深 h_x 大于取水口设备的高度 H_{ie}，即 $h_x > H_{ie}$ 是必须满足的，否则自流吸水管内会出现断续的携气流，对污水泵造成严重伤害。一般工程中取水口设备的高度就是取水管的直径，有 $H_{ie} = D$。

由式（10-7）可以看出，为了确保无自吸能力污水泵的流量要求，取水管自流高差存在最小值。令 $h_b = 0$，$h_x = D$，$Q_f = Q_p = Q_d$ 可求得最小自流高差：

$$h_{immax} = SQ_d^2 - D \tag{10-9}$$

2. 取水口最大取水量

首先应当注意的问题是在取水口上游和排水口下游，污水干渠内的流动都可视为明渠均匀流，而在取排水口之间的中间段则为典型的局部非均匀渐变明渠流，甚至可能水流静止，因此不能适用 $J = i_0$ 这一规律。针对这种情况，接下来将以矩形污水干渠为对象来讨论干渠内的一些问题。

（1）干渠正常来流水深

对上下游干渠应用均匀流规律 $J = i_0$ 以及谢才-曼宁（Chezy-Manning）公式，可确定干渠正常来流水深 h_n，即

$$Q_n = AC\sqrt{Ri_0} \tag{10-10}$$

$$C = \frac{1}{n}R^{\frac{1}{6}} \tag{10-11}$$

式中　n——粗糙系数，一般干渠可取 $n = 0.014$；

R——水力半径，对矩形干渠，$R = \dfrac{h_n b}{2h_n + b}$；

i_0——污水干渠的底坡，可以认为在取排水范围内 i_0 不变。

现场勘察时，一般用浮标法可测出污水干渠的流量以及正常水深，设计时应该以实测流量和水深作为依据，同时根据式（10-11）得出干渠底坡 i_0。由不可压缩流体的连续性定理可知，排水口下游流量等于取水口上游流量 Q_n，因此下游正常水深也等于上游来流水深 h_n，而且必须指出的是，排水口处水深是取水口处水深的控制因素。当中间段为顺坡流时有 $Q_n = Q_r + Q_f$；当中间段为逆坡流时有 $Q_n + Q_r = Q_f$。

（2）当 $Q_n \geqslant Q_f$ 时取水口处水深

若 $Q_n = Q_f$，则会有 $Q_r = 0$，即中间段污水静止。可以证明此情况下水面将保持水平，如图10-10所示，中间段水平向右的力为：

$$F_y = p_x A_x + Mg \tan\theta$$

$$= \frac{1}{2}\rho g h_x \cdot h_x b + \frac{1}{2}\rho g (h_n + h_x)bL\tan\theta$$

$$= \frac{1}{2}\rho g (h_x + L\tan\theta)^2 b \tag{10-12}$$

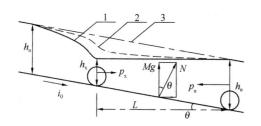

图10-10   中间段水面曲线示意图

中间段向左的力为：

$$F_z = \frac{1}{2}\rho g h_n \cdot h_n b \tag{10-13}$$

由于中间段水不流动，由 $F_y = F_z$，可得：

$$h_x = h_n - L\tan\theta = h_n - Li_0 = h_s \tag{10-14}$$

因此可以看出 $Q_n = Q_f$ 时，中间段水面可以保持水平，取水口处水深等于中间段静止水深 h_s，水面曲线为实线1。若 $Q_n > Q_f$，则必将有 $Q_r = Q_n - Q_f$ 的污水沿干渠顺流而下，对这一部分均匀渐变流，很明显有 $h_s < h_x < h_n$，水面曲线将为虚线2。图中点划线3为假设未取水时的正常水面曲线。

（3）当 $Q_n < Q_f$ 时取水口处水深

若 $Q_n < Q_f$，则将有 $Q_r = Q_f - Q_n$ 的回流量在干渠内形成逆坡明渠流动，很明显此时会有 $h_x < h_s$。形成稳态逆坡明渠流动的充要条件是，在逆坡流动有限长距离后必须出现顺坡、跌坎或者汇流。若是汇流导致的逆坡流动，h_x 最小能达到多少可以通过水面曲线分析得到。

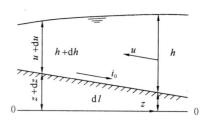

图10-11   非均匀渐变流微元

如图10-11所示，在非均匀渐变逆坡流段中，取相距 dl 过流微元，因为是非均匀渐变流，两断面的运动要素相差微小量，列伯努利方程有：

$$z + h + \frac{\alpha u^2}{2g} = z + dz + h + dh + \frac{\alpha(u + du)^2}{2g} + dh_l \tag{10-15}$$

即：

$$dz + dh + d\left(\frac{\alpha u^2}{2g}\right) + dh_l = 0 \tag{10-16}$$

上式两边除以 dl 得:

$$\frac{dz}{dl}+\frac{dh}{dl}+\frac{d}{dl}\left(\frac{\alpha u^2}{2g}\right)+\frac{dh_1}{dl}=0 \tag{10-17}$$

因为 $\frac{dz}{dl}=i_0$, $\frac{d}{dl}\left(\frac{\alpha u^2}{2g}\right)=-\frac{\alpha Q_r^2}{gh^3b^2}\cdot\frac{dh}{dl}$, 则:

$$\frac{dh_1}{dl}=J=\frac{Q_r^2}{A^2C^2R} \tag{10-18}$$

$$\frac{dh}{dl}=\frac{-i_0-J}{1-\frac{\alpha Q_r^2}{gh^3b^2}} \tag{10-19}$$

这就是逆坡流动的曲面微分方程。若知道回流流量 Q_r, 就可以计算得到水面曲线, 进而得到取水口处的水深 h_x。

令

$$f(h,Q_r)=\frac{1-\frac{\alpha Q_r^2}{gh^3b^2}}{-i_0-J}=\frac{1-MQ_r^2}{-i_0-NQ_r^2}$$

式中, $M=\frac{\alpha}{gh^3b^2}>0$, $N=\frac{1}{A^2C^2R}>0$。将矩形断面面积、谢才系数、水力半径的公式代入其中, 最后得到:

$$f(h,Q_r)=\frac{h^{\frac{1}{3}}b^{\frac{4}{3}}(gh^3b^2-\alpha Q_r^2)}{g\left[-i_0(hb)^{\frac{10}{3}}-n^2Q_r^2(2h+b)^{\frac{4}{3}}\right]} \tag{10-20}$$

直接积分可得:

$$\int_{h_n}^{h_x}f(h,Q_r)dh=\int_0^L dl \tag{10-21}$$

令 $F(h_x,Q_r^2)=\int_{h_n}^{h_x}f(h,Q_r)dh$, 得到:

$$F(h_x,Q_r^2)=L$$

可以看出, Q_r 与 h_x 互为单值隐函数。由

$$\frac{\partial R}{\partial h_x}+\frac{\partial F}{\partial Q_r}\cdot\frac{dQ_r}{dh_x}=0 \tag{10-22}$$

得到:

$$\frac{dQ_r}{dh_x}=\frac{-\frac{\partial F}{\partial h_x}}{\frac{\partial F}{\partial Q_r}}=\frac{-\frac{\partial}{\partial h_x}\int_{h_n}^{h_x}f(h,Q_r)dh}{\int_{h_n}^{h_x}\frac{\partial f(h,Q_r)}{\partial Q_r}dh}=\frac{-f(h_x,Q_r)}{\int_{h_n}^{h_x}\frac{\partial f(h,Q_r)}{\partial Q_r}dh} \tag{10-23}$$

因为 $\frac{\partial f(h,Q_r)}{\partial Q_r}=\frac{2(Mi_0+N)Q_r}{(i_0+NQ_r^2)^2}>0$, 所以 $\int_{h_n}^{h_x}\frac{\partial f(h,Q_r)}{\partial Q_r}dh>0$。若要 $\frac{dQ_r}{dh_x}=0$, 则必有 $-f(h_x,Q_r)=0$, 即: $gh_x^3b^2-\alpha Q_r^2=0$, 最后得到:

$$h_{xmin}=\sqrt[3]{\frac{\alpha Q_r^2}{gb^2}}=h_c \tag{10-24}$$

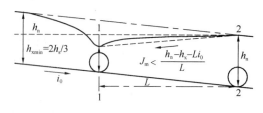

图 10-12 最大取水量时的最小水深

式（10-24）恰好也是矩形渠道在 Q_r 流量下的临界水深，这说明：

1）只有当取水口处的水深达到某一流量下的临界水深时，回流量才能达到最大值；

2）中间段的回流均为缓流时，该情况下不可能出现急流回流，因此水面曲线必为 A_2 型水面曲线，如图 10-12 中实线所示。

（4）污水干渠最大取水量

在图 10-12 中对 1-1、2-2 断面列伯努利方程有：

$$h_x + Li_0 + \frac{\alpha u_x^2}{2g} + h_f = h_n + \frac{\alpha u_n^2}{2g} \tag{10-25}$$

$$J_m L = h_n - h_x - Li_0 - \frac{\alpha Q_r^2}{2gb^2}\left(\frac{1}{h_x^2} - \frac{1}{h_n^2}\right) \tag{10-26}$$

可得中间段平均水力坡度：

$$J_m < \frac{h_n - h_x - Li_0}{L} \tag{10-27}$$

鉴于取水口处水力坡度 $J > J_m$，故可设取水口处的水力坡度为 $J = \dfrac{h_n - h_x - Li_0}{L}$，进行流量计算，得到：

$$Q_r = \frac{1}{n} \cdot AR^{\frac{1}{6}} \sqrt{RJ} = \frac{1}{n} \cdot \frac{(h_x b)^{\frac{5}{3}}}{(2h_x + b)^{\frac{2}{3}}} \cdot \left(\frac{h_s - h_x}{L}\right)^{\frac{1}{2}} \tag{10-28}$$

当 $\dfrac{dQ_r}{dh_x} = 0$，可以解出：

$$h_{xmin} = \frac{12h_s - 13b + \sqrt{(12h_s + 13b)^2 + 96h_s b}}{36} \tag{10-29}$$

实际用于工程时可近似认为：

$$h_{xmin} = \frac{2}{3}h_s \tag{10-30}$$

当 i_0 和 L 都比较小时，也可以认为：

$$h_{xmin} \approx \frac{2}{3}h_n \tag{10-31}$$

因为式（10-24）已经指出当回流流量达到最大值时，取水口处水深达到临界水深 h_c，临界水深对应临界流速，矩形渠道的临界流速 $u_c = \sqrt{gh_c}$，因此最大回流量为 $Q_{rmax} = \sqrt{gh_c^3 b^2}$，代入 $h_c = \dfrac{2}{3}h_s$，得到

$$Q_{rmax} = \frac{2\sqrt{6}}{9}\sqrt{g(h_n - Li_0)^3 b^2} \tag{10-32}$$

当然也可以由式（10-25）计算，因此干渠的最大取水量为：

$$Q_{fmax} = Q_n + \frac{2\sqrt{6}}{9}\sqrt{g(h_n - Li_0)^3 b^2} \tag{10-33}$$

应当注意的是此时的供热量为：

$$Q_h = Q_n \rho c_w (t_n - t_p) \tag{10-34}$$

式中　　t_n ——污水来流的正常水温（未与回流混合）；

t_p ——排水管内污水水温（即取热后的排水温度）。

3. 取排水口间距的讨论

（1）取排水口的最大间距

由分析可知，若要顺利地取排污水，必须满足 $h_x > H_{ie}$，H_{ie} 为取水口设备的高度，一般工程中取水口设备的高度就是取水管的直径，因此有 $H_{ie} = D$。若 $Q_d \leqslant Q_n$，要求 $h_s \geqslant D$，得到 $L \leqslant \dfrac{h_n - D}{i_0}$，则

$$L_{max} = \frac{h_n - D}{i_0} \tag{10-35}$$

若 $Q_d > Q_n$，我们要求 $\dfrac{2}{3} h_s \geqslant D$，得到 $L \leqslant \dfrac{h_n - 1.5D}{i_0}$，有

$$L_{max} = \frac{h_n - 1.5D}{i_0} \tag{10-36}$$

（2）取排水口的最小间距

单从取水量上来说，取水口与排水口相距越近取水越顺畅，但是可能会出现取水量达到了要求，而取热量却未达到要求的情况，此情况下取热之后的排水会与上游来流相混合，取水量中只有部分污水具有供热潜能。取热量的公式是：

$$Q_h = Q_{wn} \rho c_w (t_n - t_p) \tag{10-37}$$

式中，Q_{wn} 为混合取水量中的上游来流水量，t_n 与 t_p 意义同式（10-34）。所以从取热量的角度来考虑应该规定取排水口的最小间距。以某一实际工程污水干渠的水面速度场为例，对该速度场进行实际测量，如图 10-13 所示。

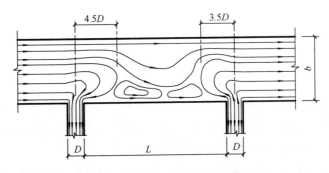

图 10-13　取排水口附近的水面速度场

可以看出，取水口与排水口的影响范围分别为 $4.5W_{ie}$ 和 $3.5W_{ie}$，因此对于工程设

计，由下式所确定的最小间距是适用的：

$$L_{\min} = 8W_{ie} = 8D \tag{10-38}$$

式中 W_{ie} ——取水口设备的宽度。

10.2 重力引退水管路设计

10.2.1 明渠均匀流

明渠是一种具有自由表面水流的渠道。根据它的形状可以分为天然明渠和人工明渠，如图 10-14 所示，前者为天然河道，后者为人工渠道（输水渠、排水渠）、运河等。

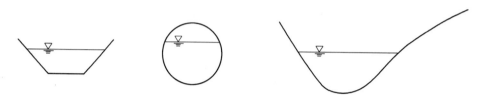

图 10-14 明渠形状

明渠水流与有压管流不同，它具有自由表面，表面上各点受大气压强的作用，其相对压强为零，所以又称为无压流动。

明渠水流根据其运动要素是否随时间变化分为恒定流与非恒定流。明渠恒定流又可根据流线是否为平行直线分为均匀流与非均匀流。

明渠水流由于自由表面不受约束，当遇有河渠建筑物或流量变化时，往往形成非均匀流。但在工程实际中，如铁道、公路、给水排水和水利工程中的沟渠，其排水或输水能力的计算，常按明渠均匀流处理。此外，明渠均匀流理论对于进一步研究明渠非均匀流具有重要意义。

1. 明渠流动的特点

同有压管流相比较，明渠流动具有以下特点：

（1）明渠流动具有自由液面，沿程各断面的表面压强都是大气压，重力对流动起主导作用。

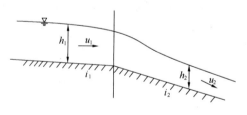

图 10-15 底坡影响

（2）明渠底坡 i 的改变对断面的流速 v 和水深 h 有直接影响，如图 10-15 所示，若底坡 $i_1 \neq i_2$，则流速 $u_1 \neq u_2$，水深 $h_1 \neq h_2$。而有压管道，只要管道的形状、尺寸一定，前后管线坡度变化对流速 u 和过流断面面积 A 无影响。

（3）明渠局部边界的变化，如控制设备、渠道形状和尺寸的变化，或者改变底坡等，都会造成水深在很长的流程上发生变化。因此明渠流动存在均匀流和非均匀流，如图 10-16 所示。而在有压管流中，局部边界变化影响的范围很短，只需计算局部水头损失，仍按均匀流计算，如图 10-17 所示。

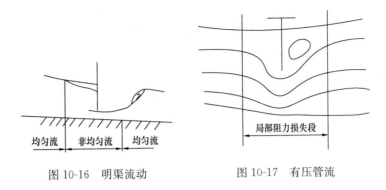

图 10-16　明渠流动　　　　图 10-17　有压管流

2. 明渠分类

由于过水断面形状、尺寸与坡底的变化对明渠水流运动有重要影响，因此将明渠分为以下类型。

（1）棱柱形渠道与非棱柱形渠道。根据渠道的几何特征，分为棱柱形渠道和非棱柱形渠道。断面形状、尺寸沿程不变的长直渠道称为棱柱形渠道，例如棱柱形梯形渠道，其底宽 b 和边坡 m 皆沿程不变，如图 10-18 所示。对于棱柱形渠道，过流断面面积只随水深改变，即

$$A = f(h) \tag{10-39}$$

断面的形状、尺寸沿程有变化的渠道是非棱柱形渠道，例如非棱柱形梯形渠道，其底宽 b 和边坡 m 皆沿程有变化，如图 10-19 所示。对于非棱柱形渠道，过流断面面积既随水深改变，又随位置改变，即

$$A = f(h,s) \tag{10-40}$$

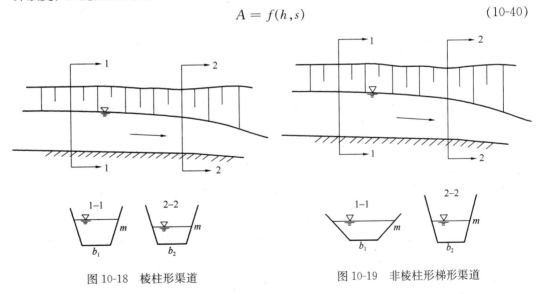

图 10-18　棱柱形渠道　　　　图 10-19　非棱柱形梯形渠道

渠道的连接过渡是典型的非棱柱形渠道，天然河道等断面不规则的渠道，都属于非棱柱形渠道。

（2）顺坡、平坡和逆坡渠道。明渠渠底与纵剖面的交线称为底线，底线沿流程单位长

度的降低值称为渠道纵坡或底坡，以符号 i 表示，如图 10-20 所示。

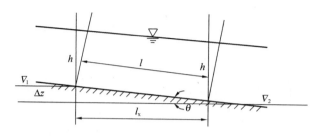

图 10-20　明渠的底坡

由图可知，渠道底坡 i 的计算公式为：

$$i = \frac{\nabla_1 - \nabla_2}{l} = \sin\theta \tag{10-41}$$

通常渠道底坡 i 很小，即 θ 角很小，为便于测量和计算，以水平距离 l_x 代替流程长度 l，同时以铅锤断面作为过流断面，以铅垂深度 h 作为过流断面的水深，于是有

$$i = \frac{\nabla_1 - \nabla_2}{l_x} = \tan\theta \tag{10-42}$$

关于底坡的分类，如图 10-21 所示，底坡分为三种类型：底线高程沿程降低（$\nabla_1 > \nabla_2$），$i > 0$，称为正坡或顺坡；底线高程沿程不变（$\nabla_1 = \nabla_2$），$i = 0$，称为平坡；底线高程沿程抬高（$\nabla_1 < \nabla_2$），$i < 0$，称为反坡或逆坡。

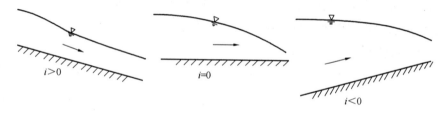

图 10-21　底坡的三种类型

10.2.2　明渠均匀流的特征及其形成条件

明渠均匀流是流线为平行直线的明渠水流，它是明渠流动最简单的流动形式。均匀流的运动规律是明渠水力设计的基本依据。明渠均匀流的主要特征如下：

（1）明渠均匀流过流断面的形状、尺寸、水深、流量、断面平均流速及其分布均沿程保持不变。

（2）明渠均匀流的总水头线、测压管水头线和渠底线三者互相平行。如图 10-22 所示。

在均匀流中取过流断面 1-1、2-2 列伯努利方程：

$$(h_1 + \Delta z) + \frac{p_1}{\rho g} + \frac{\alpha_1 u_1^2}{2g} = h_2 + \frac{p_2}{\rho g} + \frac{\alpha_2 u_2^2}{2g} + h_1 \tag{10-43}$$

可知：

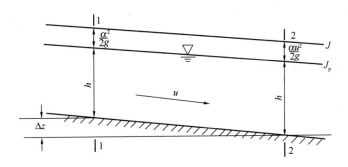

图 10-22 明渠均匀流

$$p_1 = p_2$$
$$h_1 = h_2 = h$$
$$u_1 = u_2$$
$$\alpha_1 = \alpha_2$$
$$h_1 = h_f$$

则式（10-43）可化为：

$$\Delta z = h_f$$

除以流程，得：

$$i = J$$

上式分析表明，水流沿程减少的位能 Δz 等于沿程水头损失 h_f，而水流的动能保持不变，则此时一定存在 $i > 0$。

因为明渠均匀流是等深流，所以水面线（即测压管水头线）与渠底线平行，坡度相等，即 $J_p = i$；又因为明渠均匀流是等速流，所以总水头线与测压管水头线平行，坡度相等 $J = J_p$。

由以上分析得出，明渠均匀流的水力坡度、测压管水头线坡度和渠底坡度三者相等，即

$$J = J_p = i$$

由于明渠均匀流具有上述特性，它的形成就需要一定的条件。例如当 $i \leqslant 0$ 时，不可能满足 $J = J_p = i$，也就不能发生均匀流。因此，明渠均匀流的形成条件如下：

(1) 明渠中水流是恒定的，流量沿程不变；

(2) 渠槽是长直的棱柱形顺坡渠道；

(3) 渠道表面的粗糙系数沿程不变；

(4) 沿程没有建筑物的局部干扰。

明渠均匀流由于种种条件的限制，往往难以完全实现，在渠道中大量存在的是非均匀流动。只有在顺直的正底坡棱柱形渠道里，具有足够的长度，而且只有离渠道进口一定距离、边界层充分发展以后才有可能形成均匀流动。天然河道一般不容易形成均匀流，但对于某些顺直河段，可按均匀流做近似的计算。人工非棱柱形渠道通常采用分段计算，在各

段上按均匀流考虑，一般情况下也可以满足工程上的要求。因此，均匀流动理论是分析明渠水流的一个基础。

10.2.3 明渠均匀流的水力计算

1. 明渠均匀流的水力计算公式

(1) 谢才公式。1769 年法国工程师谢才提出如下公式：

$$u = C \sqrt{RJ} \tag{10-44}$$

式中　u——断面平均流速，m/s；

　　　R——水力半径，m；

　　　J——水力坡度；

　　　C——谢才系数，$m^{0.5}/s$。

该公式是水力学最古老的公式之一，称为谢才公式。尽管最初它是由谢才根据渠道和塞纳河的实测资料提出，但也适用于有压管道均匀流的水力计算。将达西公式变换形式得

$$u^2 = \frac{2g}{\lambda} d \frac{h_f}{l} \tag{10-45}$$

以 $d = 4R$ 和 $\frac{h_f}{l} = J$ 代入上式，整理得

$$u = \sqrt{\frac{8g}{\lambda}} \times \sqrt{RJ} = C \sqrt{RJ} \tag{10-46}$$

由此得

$$C = \sqrt{\frac{8g}{\lambda}} \tag{10-47}$$

上式给出了谢才系数 C 和沿程阻力系数 λ 的关系，该式表明 C 和 λ 一样，反映沿程阻力系数，但它的数值通常都是另由经验公式计算。其中 1895 年爱尔兰工程师曼宁提出经验公式

$$C = \frac{1}{n} R^{\frac{1}{6}} \tag{10-48}$$

式中　n——粗糙系数，是综合反映壁面对水流阻滞作用的系数，其取值见表 10-1、表 10-2。

各种人工管道粗糙系数 n

表 10-1

管渠类别	n	管渠类别	n
缸瓦管（带釉）	0.013	水泥砂浆抹面渠道	0.013
混凝土和钢筋混凝土的额雨水管	0.013	砖砌渠道（不抹面）	0.015
混凝土和钢筋混凝土的额污水管	0.014	砂浆块石渠道（不抹面）	0.017
石棉水泥管	0.012	干砌块石渠道	0.020～0.025
铸铁管	0.013	土明渠（包括带草皮的）	0.025～0.030
钢管	0.012	木槽	0.012～0.014

渠道及天然河床的粗糙系数 n 表 10-2

壁面性质	壁面状况			
	十分良好	良好	普通	不好
形状规则的土渠	0.017	0.020	0.0225	0.025
缓流而弯曲的土渠	0.0225	0.025	0.0275	0.030
挖土机挖成的土渠	0.025	0.0275	0.030	0.033
形状规则而清洁的凿石渠	0.025	0.030	0.033	0.035
土底石砌坡岸的渠道	0.028	0.030	0.033	0.035
砾石底有杂草坡岸的渠道	0.025	0.030	0.035	0.040
在岩石中粗凿成的断面不规则的渠道	0.035	0.040	0.045	—
没有崩塌和深洼穴的清洁笔直河床	0.025	0.0275	0.030	0.033
没有崩塌和深洼穴的清洁笔直河床，但有石子并生长一些杂草	0.030	0.033	0.035	0.040
有一些洼穴、浅滩及弯曲的河床	0.033	0.035	0.040	0.045
有一些洼穴、浅滩及弯曲的河床，但有石子并生长一些杂草	0.035	0.040	0.045	0.050
有一些洼穴、浅滩及弯曲的河床，但其下游坡度小，有效断面较小	0.040	0.045	0.050	0.055
有一些洼穴、浅滩，稍长杂草并有石子及弯曲的河床，以及有石子的河段	0.045	0.050	0.055	0.060
有大量杂草、深穴，水流很缓慢的河段	0.050	0.060	0.070	0.080
杂草极多的河段	0.075	0.100	0.125	0.150

由于曼宁公式形式简单，粗糙系数 n 可依据长期积累的丰富资料确定。在 $n<0.02$、$R<0.05\mathrm{m}$ 的范围内进行输水管道及较小渠道的计算，结果与实际相符，至今仍被各国工程广泛采用。

还须指出，就谢才公式本身而言，该公式可用于有压或无压均匀流的各阻力区。但是，曼宁公式计算的 C 值只与 n、R 有关、与 Re 无关。在使用曼宁公式计算 C 值的情况下，谢才公式在理论上仅适用于紊流粗糙区。

(2) 明渠均匀流的基本公式。明渠均匀流水力计算的基本公式是连续方程和谢才公式：

$$Q = uA \tag{10-49}$$

$$u = C\sqrt{RJ} \tag{10-50}$$

在明渠均匀流中，水力坡度 J 和渠道底坡 i 相等，$J=i$，故有

流速：

$$u = C\sqrt{Ri}$$

流量：

$$Q = uA = AC\sqrt{Ri} = K\sqrt{i}$$

$$K = AC\sqrt{R}$$

式中 K——流量模数，具有流量的量纲，它还表示在一定的断面形状和尺寸的棱柱形
　　　　　　渠道中，当底坡 $i=1$ 时通过的流量；

　　　　C——谢才系数，由曼宁公式计算。

　　上式即为明渠均匀流的基本计算公式，反映了 Q、A、R、i、n 等几个物理量间的相互关系。明渠均匀流的水力计算，就是应用这些公式，由某些已知量推求一些未知量。当然，在实际进行计算时，还必须考虑渠道的工作条件、施工条件等因素，进行必要的技术经济比较。例如在设计渠道断面时，要考虑输水性能最优的水力断面和在既定流量情况下通过渠道的允许流速等问题。

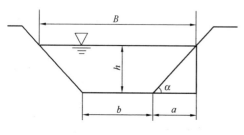

图 10-23   梯形明渠断面

　　2. 明渠过流断面的几何要素

　　明渠断面以梯形最具代表性，其剖面结构如图 10-23 所示。

　　图中明渠断面的几何要素包括如下基本量：底宽 b、水深 h、边坡系数 m。其中，边坡系数 m 是表示边坡倾斜程度的系数，其计算公式为：

$$m = \frac{a}{h} = \cot\alpha$$

边坡系数的大小，取决于渠壁土壤或护面的性质，见表 10-3。

梯形明渠边坡　　　　　　　　　　　　　　表 10-3

土壤种类	边坡系数	土壤种类	边坡系数
细粒沙土	3.0～3.5	重壤土，密实黄土，普通黏土	1.0～1.5
沙壤土或松散土壤	2.0～2.5	密实重黏土	1.0
密实沙壤土，轻黏土壤	1.5～2.0	各种不同硬度的岩石	0.5～1.0
砾石、砂砾石土	1.5	—	—

3. 明渠水力最优断面和允许流速

（1）水力最优断面往往涉及大量建筑材料、土石方量和工程投资，因此如何从水力条件出发，选择输水性能最优的过流断面具有重要意义。根据明渠均匀流基本公式：

$$Q = AC\sqrt{Ri} = \frac{1}{n}AR^{\frac{2}{3}}i^{\frac{1}{2}} = \frac{i^{\frac{1}{2}}}{n} \times \frac{A^{\frac{5}{3}}}{\chi^{\frac{2}{3}}} \tag{10-51}$$

　　上式指出了明渠均匀流输水能力的影响因素，其中底坡 i 随地形条件而定，粗糙系数 n 取决于壁面材料，在这种情况下输水能力 Q 只决定于过流断面的大小和形状。当 i、n 和 A 一定时，使所通过的流量 Q 最大的断面形状，或者使水力半径 R 最大，即湿周 χ 最小的断面形状定义为水力最优断面。在所有面积相等的几何图形中，圆形具有最小的周

长，因而管道的断面形式通常为圆形，对渠道来说则为半圆形。但是半圆形断面施工困难，通常仅在钢筋混凝土或钢丝网水泥渡槽中采用底部为半圆的 U 形断面。

在天然土壤中开挖的渠道一般为梯形断面，边坡系数 m 取决于土体稳定和施工条件，所以渠道断面的形状只由宽深比 b/h 决定。梯形渠道边坡系数 m 一定时，由梯形渠道断面的几何关系得

$$\chi = \frac{A}{h} - mh + 2h\sqrt{1+m^2} \tag{10-52}$$

水力最优断面是指面积 A 一定时，湿周最 χ 小的断面，对 $\chi = f(h)$ 求极小值，令

$$\frac{\mathrm{d}\chi}{\mathrm{d}h} = -\frac{A}{h^2} - m + 2\sqrt{1+m^2} = 0 \tag{10-53}$$

其二阶导数 $\frac{\mathrm{d}^2\chi}{\mathrm{d}h^2} = 2\frac{A}{h^3} > 0$，故有 $\chi_{\min}$ 存在。以 $A = (b+mh)h$ 代入上式求解，便解到水力最优梯形断面的宽深比为：

$$\beta_{\mathrm{h}} = \left(\frac{b}{h}\right)_{\mathrm{h}} = 2(\sqrt{1+m^2} - m) \tag{10-54}$$

上式中取边坡系数 $m=0$，便得到水力最优矩形断面的宽深比为 $\beta_{\mathrm{h}}=2$，即水力最优矩形断面的底宽为水深的两倍，$b=2h$。

对于梯形断面的渠道，其水力半径为：

$$R = \frac{A}{\chi} = \frac{(b+mh)h}{b+2h\sqrt{(1+m^2)}} \tag{10-55}$$

将水力最优条件 $b = 2(\sqrt{1+m^2} - m)h$ 代入上式，得到

$$R_{\mathrm{h}} = \frac{h}{2} \tag{10-56}$$

上式证明，在任何边坡系数 m 的情况下，水力最优梯形断面的水力半径 R 为水深 h 的一半。

以上有关水力最优断面的概念，只是按渠道边壁对流动的影响最小提出的，所以"水力最优"不同于"技术经济最优"。对于工程造价，基本上由土方及衬砌量决定的小型渠道，水力最优断面接近于技术经济最优断面。对于较大型渠道，按水力最优条件设计的渠道断面往往底窄而水深。这类渠道的施工需要深挖高填，因此工程造价除取决于土方量外，还取决于开挖深度。挖土越深，土方单价就越高，且渠道的施工、养护也较困难，因此，对这类渠道来说，水力最优断面未必是渠道的经济断面。

(2) 渠道的允许流速。渠道中流速过大会引起渠道的冲刷和破坏，过小又会导致水中悬浮泥沙在渠道中淤积，导致河滩上滋生杂草，从而影响渠道的输水能力。因此，在设计渠道时，除考虑上述水力最优条件及经济因素外，还应使渠道的断面平均流速 u 在允许流速范围内，即

$$[u]_{\max} > u > [u]_{\min} \tag{10-57}$$

式中　$[u]_{\max}$——渠道不被冲刷的最大允许流速，即不冲允许流速，m/s；

$[u]_{min}$ ——渠道不被淤积的最小允许流速，即不淤允许流速，m/s。

渠道不冲允许流速 $[u]_{max}$ 的大小取决于土质情况、护面材料以及通过流量等因素，具体数值见表10-4、表10-5，在防止悬浮泥沙的淤积的情况下，不淤允许流速 $[u]_{min}=$ 0.4m/s，在防止水草滋生情况下，不淤允许流速 $[u]_{min}=0.6m/s$。

渠道的不冲允许流速（坚硬岩石和人工护面渠道）　　　表 10-4

岩石或护面种类	渠道流量（m³/s）		
	<1	1~10	>10
软质水成岩（泥灰岩、页岩、软砾岩）	2.5	3.0	3.5
中等硬质水成岩（致密砾岩、多孔石灰岩、层状石灰岩、白云石灰岩、灰质砂岩）	3.5	4.25	5.0
硬质水成岩（白云砂岩、硬质石灰岩）	5.0	6.0	7.0
结晶岩、火成岩	8.0	9.0	10.0
单层块石铺砌	2.5	3.5	4.0
双层块石铺砌	3.5	4.5	5.0
混凝土护面（水流中不含砂和砾石）	6.0	8.0	10.0

渠道的不冲允许流速（土质渠道）　　　表 10-5

均质黏性土质	不冲允许流速（m/s）		说明
轻壤土	0.6~0.8		（1）均质黏性土质渠道中各种土质的干重度为 $12.74×10^3~16.66×10^3 N/m^3$；
中壤土	0.65~0.85		
重壤土	0.70~1.0		
黏土	0.75~0.95		（2）表中所列为水力半径 $R=1.0m$ 的情况，如 $R≠1.0m$ 时，则应将表中的数值乘以 R^a 得相应的不冲允许流速。对于砂、砾石、卵石、疏松的壤土、黏土，$a=\frac{1}{4}~\frac{1}{3}$；对于密实的壤土、黏土，$a=\frac{1}{5}~\frac{1}{4}$
极细砂	0.05~0.1	0.35~0.45	
细砂和中砂	0.25~0.5	0.45~0.60	
粗砂	0.5~2.0	0.60~0.75	
细砾石	2.0~5.0	0.75~0.90	
中砾石	5.0~10.0	0.90~1.10	
粗砾石	10.0~20.0	1.10~1.30	

4. 明渠均匀流水力计算的基本问题

明渠均匀流的水力计算可分为三类基本问题：

（1）验算渠道的输水能力。由于渠道已经建成，过流断面的形状、尺寸（b、h、m）、渠道的壁面材料 n 及底坡 i 都已知，只需算出 A、R、C 的值，代入明渠均匀流基本公式，便可算出通过的流量。

（2）决定渠道底坡。过流断面形状、尺寸（b、h、m）、渠道的壁面材料 n 及输水流量 Q 都已知，只需算出流量模数 K，代入式（10-58）中，便可以决定渠道底坡：

$$i = \frac{Q^2}{K^2}$$

(10-58)

（3）设计渠道断面。设计渠道断面是在已知通过流量 Q、渠道底坡 i、边坡系数 m 以及粗糙系数 n 的条件下，为了计算底宽 b 和水深 h 而用一个基本公式计算 b、h 两个未知量，将有多组解答。为得到确定解，需要另外补充条件。

条件一：水深 h 已定，确定相应的底宽 b。若水深 h 由通航或施工条件限定，则底宽 b 有确定解。为避免直接由式 $Q = uA = AC\sqrt{Ri} = K\sqrt{i}$ 求解的困难，给底宽以不同值，计算相应的流量模数 K，作 $K = f(b)$ 的曲线，如图 10-24 所示。再由已知 Q、i 算出应有的流量模数 $K_A = Q/\sqrt{i}$，并由图 10-24 找出 K_A 所对应的 b 值即为所求。

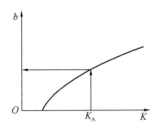 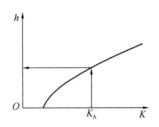

图 10-24　$K = f(b)$ 曲线　　　　图 10-25　$K = f(h)$ 曲线

条件二：底宽 b 已定，确定相应的水深 h。若底宽由施工机械的开挖作业宽度限定，则可用与上面相同的方法，作 $K = f(b)$ 曲线，如图 10-25 所示，然后找出 $K_A = Q/\sqrt{i}$ 所对应的 h 值，即为所求。

条件三：宽深比 $\beta = \dfrac{b}{h}$ 已定，确定相应的 b、h。小型渠道的宽深比 β 可按水力最优条件式 $\beta = \beta_h = 2(\sqrt{1+m^2} - m)$ 给出。大型渠道的宽深比由综合技术经济比较给出。因宽深比 β 已定，b、h 只有一个独立未知量，用与上面相同的方法，作 $K = f(b)$ 或 $K = f(h)$ 曲线，找出 $K_A = Q/\sqrt{i}$ 对应的 b 或 h 值。

条件四：限定最大允许流速 $[u]_{\max}$，确定相应的 b、h。以渠道不发生冲刷的最大允许流速 $[u]_{\max}$ 为控制条件，则渠道的过流断面积 A 和水力半径 R 为定值，其计算式为：

$$A = \frac{Q}{[u]_{\max}}$$

$$R = \left[\frac{n u_{\max}}{i^{\frac{1}{2}}}\right]^{\frac{3}{2}}$$

再由几何关系得：

$$A = (b + mh)h$$

$$R = \frac{A}{\chi} = \frac{(b + mh)h}{b + 2h\sqrt{(1+m^2)}}$$

两式联立可解得 b、h。

10.2.4　无压圆管均匀流

无压圆管是指圆形断面不满流的长管道，主要用于排水管道中。由于排水流量经常变化，为避免在流量增大时，管道承压过大，污水涌出排污口污染环境，以及为保持管道内通风，避免污水中的有毒、可燃气体聚集，所以排水管道通常为非满管流，以一定的充满度流动。

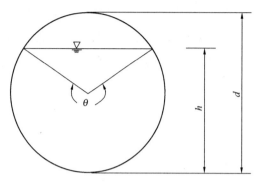

图 10-26   无压圆管过流断面

1. 无压圆管均匀流的特征

无压圆管流只是明渠均匀流特定的断面形式，它的形成条件、水力特征以及基本公式都和前述明渠均匀流相同。

2. 过流断面的几何要素

无压圆管过流断面的几何要素如图 10-26 所示，其几何要素包括直径 d、水深 h、充满度 $\alpha = \dfrac{h}{d}$ 这几个基本量。其中，充满度也可以用水深 h 对应的圆心角，即充满角 θ 来表示，充满度 α 与充满角 θ 的关系为：

$$\alpha = \sin^2 \frac{\theta}{4} \tag{10-59}$$

不同充满度的圆管过流断面的几何要素见表 10-6。

圆管过流断面的几何要素

表 10-6

充满度	过流断面面积	水力半径	充满度	过流断面面积	水力半径
α	A（m^2）	R（m）	α	A（m^2）	R（m）
0.05	$0.0147d^2$	$0.0326\,d$	0.55	$0.4426\,d^2$	$0.2649\,d$
0.10	$0.0400\,d^2$	$0.0635\,d$	0.60	$0.4920\,d^2$	$0.2776\,d$
0.15	$0.0739\,d^2$	$0.0929\,d$	0.65	$0.5404\,d^2$	$0.2881\,d$
0.20	$0.1118\,d^2$	$0.1206\,d$	0.70	$0.5872\,d^2$	$0.2962\,d$
0.25	$0.1535\,d^2$	$0.1466\,d$	0.75	$0.6319\,d^2$	$0.3017\,d$
0.30	$0.1982\,d^2$	$0.1709\,d$	0.80	$0.6736\,d^2$	$0.3042\,d$
0.35	$0.2450\,d^2$	$0.1935\,d$	0.85	$0.7115\,d^2$	$0.3033\,d$
0.40	$0.2934\,d^2$	$0.2142\,d$	0.90	$0.7445\,d^2$	$0.2980\,d$
0.45	$0.3428\,d^2$	$0.2331\,d$	0.95	$0.7707\,d^2$	$0.2865\,d$
0.50	$0.3927\,d^2$	$0.2500\,d$	1.00	$0.7854\,d^2$	$0.2500\,d$

3. 无压圆管的水力计算

无压圆管的水力计算可以分为如下三类问题来进行讨论：

（1）验算输水能力。因为管道已经建成，管道直径 d、管壁粗糙系数 n 以及管线坡度 i 都已知，充满度由室外排水设计规范确定。从而只需按已知 d、α，由上表查得 A、R 并算出谢才系数 C，代入式

$$Q = uA = AC\sqrt{Ri} = K\sqrt{i}$$

$$K = AC \sqrt{R}$$

便可得到通过流量。

（2）决定管道坡度。若管道直径 d、充满度 α、管壁粗糙系数以及输水流量 Q 都已知，只需按已知 α，由上表查得 A、R，计算出谢才系数 C 和流量模数 K，代入式

$$Q = uA = AC \sqrt{Ri} = K\sqrt{i}$$

$$K = AC \sqrt{R}$$

便可计算管道坡度 i：

$$i = \frac{Q^2}{K^2}$$

（3）计算管道直径。若通过流量 Q、管道坡度 i 以及管壁粗糙系 n 都已知，充满度 α 按有关规范预先设定的条件下，按所设定的充满度 α 由表 10-6 查得 A、R，代入

$$Q = uA = AC \sqrt{Ri} = K\sqrt{i}$$

$$K = AC \sqrt{R}$$

便可求出管道直径 d。

4. 输水性能最优充满度

对于一定的无压管道（d、n、i 一定），流量 Q 随水深 h 变化，由基本公式得

$$Q = AC \sqrt{Ri} = \frac{1}{n}AR^{\frac{2}{3}}i^{\frac{1}{2}} = \frac{i^{\frac{1}{2}}}{n} \times \frac{A^{\frac{5}{3}}}{\chi^{\frac{2}{3}}} \tag{10-60}$$

分析过流断面积 A 和湿周 χ 随水深 h 的变化，在水深很弱时，随着水深增加，水面增宽，过流断面面积增加很快，在接近管轴处增加最快。水深超过平管后，随着水深增加，水面宽度减小，过流断面面积增势减慢，在满流前增加最慢，湿周随坡度 i 的增加而增加。与过流断面面积不同，湿周在接近管轴处增加最慢，在满流前增加最快。由此可知，在满流前（$h < d$），输水能力达最大值，相应的充满度即为最优充满度。

将几何关系 $A = \frac{d^2}{8}(\theta - \sin\theta)$、$\chi = \frac{d}{2}\theta$ 代入公式得

$$Q = \frac{i^{\frac{1}{2}}\left[\frac{d^2}{8}(\theta - \sin\theta)\right]^{\frac{5}{3}}}{\left[\frac{d}{2}\theta\right]^{\frac{2}{3}}} \tag{10-61}$$

对上式求导，并令 $\frac{\mathrm{d}Q}{\mathrm{d}\theta} = 0$，解得最优水力充满角 $\theta_h = 308°$，解得最优水力充满度 $\alpha_h = \sin^2\frac{\theta_h}{4} = 0.95$。

用同样的方法，对于流速：

$$u = \frac{1}{n}R^{\frac{2}{3}}i^{\frac{1}{2}} = \frac{i^{\frac{1}{2}}}{n}\left[\frac{d}{4}\left(1 - \frac{\sin\theta}{\theta}\right)\right]^{\frac{2}{3}} \tag{10-62}$$

令 $\frac{\mathrm{d}u}{\mathrm{d}\theta} = 0$，解得流速最大时对应的充满角和充满度为：

$$\theta_h = 257.5°$$

$$\alpha_h = 0.81$$

由以上分析得出，无压圆管均匀流在水深 $h=0.95d$，即充满度 $\alpha_h=0.95$ 时，输水能力最优；在水深 $h=0.81d$，即充满度 $\alpha_h=0.81$ 时，过流流速最大。需要说明的是，最优水力充满度并不是设计充满度，实际采用设计充满度，尚需根据管道的工作条件以及直径的大小来确定。

无压圆管均匀流的流量和流速随水深的变化为：

$$\frac{Q}{Q_0} = \frac{AC\sqrt{Ri}}{A_0 C_0 \sqrt{R_0 i}} = \frac{A}{A_0}\left(\frac{R}{R_0}\right)^{\frac{2}{3}} = f_Q\left(\frac{h}{d}\right) \tag{10-63}$$

$$\frac{u}{u_0} = \frac{C\sqrt{Ri}}{C_0\sqrt{Ri}} = \left(\frac{R}{R_0}\right)^{\frac{2}{3}} = f_v\left(\frac{h}{d}\right) \tag{10-64}$$

式中 Q_0, u_0 ——满流（$h=d$）时的流量和流速；

Q, u ——不满流（$h<d$）时的流量和流速。

当 $\frac{h}{d}=0.95$ 时，$\frac{Q}{Q_0}$ 达到最大值，$\left(\frac{Q}{Q_0}\right)_{max}=1.087$，此时管道中通过的流量 Q_{max} 超过管内满管时流量的 8.7%；当 $\frac{h}{d}=0.81$ 时，$\frac{u}{u_0}$ 达到最大值，$\left(\frac{u}{u_0}\right)_{max}=1.16$，此时管中流速超过满流时流速的 16%。

5. 最大设计充满度、允许流速

在工程上进行无压管道的水力计算，还需符合有关规定。对于污水管道，为避免因流量变化形成有压流，充满度不能过大。根据现行《室外排水设计规范》规定，污水管道最大设计充满度见表 10-7。至于雨水管道和合流管道，雨水短时承压，可按满管流进行水力计算。

为防止管道发生冲刷和淤积，最大设计流速金属管为 10m/s，非金属管为 5m/s；最小设计流速（在设计充满度下），当 $d\leqslant500mm$ 时，取 0.7m/s；当 $d>500mm$，取 0.8m/s。

最大设计充满度   表 10-7

管径 d 或暗渠高 H (mm)	最大设计充满度 $\alpha=\frac{h}{d}$ 或 $\frac{h}{H}$	管径 d 或暗渠高 H (mm)	最大设计充满度 $\alpha=\frac{h}{d}$ 或 $\frac{h}{H}$
150~300	0.60	500~900	0.75
350~450	0.70	≥1000	0.80

10.2.5 污水蓄水池的设计

当污水厂出水逐时流量不能实现工程全面积污水源热泵供热，而污水日总流量可供面积大于实际需要的供暖空调面积时，可以通过设置污水池蓄水以满足系统需水要求。同时工程要有足够的空间以满足修建蓄水池所需的建筑面积，还应考虑污水池对环境的影响及安全控制等问题，即污水资源是否能实时满足工程需水、是否有足够的污水资源、是否有蓄水池建筑空间、是否对环境有影响以及有无安全隐患。

当污水的总资源量能够满足工程全建筑面积污水源热泵空调系统的设计需求，但污水的逐时水量并不能时时满足热泵系统的逐时用水量时，需要考虑设置蓄水池等调峰填谷措施。

通过对污水资源与工程负荷的逐时对比分析及评估，可以充分了解污水资源的最大供热、供冷能力，并借以判断热泵系统的建设规模；当污水资源不能时时满足热泵系统的实际负荷需求，可通过污水处理厂出水逐时水量与系统需水分析，确定蓄水池的建设规模。

一般将冬季夜间连续缺水时段作为蓄水池的设计最不利条件，其最大连续缺水总量即为冬季理论设计蓄水量。夏季由于气候的关系，夜间时间较短，污水处理厂进出水量的低谷段相应缩短，而此时间段与冬季供热情况恰恰相反，该时间正是空调的低峰负荷时间段，此时热泵系统用水量最少。空调高峰时间段出现在中午 12 点至晚间 10 点，具体时间随不同建筑气候条件改变，相应的，此时间段也是污水处理厂排水量高峰期，污水资源短缺量较小。定义系统出现连续缺水时，其最大连续缺水总量即为系统夏季理论设计蓄水量。比较冬季、夏季理论设计需水量，取较大值并考虑安全余量系数，即为污水蓄水池最终设计容量。

污水蓄水池的池底一般为锥形，中间设置抽污泵，定期将沉淀的污物抽出，排入化粪池或污水渠。如工程还需中水回用，可根据实际工程需要在蓄水池长度或深度方面据现场情况再进行适当调整，扩大蓄水池容量，也可采用热泵蓄水池和中水蓄水池分开设立互不干扰的方式。

10.3　机房管路设计

与其他冷热源形式的热泵系统相比，污水源热泵系统的主要区别在于污水子系统，设备选型与管路设计的特殊性也集中在此。

污水源热泵系统及其机房管路的设计方法如下：

（1）管材：根据国内外的相关试验结论和工程经验，室外污水管道一般可选用铸铁管或者 PPE、PVC 管；室内管道和换热器可选用内外防腐的碳钢管。

（2）阀门：污水子系统尽量减少阀门安装。水泵进口无需底阀，出口无需止回阀，无需设置旁通管道，水泵进出口均应装设闸阀。

（3）水泵：必须选择污水泵或者排污泵，一般为单级单吸管道泵或者湿式潜水泵。污水泵一般采用开式叶轮，而且叶片数量少，只有 2～5 片，流道宽，可输送含有尺寸在40～90mm 范围内的纤维或者其他悬浮杂质的污水。污水泵与清水泵的最大外观区别在于污水泵壳体上开设有清扫孔。

（4）粗效过滤设备：由于运行时污水流量大、污物浓度高，传统过滤技术无法承受，而且容易造成二次污染。可采用滤面水力连续再生技术的圆筒式污水防阻机，过滤尺寸＜4mm。

（5）换热器：建议选用多壳程串联的壳管式换热器，换热管内径 15mm 或者 20mm。

图 10-27　板式换热器堵塞与污染情况

图 10-27 中可明显看出，板式换热器的堵塞和污染情况非常严重，为防止堵塞与软垢快速生长，建议不要选择板式换热器。

污水子系统的管道设计主要遵循管路平直、阀门少的原则。此外还要注意以下三点：

（1）污水泵台数不宜太多，三台即可，两用一备。由于污水源热泵系统大多是间歇运行，一天之内污水泵的启停频繁，而且污水泵自身的结构决定了它的自吸能力很差，因此污水泵站必须设计成自灌式，不建议采用真空泵或者水射器抽气引水。一般污水水面需高于水泵吸入口 0.5～1.0m，而且在自流管的进口和端头分别安装闸阀和法兰盲板，便于检修和清洗。在条件允许时，每台水泵应该设置各自的吸水管，吸水口朝下，而且各自的出水管必须从顶部接入压水干管（避免污物淤积）。若选用潜水泵，则应设置集水池，并且从压水管上接出一根 50mm 的支管伸入到集水池底部，定期开启将沉渣冲起，由水泵抽走，如图 10-28 所示。

（2）一般情况，在无氧的条件下，污水对金属腐蚀很小。在有氧条件下，界面的腐蚀速度将增加几十倍至上百倍，如果系统在间歇运行的停泵期间污水倒空，就会加剧碳钢换热器的腐蚀。为了避免每次启泵后管道和换热器的频繁人工排气，有必要设置存水弯和泄水管，如图 10-29 所示。存水弯是室内管网的最高点，其上安装排气阀。存水弯能保证停泵期间室内污水管道和换热器内始终充满水，泄水管用于过渡季系统长时间停止运行或者检修时泄空污水。

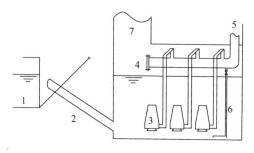

图 10-28　污水源热泵取水与配管方式

1—污水干渠；2—自灌引水管；3—潜水泵；
4—盲板；5—压水干管；6—集水池冲洗管；
7—集水池维修孔

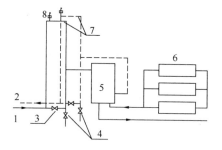

图 10-29　机房污水进出管道的存水弯

1—污水进户管；2—污水出户管；3—存水弯
旁通；4—泄水管；5—防阻机；6—换热器；
7—最高点存水弯；8—自动排气阀

（3）在水泵的总压水管上、污水干管进出户处、换热器进出口处等位置必须安装测压装置和温度计。若选用压力表作为测压装置，建议无表弯而有阀门且朝上安装。压力表阀门平时关闭，仅在检查污水子系统是否出现堵塞故障或判定换热器是否需要清洗时使用。

污水泵房周围设有排水沟，坡度 $i=0.01$，并通向积水坑。设置小型潜式排水泵，或者在污水泵吸水口附近（管径最小处）接出一根 25mm 的小管伸到积水坑内，水泵低水位工作时，可开启阀门将坑中污水抽走。泵房同时设置机房远程控制和泵房现场控制，无需供暖，做好防水防潮，并采用机械通风。在地下泵房顶板上预留吊钩，以便于水泵检修。

10.4 污水源热泵的运行控制

污水源热泵与其他热泵形式相比，系统形式更复杂，故障风险更高。但是这些热泵系统在热泵机组及末端循环等方面几乎是没有差别的，因此，接下来将针对城市原生污水源热泵的污水取水换热部分，包括污水循环和中介水循环，介绍其运行控制和故障诊断。

10.4.1 监测参数及方法

污水源热泵系统的污水取水换热部分在进行节能控制和故障诊断设计时，需要监测的参数主要有以下几类：

1. 水位

水位一般代表污水量的充足与否，而且当水位低于警戒水位时，必须发出警报。一些系统运行故障或运行状况不稳定，可能就是由于低水位造成的。水位过高，也会给系统造成毁灭性的灾害，如倒灌、淹没等。因此水位监测对污水源热泵的运行至关重要。

水位监测一般在缓冲池和退水池内进行，当系统没有设置缓冲池时，则应当对污水管渠取水点处的水温进行定期监测，检测时间为 6:00、10:00、15:00、22:00。

2. 温度

几个关键的温度测点是：缓冲池污水温度、退水池污水温度、防阻机配管的 4 个进出口温度、换热器污水侧的进出口温度、中介水侧的进出口温度。

缓冲池与退水池的温度可用于判断整个工程的运行状况，供热量是否充足；防阻机配管的 4 个进出口温度可用于判断防阻机的再生效果和堵塞程度，以及由于堵塞或装配问题导致的内漏程度；换热器的 4 个温度可用于监测换热器的堵塞、淤积、软垢的程度及影响。

3. 压力

几个关键的压力测点是：一级、二级污水泵的进出口压力，防阻机配管的 4 个进出口压力，换热器的 4 个进出口压力。

污水泵的进出口压力用于污水运行状况以及是否堵塞的判断；防阻机的 4 个压力可用于监测防阻机是否堵塞、是滤网堵塞还是进出口堵塞等；换热器的 4 个压力可用于估算换热器的流量是否充足、正常，判断换热器的堵塞程度。

此外，各压力点之间即使没有设备，其压力差也可用于判断该段污水管道是否发生淤积堵塞。

4. 电工信号

几个关键的电工参数是：污水泵以及中介水泵的电压、各相电流、功率，防阻机的电流及功率。如果水泵采用变频技术，则供电频率也是关键参数之一。

各相电流可用于判定水泵是否缺相、三相是否平衡；电机功率可用于判断水泵是否运行正常。不论是水泵、管路、换热设备发生堵塞，在水泵功率上都会有直接的体现；防阻机的电流与功率可用于判断防阻机是否出现卡死等故障。

5. 流量

可以将流量计（表）安装在管道上，实现实时在线流量监测。对于污水流量，建议选取电磁流量计。由于污水水质恶劣，也为了减少系统投资，通常的流量监测都是在系统出现问题时，采用超声波流量计进行诊断测量。而在污水源热泵系统运行时，则主要根据压差和水泵电功率进行流量的估算。

10.4.2 污水取热系统的运行控制

1. 污水设备的台数控制

由于污水内污物、泥沙、油脂较多，如果流速过低，将会在管道和设备内淤积，这将增加系统的故障风险。并且，由于防阻机对反冲流速有要求，如果污水流量减小，必将导致反冲洗的滤面再生流速减小，滤面再生效果将变差。若换热器内滋生软垢，由于软垢的平衡厚度与污水流速密切相关，流速减小，软垢平衡热阻将会急剧增加。因此，污水源热泵系统的一级、二级污水泵一般为定流量运行，系统运行流量一般采取台数控制的阶梯流量。防阻机和换热器的台数控制依靠阀门启闭实现。

控制算法如图 10-30 所示。

设系统设计工况下的污水泵运行台数为 N，系统在某工况的运行过程中，通过末端循环的运行监测可以计算得到此时热泵向末端设备的供热量，该供热量与设计供热量之比，也即负荷率 φ 即可求得，判断求解不等式：$\dfrac{n-1}{N} < \varphi \leqslant \dfrac{n}{N}$，得到整数 n，即在该工况下应该运行的污水泵台数为 n。

2. 中介水泵的变频控制

中介水泵有两种控制方法，其一是采取与污水泵相同的台数控制，当中介水泵台数为 G 时，判断求解不等式：$\dfrac{n-1}{N} < \dfrac{g}{G} \leqslant \dfrac{n}{N}$，得到整数 g，即 n 台水泵对应运行 g 台并联中介水泵。

中介水泵的另外一种控制方法是采取变频控制技术，一般是用于并联式系统或者混联式系统。此时的并联变频控制是指 G 台中介水泵同时变频，均采取相同的频率运行。其控制算法如图 10-31 所示。首先根据热泵和系统末端的供热量，确定中介水泵的大致频率范围，然后判断中介水出蒸发器的温度是否处于设定的温度范围，若不满足，则根据 PID 算法改变中介水泵的供电频率，直至中介水回水温度满足要求。

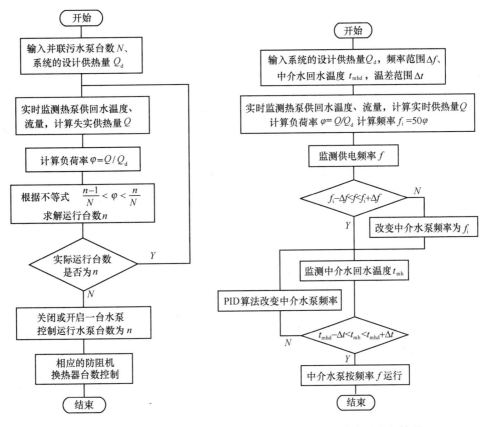

图 10-30 污水泵的台数控制　　　　图 10-31 中介水泵变频控制

10.4.3 污水取热系统故障诊断

1. 污水泵故障诊断

污水泵的故障主要有：堵塞、缺相、超载，一般表现为：

泵体堵塞：污水泵的进出口压差偏小，但是水泵的电流偏大。当判断为水泵堵塞时，应当停止运行，并进行污物清理。

缺相：缺相或三相不平衡可直接从水泵的三相电流进行判断。缺相对水泵危害严重，应及时进行电机修理。

超载：污水泵的扬程不是很小，但是水泵电流很大，可能是水泵超载所导致。超载的原因可能是与之并联的管路或设备没有及时启闭或启闭错误。

泵前堵塞：污水泵的扬程较大，但电流较小，而且入口压力偏低，可能是水泵入口段堵塞造成。

泵后堵塞：污水泵的扬程较大，但电流较小，而且出口压力偏低，可初步判断为水泵后续管道发生堵塞。

如果污水泵的进出口压力十分不稳定，并有较大的噪声，可以检查水泵的吸入口的水深是否足够，防止水泵吸水流量过大造成漩涡卷入空气。

2. 防阻机故障诊断

如图 10-32 所示，如果 $P_1 \approx P_4 \approx P_2 \approx P_3$，而且 $T_1 \approx T_2$，$T_3 \approx T_4$，$T_1 - T_4 = 3 \sim 7℃$，则说明防阻机基本运行正常。

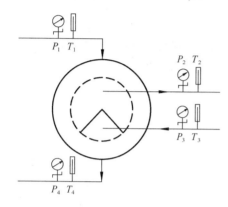

图 10-32　防阻机的温度、压力测点位置

防阻机的故障主要有：堵塞、混水、卡壳，一般表现为：

堵塞：防阻机堵塞可以从压力和温度上来分别判断。

（1）如果 $P_1 \approx P_4$，而且 P_1 比 P_2 大很多，P_3 比 P_4 大很多，P_3 比 P_2 大很多，则基本可判定防阻机滤筒堵塞，需要停机清洗。

（2）如果 $T_1 \approx T_4$，$T_1 - T_2 > 3℃$，则基本可判定防阻机滤筒或二级污水管路堵塞，需要停机清洗。

（3）如果 $P_1 \approx P_2$，P_1 比 P_4 大很多，$T_1 - T_2 > 3℃$，则基本可判定防阻机外筒空间或者外筒出水口堵塞。

（4）如果 $P_1 \approx P_2 \approx P_4$，$P_3$ 比 P_2 大很多，$T_1 \approx T_4$，则基本可判定防阻机内筒的反冲洗进口堵塞。

（5）如果 $P_1 \approx P_3 \approx P_4$，$P_1$ 比 P_2 大很多，$T_1 \approx T_4$，则基本可判定防阻机内筒的取水出口堵塞。

混水：虽然混水是不可避免的，但是如果混水比例过大，则可视为故障。

（1）如果 $P_1 \approx P_4 \approx P_2 \approx P_3$，但是 $T_1 - T_2 > 3℃$，$T_3 \approx T_4$，则说明防阻机内漏严重，可能是内筒偏心或者密封板脱落导致。

（2）如果 $P_1 \approx P_4 \approx P_2 \approx P_3$，但是 $T_1 \approx T_2$，$T_4 - T_3 > 2℃$，则说明防阻机外漏严重，以及污水泵的运行流量过大。

（3）如果 $P_1 \approx P_4 \approx P_2 \approx P_3$，但是 $T_1 - T_2 > 3℃$，$T_4 - T_3 > 2℃$，则说明防阻机内漏、外漏都较为严重，必须进行检修。

此外，当滤筒发生堵塞时，内漏、外漏都会加重，所以一般是先排除堵塞故障，再行判断混水过大的故障。

卡壳：防阻机卡壳是指旋转的内筒由于堵塞或者偏心、密封过紧等原因导致防阻机旋转困难。防阻机卡壳故障一般可通过防阻机的电机电流来判断，当电流超载严重时，基本可判定防阻机卡壳。值得注意的是，防阻机一旦卡壳，接下来防阻机将容易出现堵塞和换热器的一系列故障，所以应当及时排除。

3. 换热器故障诊断

换热器故障主要是指供水不足、堵塞、软垢严重等，一般表现为：

供水不足：如果换热器的进出口压差偏小，而且温差偏大，基本上是流量供应不足。这可能是防阻机、管路堵塞导致的，也可能是应当关闭的并联换热器没有正确关闭导致的。

堵塞：如果换热器的进出口压差偏大，而且温差也偏大，基本上是换热器自身发生堵塞导致的。

软垢严重：如果换热器的进出口压差正常或稍大，但是温差偏小；基本上可以判定换热器软垢严重，应当清洗了。

如果中介水侧的压差正常，但是温差偏小，基本上可以判断污水侧出现了供水不足、堵塞或者软垢严重的故障之一。

如果换热器的结露仅仅发生在换热器的一端，则可判定换热器内的中介水水平隔板与壳体之间存在较大缝隙，导致中介水出现断路。需更换换热器或返厂维修。

4. 管路故障诊断

管路堵塞一般发生在阀门、弯头、三通处，依据管路两端的压差，可以判断该段管路是否堵塞。所以水泵出口的压力表一般安装在止回阀后，污水弯头、三通前后可考虑设置压力表。

5. 污水源故障诊断

污水源故障主要是指由于市政施工、规划更改等原因出现的污水源断流，但是污水渠内还积存着一定量（水深）的污水，造成即使上游停止汇水，污水泵还能抽取足够污水，并将之排回污水渠，形成死水循环。当市政部门没有及时通报时，这种故障可以通过污水温度来判断：① 污水源温度偏低，接近或低于土壤恒温层温度；② 系统运行较短时间之后，污水源温度出现明显降低；③ 系统停止运行一段时间之后，污水源温度又恢复为接近土壤恒温层温度。若出现以上三种温度变化，即可判定为出现污水源故障。

第 **3** 篇

污水热能资源评估与规划

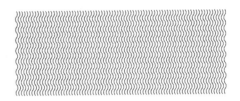

第 11 章

城市污水热能资源勘察技术

污水源热泵项目成败的关键，在于污水所蕴含的可被开采的热能能否满足工程要求。污水可被开采的热量，与流量、水温及二者的变化规律、取水方式等密切相关。污水源热泵工程由于缺乏充分的勘察和评估，从而导致问题频出甚至失败的例子不在少数。污水热能资源勘察与评估应该是污水源热泵工程论证和审批的前提条件。城市污水热能勘察技术主要包括四个方面的内容：勘查的参数体系、参数勘测方法、勘查实施方法、数据处理方法。

11.1 勘查的参数体系

勘查参数体系按参数性质可分为热工参数、水质参数、管渠参数三大类；按参数的表达形式可分为点参数和分布参数两大类。具体分类如表 11-1 所示。

污水热能资源勘查参数体系   表 11-1

热工参数	资源参数	流速*	污水取排设计与管渠散热参考
		流量*	污水热能资源评估、环境评估
		水温*	
	物性参数	密度	污水换热系统设计基础
		比热	
		导热系数	
		黏度	
水质参数	生化指标	pH*	污水腐蚀性参考
		DO*	
		氯离子*	
		COD	
		BOD*	污垢热阻参考
		SS	
		TDS*	
		油脂*	
		粪大肠菌群	
	悬浮污物	硬性污物浓度	污水换热堵塞性参考
		脆性污物浓度	
		柔性污物浓度*	

续表

		直径与长宽*	污水温度沿程变化参考
管渠参数	尺寸参数	管渠埋深*	
		污水深度*	污水取排工艺参考
		水面宽度	
		淤泥深度*	
	管渠环境	流向	城市污水分布分析参考
		土壤温度*	土壤缓冲能力参考
		土壤物性	

注：带 * 为必须勘查参数。

11.1.1 点参数

所谓点参数，是指在某个具体时刻测出的污水热能参数。现场测试的污水的流量、温度和水质参数都属于污水热能点参数。

1. 污水流量点参数

污水流量点参数包括：小时最低（最高）流量、小时平均流量、日最低（最高）流量、日平均流量、月最低流量和最不利日平均流量等。

小时最低（最高）流量：某一测试日中，某个时刻出现的最低（最高）流量，用于确定污水最低（最高）流量及其出现的时刻，计算污水流量的波动幅度，确定污水蕴含的最大（最小）热能。

日最低（最高）流量：某一个测试阶段中，某日出现的最低（最高）流量，用于确定污水的日供应能力。

小时平均流量：每个小时污水所蕴含的平均热能流量，是污水热能总量与污水温度总量的商。

日平均流量：某一个测试阶段中，某日流量的平均值。

月最低流量：最冷月或最热月内的最小日平均流量。

最不利日平均流量：最不利日污水热能流量的平均值。

2. 污水温度点参数

和污水流量点参数类似，污水温度点参数包括：小时最低（最高）温度、小时平均温度、日最低（最高）温度、日平均温度、月最低温度和最不利日平均温度等。

小时最低（最高）温度：某一测试日中，某个时刻出现的最低（最高）温度，用于确定最低（最高）温度及其出现的时刻，计算污水温度的波动幅度，确定污水的可利用温差。

日最低（最高）温度：某一个测试阶段中，某日出现的最低（最高）温度，用于确定污水的可利用温差。

小时平均温度：每个小时污水所蕴含的平均热能温度，是污水热能总量与污水流量总量的商。

日平均温度：某一个测试阶段中，某日温度的平均值。

月最低温度：最冷月或最热月内的最小日平均温度。

最不利日平均温度：最不利日里污水热能温度的平均值。

3. 污水管渠参数

污水管渠参数主要包括：管渠的尺寸、埋深、污水的水深、水面宽度、污水流向等。

管渠尺寸：圆渠测量的内直径，方渠测量渠的宽度和高度。

管渠埋深：即管渠底面至地平面的高度。

污水水深：淤泥表面至水面的高度。

水面宽度：测量段管渠的污水水面宽度。

污水流速：管渠内水面中心的漂浮流速。

污水流向：污水的大致流动方向。

4. 污水水质点参数

水质参数是用以表示水环境（水体）质量优劣程度和变化趋势的各种物质的特征指标。在评价水环境污染程度时，一般选取物理、化学、生物的水质参数作为参考。污水水质点参数包括：pH、BOD、COD、SS、TDS、固态成分等。

pH：氢离子浓度指数的数值俗称 pH，是表示溶液酸性或碱性程度的数值。

BOD（Biochemical Oxygen Demand）：生化需氧量或生化耗氧量，是水中有机物等需氧污染物质含量的一个综合指标。表示了水中有机物由于微生物的生化作用进行氧化分解，使之无机化或气体化时所消耗水中溶解氧的总量，其单位为 ppm 或 mg/L。BOD 值越高说明水中有机污染物越多，污染也就越严重。常用 BOD_5 表示五天内有机污染物的化学需氧量。

COD（Chemical Oxygen Demand）：化学需氧量，是指在一定的条件下，采用一定的强氧化剂处理水样时，所消耗的氧化剂量。它是表示水中还原性物质多少的一个指标。水中的还原性物质有各种有机物、亚硝酸盐、硫化物、亚铁盐等，但主要的是有机物。因此，COD 又可作为衡量水中有机物质含量多少的指标。化学需氧量越大，说明水体受有机物的污染越严重。其单位用 ppm 或 mg/L 表示。

SS（Suspended Substance）：水中的悬浮物，指水样通过孔径为 $0.45\mu m$ 的滤膜后，截留在滤膜上，于 103~105℃ 烘干至恒重的固体物质，是衡量水体水质污染程度的重要指标之一，其单位用 ppm 或 mg/L 表示。

TDS（Total Dissolved Solid）：可溶解固体总量，是溶解在水里的无机盐和有机物的总称。其主要成分有钙、镁、钠、钾离子和碳酸离子、碳酸氢离子、氯离子、硫酸离子和硝酸离子等。TDS 值代表水中溶解物杂质含量，TDS 值越大，说明水中的杂质含量越大，反之，杂质含量越小，其单位用 ppm 或 mg/L 表示。

固体成分：根据污染物的机械强度和其变形能力可将其分为三类，即硬性、脆性、柔性；污染物的形状主要根据其三维尺寸进行分类，按照日常生活经验和直观表达，将污染物的形状分为五类，即球状、块状、条状、片状、丝状。

11.1.2　分布参数

分布参数是指点参数（主要指污水热工参数）在一定连续时间内的变化曲线。从分布参数中，或者说从参数变化曲线中，不仅可以清晰地了解污水各热工参数的变化趋势，而且可以形象地看出各特征点参数及其出现的时间。分布参数主要包括污水流量（温度）逐时变化曲线、逐日变化曲线和污水流量（温度）延续时间图。

污水流量（温度）逐时变化曲线：某个测试日中，每个时刻污水流量（温度）测量平均值的变化趋势曲线。

污水流量（温度）逐日变化曲线：某个测试阶段中，每日污水流量（温度）测量平均值的变化趋势曲线。

污水流量（温度）延续时间图：累计时间里污水流量（温度）的大小，延续时间图主要包括水温日逐时延续时间图、水温采暖季逐日延续时间图、流量日逐时延续时间图、流量采暖季逐日延续时间图等。

11.2　勘查方法

勘测方法主要分为数据调研、现场直接测量、取样实验室测量、远传实时监控等几大类方法。具体测定方法在许多标准规范中均有明确说明。

一般而言，污水的生物化学水质参数需要取样实验室测量，而有关悬浮物的污水水质参数就需要现场测量。

在距工程论证还有充分时间并且条件允许时，可以采取远传实时监控，将数字温度计的传感器固定于流速仪支杆上，放入污水干渠测试点，测试污水流速的同时测量水温和水深。高精度巡检仪通过多路开关对所输入的各测点（温度、压力、流量等）的信号值进行切换，逐一巡回处理。这些信号以数字量的形式进入巡检仪的中央处理单元后，经过处理、转换，最后以工程量的形式显示输出。计算机与巡检仪之间采用标准通信传输，实现实时通信，并以 MCGS（Monitor and Control Generated System）工程组态软件搭建实时监控系统，实现数据采集和处理、流程控制、数据波动曲线显示及工作系统动画显示等实时监控的功能。

污水处理厂的运行数据和大型干渠的数据一般可以通过协作调研得到。特征日的分时段现场直接测量是勘察过程中常用的方式，能得到许多有价值的点参数。流量的测量方法主要有堰式流量测量、槽式流量测量和断面流速法。断面流速法虽然精度较差，但是实施简单，对于小型干渠可仅测量表面中心流速；对于大型干渠，通常需要将流通断面合理地划分为多个部分，并在各部分的中心点分别测量流速和温度，最后通过加权平均的方法得到污水的平均流速（流量）和温度。

11.2.1　污水流量勘查

污水流量和系统设计可利用温差共同决定了污水的冷热资源量，从而决定了污水源热泵系统的规模，因而需要对污水流量进行实时勘查。

国内污水流量计主要划分为测量有压管道出流的污水流量计和测量明渠出流的污水流量计两大类。所谓明渠，是一种具有自由表面（表面上各点受大气压强的作用）水流的渠道。在日常的工业生产和生活中，工厂排水和城市下水道中的水流通常是以非满水状态自由流动的，属于明渠流动。对于平时生活中所说的暗渠（非露天形式），也属于明渠流动。

测量明渠污水流量的主要方法是：在明渠中设置具有一定几何形状的截水装置，使通过截水装置的污水流量 Q 与截水装置上游水位 h 成正比关系，即 $Q=f(h)$，测出水位变化值，就可换算出污水流量值。堰和槽是两种最常见的截水装置，因此明渠污水流量的测量有堰式流量测量和槽式流量测量两种。

1. 堰式流量测量

堰式流量测量是早已为人们所熟知的明渠流量测量方法，实验资料非常丰富，也提出了各种实验公式。堰式流量测量的基本方法是在水路的中途或末段设置上部有缺口的板或壁，这个板或壁叫作堰，流束在这里被堰挡住，然后通过这个缺口向下流侧流去。此时，堰的上流侧水位和这个流束的流量具有一定的关系，通过测量这一水位就可以间接得到流量。按照形式的不同，堰可以分为薄壁堰、宽顶堰、三角形剖面堰和实用剖面堰。

各种形式的堰比较而言，薄壁堰结构简单，制作容易，应用最为广泛。根据薄壁堰缺口部的形状，又可分为三角形堰、矩形堰、全宽堰、梯形堰和比例堰等。图 11-1 描绘了三角形薄壁堰测量的基本原理，其中 D 为堰缺口底端的相对高度，h 为上流侧水位距堰口的相对高度。

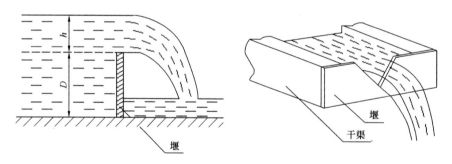

图 11-1　三角形薄壁堰测量的基本原理图

堰式流量测量的基本部件构造简单、价格便宜并且可靠性高，因此被广泛用于明渠流量的测量。但由于水流流过堰板时有一定的水头损失，污水中夹杂的悬浮物质往往在堰前沉积下来，对堰的计量精度会造成一定的影响。

2. 槽式流量测量

槽式流量测量虽然起步较晚，但发展迅速，自 1910 年美国开始研制槽式流量计并投入应用以来，它在美国和欧洲极为普及，并迅速推广到世界上多个国家。槽式流量测量的基本原理是：在通流渠路中安装具有某一特定形状的水槽，使得渠路中的水流在流经水槽喉管部时产生节流，从而引起流速的变化。根据伯努利原理，节流处水的位能转化为动能，因此流速的增大将导致节流处水位的下降。通过测量这个水位的下降量，并在已知测量槽各部分尺寸参数的条件下，便可利用相关公式计算出流量。这种装置一般称为文丘里水槽，如图 11-2 所示。水路的收缩节流方式有多种，有的仅在侧壁收缩，有的使水路底部隆起节流，也有的两者都采用，由此产生各种形状的流量槽，应用最为广泛的有美国的帕歇尔（Parshall）水槽、帕尔默（H. K. Palmer)-玻鲁丝(F. D. Bowlus）水槽（又称P-B槽）和无喉水槽等。

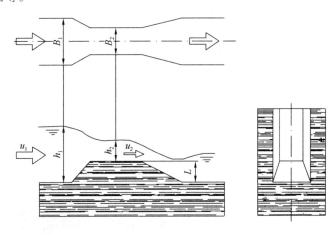

图 11-2　文丘里槽的结构原理图

测量水槽形状复杂，造价比堰贵，而且为了提高测量精度，要求水槽各部分尺寸准确。但水槽水位损失小、水中固态物质不易沉淀堆积，常被用来测量平坦地面上的水渠流量以及工业用水、农业用水的流量。

由堰、槽类截水装置形成的测量系统与液位传感器和微机处理机组合构成各种类型的明渠污水流量计。液位传感器将测出的液位信号传递到微机处理机，由微机根据流量公式计算出相应的流量值，并显示在屏幕上或打印在记录纸上。常用的液位传感器有超声波式、浮子式、电容式和压阻式等。其中电容式液位传感器不适用于含油污、易粘污物、易结垢物的污水；超声波式液位传感器不适用于含泡沫、漂浮物较多的污水；含易沉淀物的污水宜选用压阻式液位传感器。超声波式和浮子式液位传感器适用于密度变化大的污水。

3. 简易测量装置

（1）测量原理。简易污水流量装置指由于条件限制或者精度需求不高时，采用非连续方法测量污水流量的测试仪器。较常见的简易污水计量仪器有流速仪和自计水位计。流速仪分为旋杯式流速仪和旋浆式流速仪，如图 11-3、图 11-4 所示。

自计水位计是一种简易污水计量仪器。按传感器原理分浮子式、跟踪式、压力式和反射式等。水位记

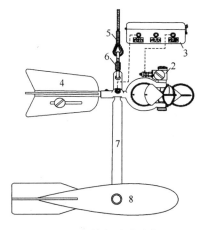

图 11-3　旋杯式流速仪

1—旋杯；2—传讯盒；3—电铃计数器；
4—尾翼；5—钢丝绳；6—绳钩；
7—悬杆；8—铅鱼

图 11-4　旋桨式流速仪

录方式主要有：记录纸描述、数据显示或打字记录、穿孔纸带、磁带和固体电路储存等。

浮子式水位计：其原理是由浮子感应水位的升降。有用机械方式直接使浮子传动的普通水位计，有把浮子提供的转角量转换成增量电脉冲或二进制编码脉冲作远距离传输的电传、数传水位计，还有用微型浮子和许多干簧管组成的数字传感水位计等。

跟踪式水位计：又称接触式水位计，利用重锤上的电测针接触水面发出电信号，使电机正转或逆转，随时跟踪水面点的位置，从而测定水位。

压力式水位计：工作原理是测量水压力，推算水位。其特点是不需建静水测井，可以将传感器固定在污水渠底部，用引压管消除大气压力，从而直接测得水位，如图 11-5 所示为静压式自计水位计。

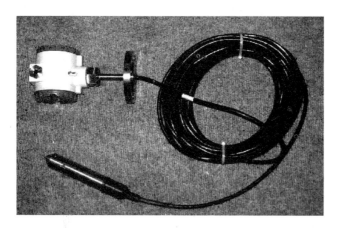

图 11-5　静压式自计水位计

声波式水位计：反射式水位计的一种，应用声波遇不同介面反射的原理来测定水位。可用电缆传输至室内显示或储存记录。

自计水位计在水文部门应用较广，在污水流量测量中使用的普及面也在逐步扩大。

（2）测点布置。对于较宽的污水干渠，由于水流在水渠中的流速分布是不均匀的，必须将水流断面上分成多条测线，每条测线测多点流速，以提高测量精度，最后计算出断面平均流速和流量。

测点应根据实际情况在干渠横向方向每隔一定距离 L 均匀设置。间距 L 一般根据污水渠尺寸、流速、水深等情况进行设定，对 $d>4000mm$ 或者宽度超过 4000mm 的大渠，建议 L 不超过 1m，对一般的污水渠 L 以 0.5m 为佳。测试工具的探头应该全部置于污水渠自由液面以下，以水位线中点位置为佳，在测量条件限制的情况下至少要留有 $h>10cm$ 的安全余量，测点的具体布置如图 11-6 所示。

对于较窄的污水渠和对流量精度、准确度要求不高的情况下，可以用点流速代替断面平均流速来计算流量。此时测点应设置在水渠有水断面的几何中心。

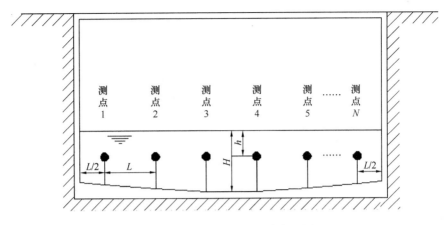

图 11-6　污水干渠流速测点布置图

为保证测量数据的连续性和准确性，应该尽量缩短测量时间间隔，以 0.5h 读取数据 1 次为佳，对于流速、流量相对稳定的大水量排放点或者受测量条件限制时，可以根据实际情况适当放宽测量时间间隔。

11.2.2　污水温度勘查

污水水温是换热工况设计的重要参数，从污水源热泵的节能原理可知，冬季水源水温越高，污水源热泵系统的 COP 越大；反之，夏季水源水温越高，污水源热泵系统的 COP 越小；同时污水水温决定着污水设计可利用温差的范围，若夏季水温过高或冬季水温过低，会使污水源热泵系统没有可以利用的温升温降，从而无法实施污水源热泵系统的方案。因此，污水源水温的确定在整个系统方案设计中具有决定性作用。

污水温度可直接用带加长线的便携式温度计读取。采用简易污水流量测量装置进行非连续方法测量污水流量时，只需在流量测点上绑上带传感探头及加长线的便携式数字温度计，待温度计读数稳定后便可直接读取污水的温度。测点布置与流量测量的测点布置类似，但由于污水水温相对流速而言要稳定得多，可以测试主要特征点的温度，如近壁面的水域、干渠中心水域、干渠四分之一处水域等。当用堰式或槽式测量流量时，除了测完如图 11-7 所示点温度后，还应该测量其他特征点的温度。

在有条件的情况下，可采用智能化的数据采集装置，比如：高精度巡检仪，通过多路开

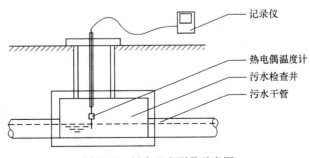

图 11-7　污水温度测量示意图

关对所输入的各测点（温度、压力、流量等）的信号值进行切换，逐一巡回处理。这些信号以数字量的形式进入巡检仪的中央处理单元后，经过处理、转换，最后以工程量的形式显示输出。计算机与巡检仪之间采用标准通信传输，实现实时通信。并以 MCGS 工程组态软件（Monitor and Control Generated System）搭建实时监控系统，以实现数据采集和处理、流程控制、数据波动曲线显示及工作系统动画显示等实时监控的功能。

需要注意的是，由于污水的特殊性，温度计的探头必须是耐腐蚀的，并且要注意不能让纤维、发丝等带状物缠绕探头，以免影响测量数据的准确性。

11.2.3 水质参数勘查

污水的流量和温度作为污水的热工参数，在对污水热能进行评估或者利用时是必须进行勘查的，然而也不能忽视水质参数的勘查。

水质参数的勘察应包含以下方面：

（1）pH：可以通过酸碱滴定进行测量。

（2）BOD：测定方法主要包括标准稀释法、生物传感器法、活性污泥曝气降解法和测压法。

（3）COD：目前应用最普遍的测定法是酸性高锰酸钾氧化法与重铬酸钾氧化法。高锰酸钾（$KMNO_4$）法氧化率较低，但比较简便。在测定水样中有机物含量的相对比较值时，可以采用。重铬酸钾（$K_2Cr_2O_7$）法氧化率高，再现性好，适用于测定水样中有机物的总量。

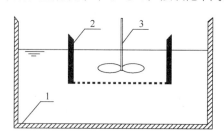

图 11-8 固体成分分级浓度测试装置简图
1—量桶；2—滤筛；3—搅拌器

（4）SS：可采用 SS 测试仪直接测定。

（5）TDS：可采用 TDS 测试仪直接测定。

（6）固体成分：需要进行分级浓度的测量，其主要是通过网眼直径为 1mm、2mm、3mm、4mm、5mm、8mm 的钢质滤筛进行测量。实验装置如图 11-8 所示，将污水先通过 8mm 网眼的滤筛倒入量桶，再将滤筛浸入水中，用搅拌器缓慢地搅拌滤筛内的污水，5min 之后称量被截留污杂物的湿质量，即为尺寸在 8mm 以上的污杂物。将上述滤液再通过 5mm 网眼的滤筛倒入另一个量桶，采用同样的方法即可测得尺寸在 5～8mm 污杂物的湿质量。重复进行该步骤，即可测出各级尺寸的污杂物的质量-体积浓度。同一地点进行 5 次取水，分别测量，最后取平均值。实验过程中同时按照上述污杂物的性质和形状分类，对过滤截留物进行分类测量和统计。

11.3 勘查的实施

11.3.1 设备与仪器

对污水热工参数和水质参数进行测量，测量每种参数的仪器是必不可少的，根据需要测量的参数，需要在测量前准备好各种仪器。

对热工参数进行现场勘查时，为了使测量能够顺利有序地进行，测量人员还得对测量中所需要的辅助设备进行必要的准备。

所需进行的准备有：

（1）打开井盖所需的铁锤和撬棍等，测量水深的标杆，测量污水水渠尺寸的皮尺，测量温度有可能用到的加长线。

（2）对有些较深的渠，测试人员必须得下到检查井，这时候就应该准备梯子、安全帽、雨鞋、保护手套和照明工具等。

（3）由于污水检查井一般设在道路上，而且有可能在道路的中央，因此，测试人员必须准备保护自身安全的交通警示牌和交通反光背心等，并按正确的方式放置交通警示牌，以提示来往车辆。

（4）由于测试工作量较大，且测点分布可能比较广，仪器和辅助设备较多，建议准备方便快捷的交通工具。

（5）针对特殊情况需要准备特殊的设备。以北方某市污水热能资源勘查为例，由于天气较冷，检查井盖完全被冻住，因此，测试人员额外又准备了煤气罐和烘烤枪，先用烘烤枪通过高温将井盖化冻后才顺利将其打开。图 11-9 为现场勘查时的照片。

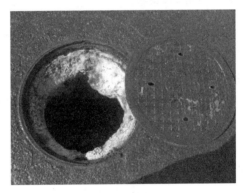

图 11-9　污水热工参数现场勘查

11.3.2　时间安排

时间安排主要分为两个方面，一个是特征日的确定，一个是在特征日里测量时刻的确定。为了能更好地利用污水热能，给末端用户安全稳定地供冷或供热，必须得到污水的最不利参数。因此，在项目测试前，应该参考当地的气象参数，了解当地最冷月、最热月、极端高温日和极端低温日等信息，围绕这些特征日对污水的热工参数和水质参数进行持续一定时间的测试，以得到最可靠的数据。

在特征日中，对污水热工参数进行多次连续测量，得到参数逐时变化曲线，在条件允许的情况下，对最可能出现极端数据的时刻，必须进行测试。如夏季工况特征日里最热时刻、冬季工况特征日最冷时刻的数据，只有得到这些极端点的数据，才能更好地对污水热能进行利用。

一般要求对测试点持续至少一个月的测试，夏季工况需要包括最热月全月数据，冬季工况需要包括最冷月全月数据。对非特征日，要求对测试点连续测试16～18h，至少得到16～18组参数数据，对特征日，要求对测试点进行连续24h的测试，至少得到24组参数数据。

11.3.3　人员安排

为了得到更理想、对污水热能利用更有利的数据，测试人员的安排必须合理。

首先是人员的数量必须有保证。由于测试点的位置和测试项目本身特点，必须至少3个人一组进行协调测试。由于测试点的数量多、分布广，原则上又要求得到每个测试点同时刻的数据，所以尽量安排多个小组同时进行测试。

其次是人员的素质必须保证。由于测试项目存在一定的技巧性和危险性，同时还有一定的难度和强度，必须对测试人员进行遴选，并且在测试前对测试人员进行必要的培训，并要求测试人员严格按照培训人员培训的内容进行操作，在保护自身安全的前提下对污水热工参数进行正确有效地测试。

11.3.4　测试点要求

首先应该对该地区的地形地貌进行初步地了解，特别应该对该地区的污水管网有详细地了解。在了解污水管渠的尺寸、污水的走向、污水汇入点的位置等具体情况后，对测试点进行布置，布置的原则是：

（1）考虑圆渠管径 $d < 600mm$，方渠宽度大于600mm以上的污水渠；

（2）在用水大户的出口处应该布置测试点；

（3）在有大污水用户或者大支管污水汇入的地方应该布置测试点，这里说的大污水用户和大支管视工程项目大小界定不同；

（4）相邻测试点的距离不应该大于1km；

（5）各主污水渠汇出点必须设置测试点，汇出点是指把各支线小渠的流量往主脉络管渠中汇集，主污水渠的出口；

（6）在布置测试点时，最好确认图纸管线布置与实际情况是否相符；

（7）若还有未说明的其他情况，视具体情况布置测试点。

在布置完整个工程项目的测试点后，就可以安排人员对测试点进行参数的测试。

11.3.5　数据记录

数据的记录应该符合以下原则：

（1）制作专门的测试数据记录本，标上页数，不得撕去任何一页。

（2）实验数据应按要求记在测试数据记录本上，绝不允许将数据记在单页纸、小纸片上，或随意记在其他地方。

（3）测试过程中，要及时记录测试时的日期和时间。

（4）测试过程中的各种测量数据，应及时、准确且清楚地记录下来，记录测试数据时，要有严谨的科学态度，要实事求是，切忌夹杂主观因素，决不能随意拼凑和伪造数据。如测试过程中碰到污水渠没有水，或者污水渠冻结等情况，应按实际情况记录。

（5）测试过程中，涉及的仪器运用的测试方法等，也应及时准确记录下来。

（6）测试过程中，遇到与测试前讨论的情况不同时，应及时把新情况、新现象记录下来，如污水渠管径、污水用户位置与图纸所示不一致，污水渠没有水，汇水渠冻结，测试点找不到等。

（7）测试中的每一个数据都是测试结果，所以，重复测量时，即使数据完全相同，也应记录下来。

（8）保持数据记录本的整洁，在测试过程中，如果发现数据算错、测错或读错而需要改动时，可将数据用一横线划去，并在其上方写上正确的数字。

（9）每个测试点数据应该包括测试点位置、管渠尺寸、管渠埋深、污水水深、污水流向、水面宽度、污水流速、污水温度和测试时刻等。

（10）测试完成后，应该对测试数据进行及时的处理分析，得出测试结果。

根据需要测试的热工和管渠参数，结合实际工程经验，总结出污水热能资源现场勘查数据记录表，如表 11-2 所示，主要包括以下几个方面：

（1）测试点一定要编号，以便查阅；

（2）需要记录每一个测试点的具体位置；

（3）记录测试点所在管渠的尺寸，并需要标明是否与图纸标示的尺寸一致；

（4）记录测试点所在管渠的埋深；

（5）对同一个测试点的每一次不同的测试都必须记录测试时间；

（6）记录污水水温，同时记录换算污水流量所需要的污水水深、水面宽度、流速大小和大致流向；

（7）如果测试方法不同，或者对测试点的勘查有特殊要求，可在本记录表上略做修改后使用。

污水热能资源现场勘查数据记录表　　　　　　　　　　　表 11-2

测试点编号	第　　　号测点				
测试点地址					
管渠尺寸	圆渠：直径　　　mm；方渠：宽×高　　　m×　　　m。相符/不相符				
管渠埋深	距地面　　　m				
测点序号	测量时刻	水深 (mm)	水面宽度 (mm)	流速 (m/s)	水温 (℃)	流向
1	月　日　时　分					由　　向
……	月　日　时　分					由　　向
n	月　日　时　分					由　　向

11.3.6　其他事项

除了上述的相关事宜之外，还应该注意：

（1）由于污水属于城市的热能资源，污水管网也属于城市的市政设施，在进行污水参数测试前，应该与当地政府有关部门协调，在得到相关部门许可后才能进行测试。

（2）由于测试点的特殊性，测试人员在工作时一定要布置警戒区，在测试点车辆来流方向15m外，测试点左右各2m外设置交通警示牌，测量人员穿戴交通反光背心，下井工作人员戴好安全帽，在不妨碍交通秩序的情况下注意自身安全。

（3）测出的数据如果有明显错误或者对数据的正确性有怀疑时，应该立即对该测试点的数据进行重新测试。

（4）需要下井作业时，测试人员需在井盖打开进行一段时间换气后再下井进行测试。

（5）测试完成后，一定要将测试现场还原到测试前的状态，特别应该注意的是，要确认把井盖盖好后再离开测试现场。

（6）未尽事宜应参照现场情况酌情处理，处理原则是在保证测试人员安全和不妨碍公共交通安全的前提下，让测试工作顺利有效地进行。

11.4　数据处理方法

数据处理除了遵循常规方法之外，平均值均采取加权平均方法，例如计算平均流速以流通断面为权重，计算平均流量以时间为权重，计算平均温度以流量为权重等。

对于分布参数的处理：①应当去除粗大误差；②对数据进行趋势拟合，得到逐时趋势图（或函数）；③得到最大或最小值；④计算流量、温度的日波动幅度比例和季波动幅度比例；⑤以逐时趋势图（函数）绘制延续时间图（或函数）；⑥得到其他特殊点值，如环保达标温度、环保不保证天数等。

逐时趋势图的横坐标为逐时时间（小时或天），纵坐标为流量或水温，将流量或水温按照时间的先后顺序在图中表示出来，如水温日逐时变化趋势图。由变化趋势图可以较方便地看出最大流量、最小流量、最高水温、最低水温，以及流量、水温的波动幅度。逐时趋势图一般呈波浪形曲线。

延续时间图的横坐标也是时间（小时或天），纵坐标为流量或水温，但是与变化趋势图不一样，横坐标的时间没有先后顺序的意义，而是表示流量或水温低于某一数值（纵坐标数值）的累计时间。因此，最大流量（或水温）对应的时间就是总时间，而最小流量（或水温）对应的时间就是0，如水温采暖季逐日延续时间图。由延续时间图可以方便地了解污水热能资源化的不保证时间，了解极端（流量或水温最大、最小）时段的延续时间，以便做出适当的应对。延续时间图是单调爬坡形曲线。

11.4.1　点参数数据处理

1. 测量值数据处理

由于污水温度和水质参数可由仪器直接测出，有条件的情况下，污水流量也可由污水流量计直接测出。本节主要介绍如何对简易测量装置测出的流速值进行处理。

(1) 对于方渠，如图 11-10 所示，其流量的计算公式为：

$$\dot{V} = H \cdot L \cdot u \tag{11-1}$$

式中　$\dot{V}$——污水流量，m^3/s；

　　　H——水面高度，m；

　　　L——水面宽度，m；

　　　u——污水流速，m/s。

(2) 对于圆渠，有两种情况，如图 11-11 所示，一种是水面高度 H 小于圆渠半径 R，一种是水面高度 H 大于圆渠半径 R。

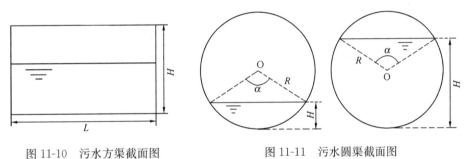

图 11-10　污水方渠截面图　　　　图 11-11　污水圆渠截面图

当水面高度小于圆渠半径时，流量计算公式为：

$$\dot{V} = u \cdot \left(\frac{\alpha R^2}{2} - R\sin\frac{\alpha}{2}\cos\frac{\alpha}{2} \right) \tag{11-2}$$

式中　α——水面顶角，rad；可通过污水水面高度和污水渠半径求得；

　　　R——圆的半径，m。

当水面高度大于圆渠半径时，其计算公式为：

$$\dot{V} = u \cdot \left(\frac{\alpha R^2}{2} + R\sin\frac{\alpha}{2}\cos\frac{\alpha}{2} \right) \tag{11-3}$$

2. 热工参数平均值

为了说明污水热能的平均水平，需要利用污水热工参数的平均值。

取污水流量的平均值为污水热能平均流量，其定义为某测试日中，污水逐时热能之和与污水逐时温度之和的商。

$$\dot{V}_{wm} = \frac{\sum \dot{V}_k t_k}{\sum t_k} \tag{11-4}$$

式中　$\dot{V}_{wm}$——污水的热能平均流量，m^3/h；

k——某测试日中，对同一测试点测试的次数，根据实际测试情况，k 可取 1、

2、3……；

$\dot{V}_k$ ——污水的逐时流量，m^3/h；

t_k ——污水的逐时温度，℃。

取污水温度的平均值为污水热能平均温度，其定义为某测试日中，污水逐时热能之和与污水逐时流量之和的商。

$$t_{wm} = \frac{\sum \dot{V}_k t_k}{\sum \dot{V}_k} \tag{11-5}$$

式中　t_{wm} ——污水的热能平均温度，℃。

3. 热工参数波动幅度

热工参数的波动振幅用来衡量水温或流量的变化率和稳定性，可以用来估算"削峰填谷"污水调节池的体积，对污水热能利用的稳定性有重要的决定作用。为此，分别定义流量和温度上限波动幅度、下限波动幅度，供污水热能评估利用时参考应用，其计算公式为：

$$\zeta_{v1} = \frac{\dot{V}_{max} - \dot{V}_{wm}}{\dot{V}_{wm}} \times 100\% \tag{11-6}$$

$$\zeta_{v2} = \frac{\dot{V}_{wm} - \dot{V}_{min}}{\dot{V}_{wm}} \times 100\% \tag{11-7}$$

式中　ζ_{v1}、ζ_{v2} ——污水流量的上限波动幅度和下限波动幅度，%；

$\dot{V}_{max}$、$\dot{V}_{min}$ ——污水最大逐时流量和最小逐时流量，m^3/h。

$$\zeta_{t1} = \frac{t_{max} - t_{wm}}{t_{wm}} \times 100\% \tag{11-8}$$

$$\zeta_{t2} = \frac{t_{wm} - t_{min}}{t_{wm}} \times 100\% \tag{11-9}$$

式中　ζ_{t1}、ζ_{t2} ——污水温度的上限波动幅度和下限波动幅度，%；

t_{max}、t_{min} ——污水最大逐时温度和最小逐时温度，m^3/h。

11.4.2　分布参数数据处理

需要进行处理的分布参数数据有：

（1）变化趋势图。变化趋势图分为水温日逐时变化趋势图、水温采暖季逐日变化趋势图、流量日逐时变化趋势图、流量采暖季逐日变化趋势图等。

变化趋势图的横坐标为时间（小时或天），纵坐标为流量或水温，即将流量或温度按照时间的顺序在图中表示出来。

由变化趋势图可以较方便地看出最大（最小）流量、最高（最低）水温，以及流量、水温的波动幅度。

（2）延续时间图。延续时间图有水温日逐时延续时间图、水温采暖季逐日延续时间

图、流量日逐时延续时间图、流量采暖季逐日延续时间图等。

延续时间图的横坐标也是时间（小时或天），纵坐标为流量或水温，但是与变化趋势图不一样，横坐标的时间没有先后顺序的意义，而是表示流量或水温低于某一数值（纵坐标数值）的累计时间。因此，最大流量（或水温）对应的时间就是总时间，而最小流量（或水温）对应的时间就是 0。

由延续时间图可以方便地了解污水热能资源化的不保证时间，了解极端（流量或水温最大、最小）时段的延续时间，以便做出适当的应对。

1. 热工参数变化曲线

为了能更好地了解污水热能的变化趋势，必须得了解污水热工参数的逐时和逐日变化趋势。

热工参数逐时（逐日）变化曲线是以时间为横坐标、热工参数为纵坐标的一段曲线。从图中可以清楚地了解到污水流量（温度）的变化趋势和波动幅度大小，而且可以直观地在曲线上看出流量（温度）的最大值、最小值及其出现的时间，为需要对污水热能进行利用或者规划的相关人员提供很大的方便。

图 11-12 为某市污水处理厂供暖期污水处理流量逐日变化曲线，从图中可以看出该市供暖期污水流量比较稳定，平均处理流量大约在 9.5 万 m³/d，最大流量约为 11.5 万 m³/d，最小流量约为 7.2 万 m³/d，相对供暖初期和末期，供暖中期污水流量较大。图 11-13 为某污水渠一天中污水温度逐时变化曲线，污水的温度与污水渠周围的建筑类型和人们的生活习惯密切相关，从图中可以看出，全天污水温度在 10.5～15.8℃范围内波动，污水最低温度出现在凌晨 3、4 点左右，最高温度出现在下午 13、14 点左右。

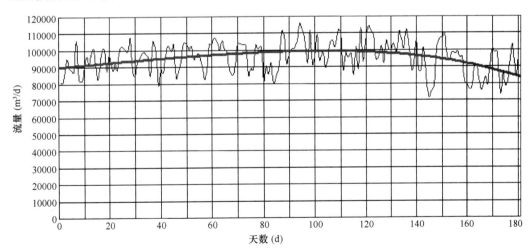

图 11-12　某市供暖期污水流量逐日变化曲线

2. 延续时间图

在进行污水热能评估或者确定污水热能利用规模时，往往需要知道低于某个温度或流量值出现的天数，为了能更直观地了解到这些信息，需要用到污水流量（温度）延续时间图。

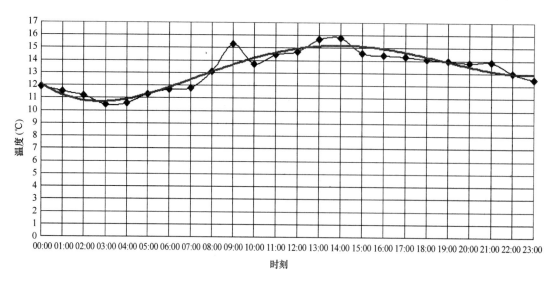

图 11-13 　 污水渠污水温度逐时变化曲线

在获得污水流量（或温度）数据后，我们先对测量数据进行分析整理，剔除粗大误差值或者错误值，然后再对整理后的数据进行有效的统计，得到统计曲线，在统计曲线的基础上绘制延续时间图。

图 11-14 是某市采暖期污水处理厂污水出口温度延续时间图。从图中可以清楚地看到，采暖期内污水处理厂污水出口温度低于 6.5℃ 的天数有 5 天，低于 6.8℃ 的有 10 天，而且温度低于 9℃ 的天数较多，这对污水处理厂出水的热能进行进一步利用可能产生一定的影响。

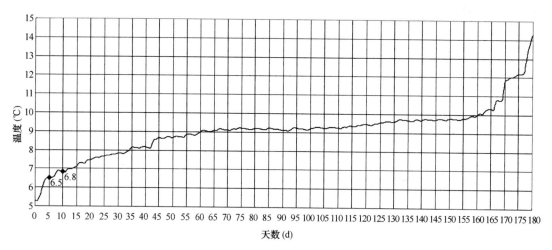

图 11-14 　 某市采暖期污水处理厂污水出口温度延续时间图

第 12 章

城市污水热能资源评估技术

为了科学地判断项目的可行性及科学性，正确规划系统投资建设规模，充分合理利用污水中的热能资源，应该对污水中所蕴含的资源量进行正确评估，准确掌握污水水量、水温等在不同季节的特点，同时考虑污水热能利用对水体环境的影响，充分开发供应最大的建筑面积。

12.1 城市污水热能资源量

污水热能资源勘察完成之后，就应当在实测数据的基础上进行热能资源评估。污水热能资源评估的基本目的是确定可利用的污水热能究竟有多少，或可供应采暖空调的建筑面积究竟有多少，其基本公式是：

$$Q_h = \rho c \dot{V}_e \Delta t_w \cdot \frac{COP_h}{COP_h - 1} = A \cdot q_d \qquad (12\text{-}1)$$

式中　　ρ——污水密度，kg/m^3；

　　　　c——污水比热容，$J/(kg \cdot \text{℃})$；

　　　　$\dot{V}_e$——污水的评估计算流量，m^3/s；

　　　　Δt_w——可利用温差，℃；

　　COP_h——污水源热泵机组的制热系数；

　　　　A——供应的建筑面积，m^2；

　　　　q_d——设计单位建筑面积换热量指标（非热负荷指标），W/m^2。

在式（12-1）中较难确定的是评估计算流量和可利用温差，因为流量和温度是逐时变化的，取任某一数值均需要充足的理由。

城市污水热能资源量计算的方法有：

1. 对城市污水处理厂进行集中热能利用的污水热能资源量的计算：

（1）污水的可利用温差，建议采用最大技术可利用温差，而且利用污水水温延续时间图选取全年不保证 5 天的最低日平均温度作为污水的评估设计温度。

（2）污水的评估计算流量，建议利用污水流量延续时间图选取全年不保证 5 天的最低日平均流量作为污水的评估计算流量。

2. 对市区内管渠污水热能分散利用的总量进行控制，采用"环保可供规模"进行资源量计算：

（1）污水的可利用温差，建议采用最大环保可利用温差，即环保允许温降与土壤缓冲温降之和，即 $\Delta t_{\mathrm{w}} = \Delta t_{\mathrm{er}} + \Delta t_{\mathrm{gr}}$。

（2）污水的评估计算流量，建议采用设置临界调节池下脉络管渠的最冷月日平均流量。

3. 对于市区管渠污水热能分散利用的最大可供规模，采用"技术可供规模"资源量的计算：

（1）污水的可利用温差，建议采用最大技术可利用温差，将最冷月日平均温度作为污水的设计温度。

（2）污水的评估计算流量，建议采用设置临界调节池下脉络管渠的最冷月日平均流量。

理论上建议各污水主脉络平均分摊城市的总供应面积，从而得到脉络规划可供规模。但是由于灵活应用原则和优先准入原则，允许某条主脉络的供应面积超过平均分摊面积，但也不能无限制的超标，因此必须给出各条主脉络的最大可供规模和规划可供规模（平摊规模）。因此，脉络最大可供规模要求采用最大技术可利用温差，而脉络规划可供规模则采用最大环保可利用温差。脉络规划可供比例为最大环保可利用温差与最大技术可利用温差之比。

本章和下一章将对污水热能资源评估中的"技术可利用温差""评估计算流量"和"环保可利用温差"分别进行论述。

12.2   水厂集中利用的计算水量与温度

12.2.1   评估计算水量

污水处理厂的流量数据将为污水热能集中利用规划提供依据。可利用污水流量延续时间图选取全年不保证 5 天的最低日平均流量作为污水的评估计算流量。

根据某污水处理厂提供的 2008 年和 2009 年的运行数据，得到 2008—2009 年采暖季的污水逐日流量变化趋势图，如图 12-1 所示。

经分析可得到：采暖季平均日流量为 95361m³/d，折合约 3973m³/h；日最小流量 71445m³/d，折合约 2978m³/h，出现在 2009 年三月份上旬；日最大流量 115642m³/d，折合约 4818m³/h，出现在 2009 年一月份中旬。

采暖季日流量波动幅度为：

$$\zeta_{\mathrm{v1}} = \frac{V_{\max} - V_{\mathrm{m}}}{V_{\mathrm{m}}} \times 100\% = \frac{4818 - 3973}{3973} \times 100\% = 21.3\%$$

$$\zeta_{\mathrm{v2}} = \frac{V_{\mathrm{m}} - V_{\min}}{V_{\mathrm{m}}} \times 100\% = \frac{3973 - 2978}{3973} \times 100\% = 25.0\%$$

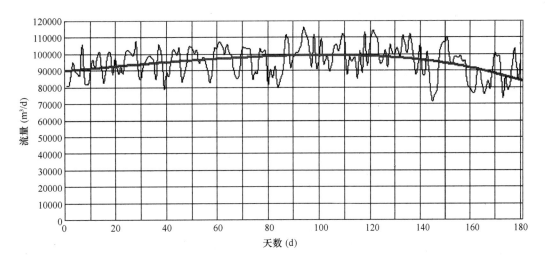

图 12-1　2008—2009 年采暖季污水逐日流量变化趋势图

从数据分析上看，流量的波动幅度不大，并且极高流量和极低流量的天数都很少，污水流量可以基本稳定在平均流量左右。

为了更好地分析和利用污水的日变化流量，确定污水处理厂热能集中利用的规划设计流量，可运用采暖季污水流量延续时间图。如图 12-2 所示为某污水处理厂 2008—2009 年采暖季污水流量延续时间图。从图中可以很清楚地知道小于某个流量值出现的天数，也就是说有了污水流量延续时间图，就可以用不保证天数法方便地提供规划需要的日最小流量，这对于充分利用污水热能资源有十分重要的作用。

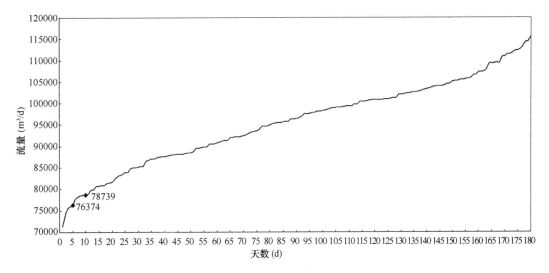

图 12-2　2008—2009 年采暖季污水流量延续时间图

如图上显示的规划设计流量不保证 5 天的日最小流量为 76374m³/d，不保证 10 天的日最小流量为 78739m³/d。

由于污水流量最小出现在气温最低、采暖负荷最大的时段，因此对污水处理厂热能集中利用进行规划时，应利用流量延续时间图，选取不保证 5 天的日最小流量进行分析。根据 2008—2009 年采暖季污水流量数据分析，规划设计流量不保证 5 天的日最小流量为 76374m³，折合约为 3182m³/h。

12.2.2　评估计算温度

污水处理厂的污水出口温度将为污水热能集中利用规划提供依据。可利用污水水温延续时间图选取全年不保证 5 天的最低日平均温度作为污水的评估设计温度。

以某污水处理厂提供的 2008 年和 2009 年的运行数据为例，2008—2009 年采暖季的污水处理厂污水出口逐日温度变化趋势如图 12-3 所示。

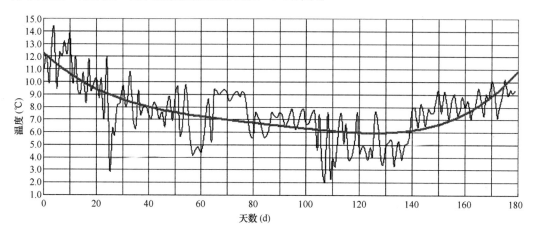

图 12-3　2008—2009 年采暖季某污水处理厂污水出口逐日温度变化趋势图

通过分析可得到：采暖季平均水温为 $t_{wm} = \dfrac{\sum V_i t_i}{\sum V_i} = 9.6℃$；日最低温度 3.4℃，出现在 2009 年 2 月下旬；日最高温度 14.3℃，出现在 2008 年 10 月中旬。

采暖季日水温波动幅度为：

$$\zeta_{t1} = \frac{t_{max} - t_m}{t_m} \times 100\% = \frac{14.3 - 9.6}{96} \times 100\% = 50.0\%$$

$$\zeta_{t2} = \frac{t_m - t_{min}}{t_m} \times 100\% = \frac{9.6 - 3.4}{9.6} \times 100\% = 64.6\%$$

由于采暖期较长，在半年的时间里空气的温度变化较大，因此污水的温度也有较大的波动，污水在采暖过渡期温度较高，而在气温较低的几个月里污水温度比较低。

同样，为了确定污水处理厂热能集中利用的规划设计水温，可运用采暖季污水出口水温延续时间图。

由于大气温度是影响污水出口温度和建筑物热负荷的最主要因素，这导致最低出口温度与最大热负荷几乎同时出现，因此对污水处理厂热能集中利用进行规划时，同样利用出口水温延续时间图，用不保证天数法，选取不保证 5 天的日最低水温进行分析。从图 12-4 中可知，污水处理厂热能集中利用的规划设计的污水不保证 5 天的日最低水温为 6.5℃，不保证 10 天的日最低水温为 6.8℃。

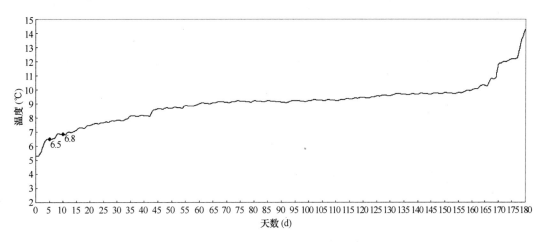

图 12-4　2008—2009 年采暖季某污水处理厂污水出口温度延续时间图

12.3　可利用温差的技术因素

污水所蕴含的冷热量实际上很大，但是所能提取并利用的部分是受限的，供热量受蒸发温度下限约束，供冷量受冷凝温度上限约束，蒸发温度和冷凝温度限制污水的温升温降。因此需要研究污水的温升温降与其影响因素有一个怎么样的函数关系，从而最终了解污水的热供应能力。间接式污水源热泵系统污水循环、中介水循环、机组制冷剂循环的温度分布如图 12-5 所示。

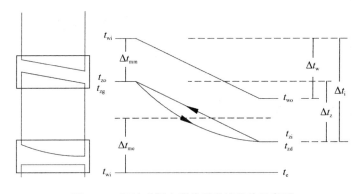

图 12-5　间接式污水源热泵系统换热示意图

12.3.1　污水换热能力的技术因素

影响污水换热能力的技术因素有污水的对流换热系数、污水换热器的换热系数、换热器的换热面积、对流换热热阻等。

在污水换热器内，污水走管内，中介水走管外。污水的对流换热系数可采用迪图斯-贝尔特公式计算：

$$h_w = \frac{\lambda}{d} Nu = 0.023 Re^{0.8} Pr^{0.3} \frac{\lambda}{d} \tag{12-2}$$

式中 λ——污水的导热系数，W/(m·K)；

　　　　d——换热管束直径，m；根据污水源热泵优化研究和工程总结，一般换热管直径为 20mm。

假设换热器单流程管束由 N 根直径为 d 的单管组成，由连续性方程：

$$u = \frac{4V}{N\pi d^2} \tag{12-3}$$

式中 V——参与换热的污水流量，m³/s。

将式 (12-3) 代入到 $Re = \dfrac{ud}{\nu}$ 后，再代入到式 (12-2) 中，有

$$h_w = 0.023 \cdot \frac{\lambda}{d} \cdot \frac{Pr^{0.3}}{k^{0.5}} \cdot \left(\frac{4V}{\pi d\nu}\right)^{0.8} \cdot \frac{1}{N^{0.8}} \tag{12-4}$$

式中 k——污水与清水的运动黏度比；

　　　　ν——清水黏度，m²/s。

考虑换热器管内污垢对换热的影响，则换热器的总换热系数为：

$$K = \frac{1}{\varphi \times \left(\dfrac{1}{h_w} + \dfrac{1}{\varepsilon h_w}\right)} = \frac{\varepsilon}{\varphi(1+\varepsilon)} h_w \tag{12-5}$$

式中 ε——污水与清水对流换热系数比；

　　　　φ——换热器对流换热热阻与污垢热阻之比。

将式 (12-4) 代入到式 (12-5) 中，有

$$K = \frac{0.023\varepsilon}{\varphi(1+\varepsilon)} \cdot \frac{\lambda}{d} \cdot \frac{Pr^{0.3}}{k^{0.5}} \cdot \left(\frac{4V}{\pi d\nu}\right)^{0.8} \cdot \frac{1}{N^{0.8}} \tag{12-6}$$

假设换热器一个管程的有效管长为 L，则换热面积与换热量分别为：

$$A = N\pi dL \tag{12-7}$$

$$Q = K \cdot A \cdot \Delta t_{mm} = \frac{0.023\varepsilon}{\varphi(1+\varepsilon)} \cdot \frac{\lambda \cdot \pi^{0.2} \cdot Pr^{0.3}}{k^{0.5}} \cdot \left(\frac{4}{d\nu}\right)^{0.8} \cdot V^{0.8} \cdot N^{0.2} \cdot L \cdot \Delta t_{mm} \tag{12-8}$$

式中 Δt_{mm}——污水换热器的对数平均温差。

令上式中的常数项为：

$$\Theta = \frac{0.023\varepsilon}{\varphi(1+\varepsilon)} \cdot \frac{\lambda \cdot \pi^{0.2} \cdot Pr^{0.3}}{k^{0.5}} \cdot \left(\frac{4}{d\nu}\right)^{0.8}$$

对于一般的污水换热器，Θ 是个已知常数，因此式 (12-8) 可简化为：

$$Q = \Theta \cdot V \cdot \left(\frac{N}{V}\right)^{0.2} \cdot L \cdot \Delta t_{mm} \tag{12-9}$$

12.3.2   污水流动阻力的技术因素

影响污水流动阻力的技术因素主要是污水换热器的沿程流动阻力。

污水换热器的沿程流动阻力可按达西公式计算：

$$\Delta H_f = f \cdot \frac{L}{d} \cdot \frac{u^2}{2g} \tag{12-10}$$

其中 f 为沿程阻力系数，据紊流粗糙区的希弗林松公式：

$$f = 0.11 \left(\frac{K_s}{d} \right)^{0.25} \tag{12-11}$$

式中　K_s——单管当量粗糙高度，实际取 $K_s = 0.5 \text{mm}$。

由式 (12-10) 和式 (12-11) 结合式 (12-12) 可得：

$$\Delta H_f = \frac{0.88 k_s^{0.25}}{g \pi^2 d^{5.25}} \cdot \frac{LV^2}{N^2} \tag{12-12}$$

令上式中的常数项为：$\Pi = \dfrac{0.88 k_s^{0.25}}{g \pi^2 d^{5.25}}$。

对于一般的污水换热器，Π 是个已知常数，式 (12-12) 可简化为：

$$\Delta H_f = \Pi \cdot \frac{LV^2}{N^2} \tag{12-13}$$

$$\frac{V}{N} = \left(\frac{\Delta H_f}{\Pi L} \right)^{0.5} \tag{12-14}$$

12.3.3　技术可利用温差的一般形式

通过以上对影响污水换热能力以及污水流动阻力技术因素的讨论，可以得出污水技术可利用温差的一般形式。

将式 (12-14) 代入到式 (12-9) 中，可以得到换热器的换热量为：

$$Q = \Theta \cdot V \cdot \left(\frac{\Pi L}{\Delta H_f} \right)^{0.1} \cdot L \cdot \Delta t_{mm} \tag{12-15}$$

从污水温降的角度考虑，换热量也能用可利用温差为 Δt_w 表达：

$$Q = \rho c V \Delta t_w \tag{12-16}$$

结合式 (12-15) 和式 (12-16)，容易得到：

$$\frac{\Delta t_w}{\Delta t_{mm}} = \frac{\Theta}{\rho c} \cdot \left(\frac{\Pi}{\Delta H_f} \right)^{0.1} \cdot L^{1.1} = \Gamma \tag{12-17}$$

根据污水换热器自身的特点，污水流程长度 L 一般为 36m，换热器内污水的沿程阻力一般为 $5 \text{mH}_2\text{O}$，于是上式右侧是一个可以确定的常数，把这个常数看作 Γ，该参数实际与传热单元数 NTU 具有相同的意义。则有：

$$\Delta t_w = \Gamma \cdot \Delta t_{mm} \tag{12-18}$$

一般情况下污水流量与中介水量一致，由图 12-5 可知，则污水换热器的对数平均温差可表示为：

$$\Delta t_{mm} = t_{wi} - t_{zo} = t_{wo} - t_{zi} \tag{12-19}$$

式中　t_{wi}，t_{wo}——污水换热器的污水进、出口温度，℃；

　　　t_{zi}，t_{zo}——污水换热器的中介水进、出口温度，℃。

并且污水与中介水的进口温度之间还存在如下关系：

$$\Delta t_i = t_{wi} - t_{zi} = \Delta t_w + \Delta t_{mm} \tag{12-20}$$

结合式（12-18）和式（12-20），可得到污水技术可利用温差的一般形式为：

$$\Delta t_w = \frac{\Gamma}{1 + \Gamma}(t_{wi} - t_{zi}) \tag{12-21}$$

12.4 最大技术可利用温差

12.4.1 间接式污水热泵系统

在污水换热器的换热管径、换热管长、流动阻力确定的条件下，式（12-21）中的 Γ 是一个常数，那么污水的可利用温差 Δt_w 仅仅是污水和中介水进口温度的函数，即 $\Delta t_w = f(t_{wi}, t_{zi})$。

而且中介水进口温度 t_{zi} 越低，可利用温差 Δt_w 就越大。但是中介水进口温度 t_{zi} 不可能无限度地降低，因为所有热泵机组为了避免蒸发器冻裂破坏，均有中介水最低温度保护措施，而该最低的保护温度一般为 3℃。也就是说中介水进口温度 t_{zi} 的下限是 3℃，对应该温度下限的污水可利用温差即为最大可利用温差：

$$\Delta t_w = \frac{\Gamma}{1 + \Gamma}(t_{wi} - 3) \tag{12-22}$$

污水最大可利用温差仅是污水进口温度的函数：$\Delta t_w = g(t_{wi})$。实地勘查某处污水的温度时，即可根据式（12-22）来计算污水的最大可利用温差。

12.4.2 直接式污水源热泵系统

直接式污水源热泵系统中，污水直接进入机组的蒸发器，因此污水的出口温度下限即为机组的保护温度 3℃，于是直接式系统的最大可利用温差为：

$$\Delta t_w = t_{wi} - 3 \tag{12-23}$$

由于城市原生污水水质较差，直接式污水源热泵系统无法利用，因此直接式污水源热泵系统一般在污水处理厂建设，采用污水处理厂的达标排放水作为低位冷热源。

12.5 分散利用的评估计算水量

12.5.1 污水可利用量与蓄水池的关系

污水管渠内的污水流量是随时间变化的，而且建筑负荷也是逐时变化的，流量最小时，可能负荷最大。通常情况下，污水源热泵工程都会建设一个调节池用于取水，该调节池可以起到"削峰填谷"的作用，即将水量高峰时多余的水量储存用于低峰时段。那么在设计污水源热泵系统时，在这一系列变化的流量数据中，选取哪个流量作为设计流量才合理可靠便是需要讨论的问题。

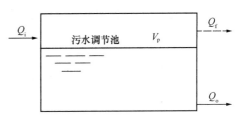

图 12-6　污水源热泵系统中污水调节池示意图

假设一个冬季工况的污水源热泵系统中，存在一个有效体积为 V_p 的污水调节池，且已经蓄满了污水，则应该有如图 12-6 所示的关系。

图中，Q_i 表示进入污水调节池的瞬时热量，Q_o 表示从污水调节池取走的热量，Q_f 表示污水调节池体积不够大时，从污水调节池中溢出的热量。

1. 来流热量

污水来流携带进入调节池的热量按下式计算：

$$Q_i(\tau) = \rho c \dot{V}_i(\tau) \cdot \Delta t_w(\tau) \tag{12-24}$$

式中　ρ——污水的密度，kg/m^3；

　　　c——污水的比热容，$J/(kg \cdot ℃)$；

　$\dot{V}_i(\tau)$——污水的体积流量，是时间 τ 的单值函数，m^3/s；

$\Delta t_w(\tau)$——污水的可利用温差，是污水进口温度的单值函数，而污水进口温度是随时间连续变化的，所以污水可利用温差也是时间 τ 的单值函数，℃。

2. 吸取热量

从调节池取走的热量用于建筑供暖，其大小为：

$$Q_o(\tau) = A \cdot q(\tau) = A \cdot q_d \cdot \frac{COP - 1}{COP} \cdot \frac{t_n - t_a(\tau)}{t_n - t_{ad}} \tag{12-25}$$

式中　A——污水源热泵系统能供暖的建筑面积，m^2；

　$q(\tau)$——单位建筑面积需污水提供的热量，W/m^2；

　　q_d——设计面积热负荷指标，W/m^2；节能建筑一般为 $45W/m^2$；

　　t_n——设计室内温度，℃；

　　t_{ad}——采暖室外设计温度，℃；

　$t_a(\tau)$——室外逐时温度，℃；

　COP——热泵系统设计综合效能。

3. 富余热量与欠缺热量

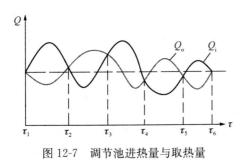

图 12-7　调节池进热量与取热量

容易理解，当 $Q_i > Q_o$ 时，多余的热量将被储存在调节池内，作为富余热量以备水量不足时利用；当 $Q_i < Q_o$ 时，不足的热量将由调节池储备的污水补充。

如图 12-7 所示，设在一个变化周期 T 内，时刻序列 $[\tau_i]$ 是 $Q_i = Q_o$ 的时刻，如果 $[\tau_{2n-1}, \tau_{2n}]$ 时段 $Q_i < Q_o$（流量不足时段），那么 $[\tau_{2n},$

τ_{2n+1}]时段 $Q_i > Q_o$(流量富余时段),那么富余时段的富余热量为:

$$\Delta Q_d = \sum \int_{\tau_{2n}}^{\tau_{2n+1}} [Q_i(\tau) - Aq(\tau)] d\tau$$

$$= \sum \int_{\tau_{2n}}^{\tau_{2n+1}} \left[\rho c \cdot \dot{V}_i(\tau) \cdot \Delta t_w(\tau) - A \cdot q_d \cdot \frac{COP - 1}{COP} \cdot \frac{t_n - t_a(\tau)}{t_n - t_{ad}} \right] d\tau$$

$$= \Delta Q_d(A) \tag{12-26}$$

不足时段需从调节池补充的欠缺热量为:

$$\Delta Q_s = \sum \int_{\tau_{2n-1}}^{\tau_{2n}} [Aq(\tau) - Q_i(\tau)] d\tau$$

$$= \sum \int_{\tau_{2n-1}}^{\tau_{2n}} \left[A \cdot q_d \cdot \frac{COP - 1}{COP} \cdot \frac{t_n - t_a(\tau)}{t_n - t_{ad}} - \rho c \cdot \dot{V}_i(\tau) \cdot \Delta t_w(\tau) \right] d\tau$$

$$= \Delta Q_s(A) \tag{12-27}$$

4. 蓄热量与溢流热量

蓄热量是调节池蓄满水所能提供的热量。其计算表达式为:

$$Q_p = \rho c V_p \Delta t_{wm} = \rho c V_p \frac{\int_T \dot{V}_i(\tau) \Delta t_w(\tau) d\tau}{\int_T \dot{V}_i(\tau) d\tau} = \text{const} \tag{12-28}$$

式中 V_p ——调节池的最大蓄水容积,m³;

Δt_{wm} ——调节池蓄水可利用温差,℃;

T ——一个变化周期,一般为 1 天。

当调节池体积不够大时,将有部分高峰流量溢流出调节池,这部分流量所能提供的热量即为溢流热量,其计算表达式为:

$$Q_f = \Delta Q_d - Q_p = \sum \int_{\tau_{2n}}^{\tau_{2n+1}} [Q_i(\tau) - Aq(\tau)] d\tau - \rho c V_p \Delta t_{wm} \tag{12-29}$$

通过分析不难发现,在管渠确定的条件下,$[\tau_i]$、ΔQ_d、ΔQ_s 仅仅是可供建筑面积 A 的单值函数,而 Q_p 为常数。

12.5.2 调节池与最大可供面积

1. 污水调节池体积过大时的处理方法

污水调节池体积过大,意味着在富余时段内,富余的污水并未装满整个污水调节池,即 $\Delta Q_d < Q_p$,那么富余热量将被全部储存。此时,热泵系统的欠缺热量将全部由富余热量提供,即满足下式关系。

$$\Delta Q_d(A) = \Delta Q_s(A) \tag{12-30}$$

在已知污水流量和温度的变化曲线或函数,以及当地相关的气象参数等条件下,通过试算或者数值方法,解方程(12-30)就可以得到该条件下污水渠在调节池足够大时所能实现的采暖建筑面积 $A_{\max}^{\infty}$。

$$\Delta Q_{\mathrm{s}} - \Delta Q_{\mathrm{d}} = \sum \int_{\tau_{2n-1}}^{\tau_{2n}} \left[\rho c \cdot \dot{V}_{\mathrm{i}}(\tau) \cdot \Delta t_{\mathrm{w}}(\tau) - A \cdot q_{\mathrm{d}} \cdot \frac{COP-1}{COP} \cdot \frac{t_{\mathrm{n}} - t_{\mathrm{a}}(\tau)}{t_{\mathrm{n}} - t_{\mathrm{ad}}} \right] \mathrm{d}\tau -$$

$$\sum \int_{\tau_{2n}}^{\tau_{2n+1}} \left[A \cdot q_{\mathrm{d}} \cdot \frac{COP-1}{COP} \cdot \frac{t_{\mathrm{n}} - t_{\mathrm{a}}(\tau)}{t_{\mathrm{n}} - t_{\mathrm{ad}}} - \rho c \cdot \dot{V}_{\mathrm{i}}(\tau) \cdot \Delta t_{\mathrm{w}}(\tau) \right] \mathrm{d}\tau = 0$$

合并同类项并进行调整，将得到

$$\int_{\mathrm{T}} \rho c \cdot \dot{V}_{\mathrm{i}}(\tau) \cdot \Delta t_{\mathrm{w}}(\tau) \mathrm{d}\tau = \int_{\mathrm{T}} A \cdot q_{\mathrm{d}} \cdot \frac{COP-1}{COP} \cdot \frac{t_{\mathrm{n}} - t_{\mathrm{a}}(\tau)}{t_{\mathrm{n}} - t_{\mathrm{ad}}} \mathrm{d}\tau$$

根据平均流量 $\dot{V}_{\mathrm{m}}$ 和平均利用温差 Δt_{wm}、平均热负荷指标 q_{m} 的意义，可知

$$\rho c \dot{V}_{\mathrm{m}} \Delta t_{\mathrm{wm}} T = \int_{\mathrm{T}} \rho c \cdot \dot{V}_{\mathrm{i}}(\tau) \cdot \Delta t_{\mathrm{w}}(\tau) \mathrm{d}\tau, \quad A q_{\mathrm{m}} T = \int_{\mathrm{T}} A \cdot q_{\mathrm{d}} \cdot \frac{COP-1}{COP} \cdot \frac{t_{\mathrm{n}} - t_{\mathrm{a}}(\tau)}{t_{\mathrm{n}} - t_{\mathrm{ad}}} \mathrm{d}\tau$$

最终可得到：

$$A_{\max}^{\infty} = \frac{\rho c \dot{V}_{\mathrm{m}} \Delta t_{\mathrm{wm}}}{q_{\mathrm{m}}} \tag{12-31}$$

由式（12-31）可知，在调节池体积足够大的条件下，可以根据来流污水的平均流量 $\dot{V}_{\mathrm{m}}$ 和平均温度 t_{wm} 来设计污水源热泵，计算最大可供面积 $A_{\max}^{\infty}$。

2. 临界调节池容积

具有临界调节池容积的调节池，其蓄热量恰好等于富余热量，也恰好等于欠缺热量。定义临界调节池容积为 V_{p}^{*}。为了获得临界调节池容积，首先根据式（12-30）或式（12-31）计算该条管渠的最大可供面积 $A_{\max}$，然后根据下式计算临界调节池容积：

$$V_{\mathrm{p}}^{*} = \frac{\Delta Q_{\mathrm{d}}(A_{\max})}{\rho c \Delta t_{\mathrm{wm}}} = \frac{\Delta Q_{\mathrm{s}}(A_{\max})}{\rho c \Delta t_{\mathrm{wm}}} \tag{12-32}$$

当调节池容积 $V_{\mathrm{p}} \geqslant V_{\mathrm{p}}^{*}$ 时，可以根据来流污水的平均流量和平均温度来计算污水源热泵的供热量和可供面积 $A_{\max}^{*}$。如果污水流量周期性变化规律非常接近余弦曲线，那么临界调节池体积为：

$$V_{\mathrm{p}}^{*} = \frac{\zeta \dot{V}_{\mathrm{m}} T}{\pi} = 0.6366 \zeta \dot{V}_{\mathrm{m}} \cdot \frac{T}{2} \tag{12-33}$$

式中　$\dot{V}_{\mathrm{m}}$——平均流量，m³/h；

　　　T——污水流量的变化周期，一般为 24h；

　　　ζ——振幅比例，即污水流量变化的幅度与平均流量之比。

3. 污水调节池体积过小时的处理方法

如果调节池体积较小（$V_{\mathrm{p}} < V_{\mathrm{p}}^{*}$），则来流富余热量将有一部分通过溢流而损失。在低峰流量时段，不足的热量将只能由调节池的蓄热量提供，即

$$\Delta Q_{\mathrm{s}}(A) = Q_{\mathrm{p}} \tag{12-34}$$

在已知污水流量和温度的变化曲线或函数，以及当地相关的气象参数等条件下，通过试算或者数值方法，解方程（12-34），即可得到在调节池体积为 $V_{\mathrm{p}}(<V_{\mathrm{p}}^{*})$ 条件下，污水

水源所能实现的采暖建筑面积 A'_{max}。

4. 没有调节池时的处理方法

如果污水源热泵工程不建设污水调节池 ($V_p = 0$)，那么蓄热量 $Q_p = 0$，系统取热量只能根据来流实时提供，根据公式 (12-34) 可知：

$$\Delta Q_s(A) = \sum \int_{\tau_{2n-1}}^{\tau_{2n}} [Aq(\tau) - Q_i(\tau)]\mathrm{d}\tau = 0 \tag{12-35}$$

从数学角度分析，一个积分等于零，可能存在两种情形，一种情形是被积分函数恒为零，另一种情形是积分上下限相同。接下来对这两种情况进行分析。

(1) 如果被积函数恒为零，则有 $Q_o(\tau) = Aq(\tau) = Q_i(\tau)$，即吸取热量与来流热量两条函数曲线完全重合，这意味着任何时刻，建筑的热负荷与污水提供的热量完全相等，这种情况是不太可能发生的。如果发生了，那么设置污水调节池是完全没有必要的。

(2) 如果积分上下限相同，如图 12-8 所示，可以理解成函数 $Aq(\tau)$ 与函数 $Q_i(\tau)$ 有且仅有一个交点，或者有多个相同函数值的交点，也即 $Q_o(\tau)$ 与 $Q_i(\tau)$ 必须相交但是不能有公共区域（这样的交点可能会出现多个，但是可能性微乎其微），这样的情形有两种，一种是 $Q_i(\tau)$ 恒大于 $Q_o(\tau)$，一种是 $Q_o(\tau)$ 恒大于 $Q_i(\tau)$（显然这种情况是不符合实际情况的）。

$Q_o(\tau)$ 与 $Q_i(\tau)$ 必须相交但是不能有公共区域，用数学可表达为：

$$\begin{cases} Q_i(\tau_i^*) - Aq(\tau_i^*) = 0 \\ Q_i(\tau) - Aq(\tau) \gtrless 0 \end{cases} \tag{12-36}$$

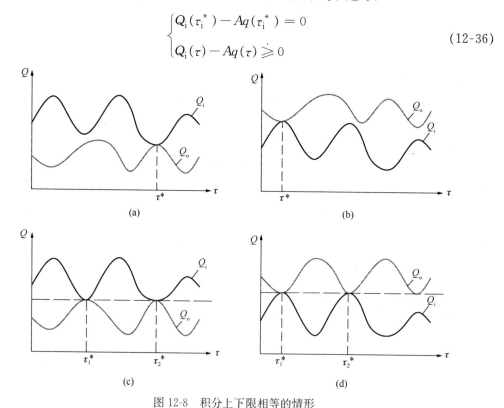

图 12-8　积分上下限相等的情形
(a) 只有一个交点，$Q_i > Q_o$；(b) 只有一个交点，$Q_i < Q_o$；
(c) 多个交点，$Q_i > Q_o$；(d) 多个交点，$Q_i < Q_o$

解之，得：$A = \dfrac{Q_i(\tau_i^*)}{q(\tau_i^*)}$ 且 $A \leqslant \dfrac{Q_i(\tau)}{q(\tau)}$。

令函数 $F(\tau) = \dfrac{Q_i(\tau)}{q(\tau)}$，根据函数最小值的定义可知式（12-36）中的 A 即为函数 $F(\tau)$ 的最小值，而 τ_i^* 则是函数 $F(\tau)$ 取得最小值时对应的各个时刻。于是在没有设置调节池的条件下，水源的最大可供面积为：

$$A_{max}^0 = \min\left[\frac{Q_i(\tau)}{q(\tau)}\right] = \min\left[\frac{\rho c \cdot \dot{V}_i(\tau) \cdot \Delta t_w(\tau)}{q_d \cdot \dfrac{COP-1}{COP} \cdot \dfrac{t_n - t_a(\tau)}{t_n - t_{ad}}}\right] \tag{12-37}$$

由于调节池具有"移峰填谷"的作用，所以存在以下关系：

$$A_{max} = A_{max}^\infty = A_{max}^* > A'_{max} > A_{max}^0 \tag{12-38}$$

5. 蓄热不足带来的损失

虽然调节池具有"移峰填谷"和增加可供面积的作用，但调节池也不是越大越好，池建得越大，建造费用就越高，其利用率相对来说就越低。一般而言调节池体积是临界调节池体积 V_p^* 的 11～12 倍即可。

在受空间和其他原因限制时，如果调节池体积小于临界调节池体积（即 $V_p < V_p^*$），那么溢流带来的热量损失为：

$$Q_f = \Delta Q_d - Q_p \tag{12-39}$$

损失率为：

$$\varphi_Q = \frac{Q_f}{\rho c \dot{V}_m \Delta t_{wm} T} \times 100\% \tag{12-40}$$

损失的可供面积为：

$$A_e = A_{max}^* - A'_{max} \tag{12-41}$$

损失率为：

$$\varphi_A = \frac{A_{max}^* - A'_{max}}{A_{max}^*} \times 100\% \tag{12-42}$$

12.6　供应半径与需求能力

热源或水源（机房或污水处理厂）与建筑物的距离越远，输送管网的投资及水泵的运行能耗越高。当距离较远时，投资与能耗过大，可能不适宜输送或建设热泵系统。因此适宜的热源或水源距离是有界限的，将适宜的最大距离称之为距离界限。输送能耗问题并不是它的绝对数量大小问题，而是占整个热泵系统的能耗比例大小的问题，将该比例称之为输送能耗比例，其是有界限的。它是保证热泵系统节能的关键问题。

图 12-9 所示的是一种热源或水源的输送物理模型图。h_1 是热源或水源处的标高，h_2 是建筑区标高，暂不考虑 h_1 与 h_2 的大小关系，建立输送距离与能耗的比例模型。

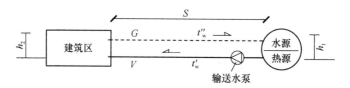

图 12-9　供热输送半径物理模型图

输送过程满足下述各关系式:

$$\dot{V} = \frac{G}{\rho} = \frac{Q_q}{\rho \cdot c \cdot \Delta t_w} \tag{12-43}$$

$$\Delta P = R \cdot 2S \cdot (1 + a_1) + \Delta H \tag{12-44}$$

$$N_s = \frac{V \cdot \Delta P \cdot a_2}{\eta} \tag{12-45}$$

式中　Q_q——从污水中提取的热量或冷量,或供应的热量或冷量,W;

$\dot{V}$——体积流量,m^3/s;

G——质量流量,kg/s;

R——输送管网单位长度的沿程阻力(或比摩阻),Pa/m;

a_1——局部阻力占沿程阻力的百分比;

a_2——水泵选型余量系数,一般取 1.1 左右;

Δt_w——污水输送温差,$\Delta t_w = t'_w - t''_w$,℃;

ΔH——换热设备的阻力,Pa;可视为常数值,取 70~100kPa;

ΔP——循环水系统的总阻力,Pa;

N_s——输送水泵的能耗,W;

η——输送水泵的效率;

S——输送半径。

输送能耗占热泵机组的能耗比利,即输送能耗比例,可表示为:

$$n_s = \frac{N_s}{Q_q \cdot f(\varepsilon)} \tag{12-46}$$

式中　n_s——输送能耗占热泵机组的能耗比例系数;

ε——热泵机组的性能系数。

其中 $f(\varepsilon)$ 由热泵机组的性能系数来表示,是输送 Q_q 的热能时热泵机组所对应的能耗与输送热能 Q_q 的比值,因此 $Q_q \cdot f(\varepsilon)$ 为热泵机组所对应的能耗值。

在不同的情况下,$f(\varepsilon)$ 的具体表达式分别为:

当输送水源水时(污水或中介净水):

$$f_1(\varepsilon) = \frac{1}{\varepsilon_r - 1} \tag{12-47}$$

当输送热水时:

$$f_2(\varepsilon) = \frac{1}{\varepsilon_r} \tag{12-48}$$

当输送冷水时：

$$f_3(\varepsilon) = \frac{1}{\varepsilon_c} \tag{12-49}$$

式中 ε_r、ε_c——分别为热泵机组的制热、制冷性能系数。

将式 (12-43)、式 (12-44)、式 (12-45) 带入式 (12-46) 可得：

$$S = \left[(\rho \cdot c \cdot \Delta t_w) \cdot \frac{\eta}{a_2} \cdot f(\varepsilon) \cdot n_s - \Delta H \right] \cdot \frac{1}{2R \cdot (1 + a_1)} \tag{12-50}$$

当 n_s 受限且有上限时，S 也有上限 S_{max}。如果 n_s 取最大值 $n_{s(max)}$ 则有：

$$S \leqslant S_{max} = \left[(\rho \cdot c \cdot \Delta t_w) \cdot \frac{\eta}{a_2} \cdot f(\varepsilon) \cdot n_{s(max)} - \Delta H \right] \cdot \frac{1}{2R \cdot (1 + a_1)} \tag{12-51}$$

式 (12-51) 是输送半径模型，最大资用能耗比例 $n_{s(max)}$ 的确定：

$$n_{s(max)} = \frac{\bar{\varepsilon}_r}{\varepsilon_c} - 1 \tag{12-52}$$

式中 $\bar{\varepsilon}_r$——热泵机组采暖季平均制热系数，是采暖季平均水温的函数；

ε_c——节能热泵系统综合性能系数，一般要求不低于 3.0，可取为 3.3。

根据上述分析，可以得出的结论如下：

(1) 除 Δt_w、R、$n_{s(max)}$ 以外，其他参数都变化不大，可近似取常数。Δt_w 与污水水温有关，而 R 与管径有关。输送半径 S_{max} 由最大输送能耗比 $n_{s(max)}$、比摩阻 R 和输送流体温差三者决定。

(2) 当 R 值确定时，最大输送半径 S_{max} 与建筑面积大小或热泵系统的容量、取热量 Q_q、流量 G 的大小等都无关。不难理解，当 R 是定值时，水泵的输送能耗与流量 G 和距离 S 的乘积成正比，而热泵机组的能耗也近似与流量 G 成正比，故水泵能耗与机组能耗之比与流量 G 无关，所以若确定了 $n_{s(max)}$，那么 S_{max} 就与 Q_q、G 是无关的。

输送距离界限模型是一个判定模型，是根据允许最大的能耗比例 $n_{s(max)}$ 和设计的比摩阻对最大输送距离的一个判定。

以热泵系统输送末端循环水（热水）时为例，取 $\rho = 1000\text{kg/m}^3$，$c = 4180\text{J/kg°C}$，$\Delta t_w = 3.5°C$，$\eta = 0.8$，$a_1 = 0.2$，$a_2 = 1.1$，$\varepsilon_r = 4.3$，$\varepsilon_c = 3.6$，$n_{s(max)} = 0.2$，$\Delta H = 80000\text{Pa}$，取经济比摩阻 $R = 60\text{Pa/m}$。计算可得 $S_{max} = 1660\text{m}$，即污水处理厂利用二级排放水作为热泵低位热源，建立污水源热泵集中供热站时，输送末端循环热水，可为以污水处理厂为圆心、半径为 1660m 的范围内的建筑物供暖。

以污水热源为中心，在热能输送半径内需供暖的建筑面积可表示为：

$$A_{demand} = \pi S^2 \varphi \tag{12-53}$$

式中 A_{demand}——需要供暖的建筑面积，m^2；

φ——规划或者实际建筑容积率。

第13章

城市污水热能资源化环境评估技术

污水中微生物和化学物质等影响污水处理的诸多因素都与污水温度密切相关，在低温环境下生物活性较低，很难保证污水处理的效率和效果。污水处理厂处理污水的效率和效果将影响污水处理厂下游水环境的稳定性。因此，在对污水热能利用进行整体规划时，必须了解污水热能利用前后整个污水渠的污水温度分布状况，同时考虑污水热能利用的效益和因污水热能利用对污水处理可能造成的影响，明确污水利用点温度的下限要求，由此确定污水利用点的规模。

13.1 环保允许温降

13.1.1 污水处理对水温的要求

污水生物处理的实质是利用微生物的酶促生化反应来实现。微生物的活性和数量是生物反应器能否发挥处理效能的关键，由于生物蛋白活性受温度影响很大，因而酶的蛋白质特性就决定了生物处理反应器必须在一定的温度范围内才能取得良好的处理效果，而且不同的微生物适宜的温度范围也有所不同。一般来说可将细菌分为嗜冷性、适温性和嗜热性三类。嗜冷菌可在 $-10 \sim 30 ℃$ 条件下生长，最适宜温度 $12 \sim 18 ℃$；适温菌可在 $20 \sim 50 ℃$ 条件下生存，最适宜温度为 $25 \sim 40 ℃$；嗜热菌可在 $37 \sim 75 ℃$ 条件下生存，最适宜温度 $55 \sim 65 ℃$。

对于曝气生物滤池来说，微生物以适温菌为主，但是对于北方寒冷地区来说，污水处理系统内肯定会有部分嗜冷菌存在。

微生物的生化反应速率与温度之间的关系为：

$$R_T = R_{20} \theta^{(T-20)} \tag{13-1}$$

式中　R_T ——水温为 T 时的生化反应速率；

　　　R_{20} ——水温为 $20 ℃$ 时的生化反应速率；

　　　θ ——温度系数，对曝气生物滤池来讲 $\theta = 1.02 \sim 1.04$，通常取 1.03。

对于曝气生物滤池这类的生物膜反应器，温度的影响还体现在氧的传递速率方面，水温上升，氧的传递速率增高。氧传递系数与温度的关系式为：

$$K_{La(T)} = K_{La(20)} \theta^{(T-20)} \tag{13-2}$$

式中　$K_{La(T)}$ ——水温为 T 时的氧传递系数；

$K_{La(20)}$——水温为 20℃时的氧传递系数；

θ——温度系数，对生物滤池来讲 $\theta=1.015\sim1.040$，通常取 1.03。

定义生化反应速率总体降低率为：

$$\delta=\frac{R_{20}-R_T}{R_{20}}=[1-\theta^{(T-20)}]\times100\% \tag{13-3}$$

该参数与参考温度 20℃密切相关，可用于衡量污水处理厂设计工况下生化反应速率，或全年的平均处理效果。以某市为例，该市的冬季污水平均温度为 9.9℃，与该市一个平均污水温度为 20℃的污水处理厂相比，其生化反应速率和氧传系数要降低 25.6%。

定义生化反应速率局部降低率为：

$$\eta=\frac{R_i-R_{i-1}}{R_i}=\left[1-\frac{\theta^{(T_{i-1}-20)}}{\theta^{(T_i-20)}}\right]\times100\% \tag{13-4}$$

该参数与参考温度 20℃无关，可用于衡量污水每降低 1℃，其生化反应速率降低的幅度。这对污水热能资源化导致污水温度降低而对污水处理造成影响的评估起到指导作用，即不关心污水热能利用之前生化反应速率是低或高，仅仅关心热能利用导致温度降低之后引起生化反应速率的降低程度。

各温度下的生化反应速率总体和局部降低率的结果如表 13-1 所示。

水温对污水生化处理的影响程度　表 13-1

T	20	19	18	17	16	15	14
Θ	1	0.9709	0.9426	0.9151	0.8885	0.8626	0.8375
$\delta(\%)$	0	2.91	5.74	8.49	11.15	13.74	16.25
$\eta(\%)$	2.91	2.91	2.91	2.91	2.91	2.91	2.91
T	13	12	11	10	9	8	7
Θ	0.8131	0.7894	0.7664	0.7441	0.7224	0.7014	0.6810
$\delta(\%)$	18.69	21.06	23.36	25.59	27.76	29.86	31.90
$\eta(\%)$	2.91	2.91	2.91	2.91	2.91	2.91	2.91
T	6	5	4	3	2	1	0
Θ	0.6611	0.6419	0.6232	0.6050	0.5874	0.5703	0.5537
$\delta(\%)$	33.89	35.81	37.68	39.50	41.26	42.97	44.63
$\eta(\%)$	2.91	2.91	2.91	2.91	2.91	2.91	—

注：表中 $\Theta=\theta^{(T-20)}$。

对比表中的各项数据，容易发现：

(1) 随着污水温度的降低，生化反应总体降低率的变化趋于平缓，也就是说，污水温度越低，温度对生化反应的影响越弱。

(2) 各温度下的局部生化反应降低率基本相同，稳定在 2.91%。也就是说，任一温度下，污水再降低 1℃，生化反应速率均降低 2.91%。

一般认为，污水在任何温度下都能处理，只是处理所花的成本不一样，或者相同投入下处理效果难以达标。只有通过综合优化考虑污水处理成本、热能利用效益与水温的关系，才能确定污水热能资源化是否真正的节能减排。但是由于污水处理的受益者和热能利用的受益者不同、水环境与大气环境的环保指标不同，导致综合优化考虑污水环保允许温降很困难。

通常认为，污水温度在7℃以上时，达标处理的成本是可以接受的；如果污水温度低于7℃，那么由于处理成本过高而往往难以达标处理，因此可取7℃作为污水达标处理的污水温度下限，在此基础上，如果由于热能利用而导致温度降得更低，所引起的生化反应速率降低率也只有3%～6%，生化处理依然在进行，只是不能保证全部污水达标排放。

13.1.2   环保允许温降

为了更好地研究污水的利用率与温度之间的关系，提出污水环保允许温降的概念。把在保证不影响污水正常处理的情况下或者影响污水处理效率的天数可以接受的情况下（一般取全年不保证5%时间，即18天），污水的可利用温差叫作污水环保允许温降，用 Δt_{er} 表示。不同污水处理技术不一样，这个温度值也不一样。污水环保允许温降可结合污水温度延续时间图，用不保证天数法来确定。

由于污水处理厂环保进口温度必须大于污水处理下限温度，而且在严寒地区，有可能出现在污水未利用之前温度已经低于污水正常处理下限的情况，所以把在污水未利用之前低于污水处理下限温度时的天数，再延续一个周期（一年天数的百分数），得到的温度作为污水利用点热能利用后的最低污水温度。这个最低温度与污水处理下限温度的差即为污水环保允许温降。

当然不保证天数不一样，污水热能利用规模也不一样，对污水处理效率和运行成本可能造成的影响也不一样，因此可以视污水热能利用地区、污水处理厂条件和污水处理厂效率等具体情况决定。比如由于每个地区污水的温度不一样，在有些供暖地区，污水处理厂进口温度低于污水处理允许下限温度的天数可能比较少，或者不会出现低于污水处理允许下限温度的极端天气，则可以把不保证天数直接定为全年天数的5%，甚至更小。在有条件的情况下，可以对环保允许温差的增大产生的效益与因为污水利用温差增大而对污水处理产生的影响进行经济效益和社会效益等多方面评估，在有效评估后对环保允许温差的大小进行权衡，并由此确定污水热能利用规模。

在温度延续时间图上，可以很直观地看出供暖期间低于某个温度值的总天数。图13-1

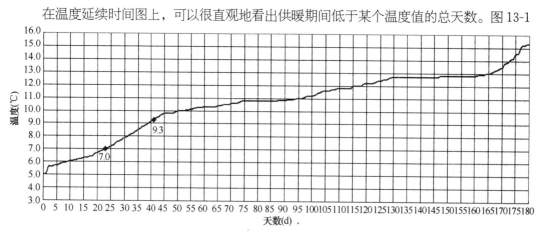

图13-1   供暖期污水处理厂进口温度延续时间图

为某市供暖期污水处理厂进口温度延续时间图。如果污水处理下限温度为 7℃，即使污水热能未被利用，供暖期间也将有 23 天污水不能正常处理。

13.2　土壤缓冲温降

地下污水管渠内的污水在流动过程中将会散失热量，因此若上游污水热能不加以利用，在污水向处理厂汇集的过程中也会有部分热能白白损失，从而影响处理效果。有理由相信，如果污水管足够长，污水管中心温度最终可以无限接近管中心埋深所在平面的土壤温度。

由于污水温度是决定散热损失的主要因素，如果上游热能被加以利用，那么土壤的沿程散热损失就会变小，因此土壤对污水热能利用导致的温降有一定的缓冲作用，把土壤的这种缓冲作用叫作污水的温度自恢复能力，把土壤缓冲的污水温降叫作土壤缓冲温降。

若污水管渠埋设于地下，就会通过土壤向大气散热，也可能通过土壤从更深层的恒温层吸热，所以污水地下埋管传热是一个复杂过程，管内污水同时与大气（冷源）和深层土壤（热源）换热，因此这是一个三热源换热问题，涉及导热和对流。接下来将通过建立该问题土壤温度场的数学方程，设定虚拟地表面、变量分解、叠加原理和虚拟热源（映像）法对方程进行理论求解，将三热源换热问题转化成污水与单热源换热问题。

13.2.1　管渠水温模型求解

依据管渠周围土壤的温度场，由傅立叶定律可知，污水管渠单位管长的实际散热量为：

$$q_1 = \oint \left(-\lambda_g \frac{\partial \theta}{\partial n}\right) ds = \oint \left(-\lambda_g \frac{\partial \theta_v}{\partial n} - \lambda_g \frac{\partial \theta_s}{\partial n}\right) ds \tag{13-5}$$

由于 θ_s 满足稳态导热条件，所以不难证明 $q_{1s} = \oint \left(-\lambda_g \frac{\partial \theta_s}{\partial n}\right) ds = 0$，因此污水管渠单位管长的实际散热量即为：

$$q_1 = q_{1v} = \frac{2\pi\lambda_g (\theta_b - \theta_{sr})}{\ln\left[2 \frac{L+\lambda_g/h_a}{d} + \sqrt{4\left(\frac{L+\lambda_g/h_a}{d}\right)^2 - 1}\right]} \tag{13-6}$$

据式（13-6），定义地下污水管散热的当量单位管长土壤传热系数为：

$$K_{lm} = \frac{2\pi\lambda_g}{\ln\left[2 \frac{L+\lambda_g/h_a}{d} + \sqrt{4\left(\frac{L+\lambda_g/h_a}{d}\right)^2 - 1}\right]} \approx \frac{2\pi\lambda_g}{\ln\left(4 \frac{L+\lambda_g/h_a}{d}\right)} \tag{13-7}$$

则污水管渠散热量有如下守恒关系：

$$q_1 = K_{lm}(\theta_b - \theta_{sr}) = K_{lm}(t_b - t_a - t_{sr} + t_a) = h_w \pi d(t_w - t_b) \tag{13-8}$$

解得管壁温度为：

$$t_b = \frac{K_{lm}t_{sr} + h_w \pi d t_w}{K_{lm} + h_w \pi d} \tag{13-9}$$

于是散热量又可表示为：

$$q_l = h_w \pi d \left(t_w - \frac{K_{lm} t_{sr} + h_w \pi d t_w}{K_{lm} + h_w \pi d} \right) = \frac{h_w \pi d \cdot K_{lm}}{K_{lm} + h_w \pi d} (t_w - t_{sr}) \tag{13-10}$$

据式（13-10），再定义污水管渠散热的当量单位管长总传热系数为：

$$K_{le} = \frac{h_w \pi d \cdot K_{lm}}{K_{lm} + h_w \pi d} \tag{13-11}$$

通过计算可以发现，大气和恒温层双热源作用下的污水的换热，可以等效为污水管渠内的污水与单热源的换热，这也就证明了污水温度自恢复模型的正确性。把这个等效的单热源温度定义为"当量环境温度"，用 t_e 表示，则有：

$$t_e = t_{sr} \tag{13-12}$$

根据能量守恒，即污水管渠散热量等于污水温降散热量，有

$$q_l = K_{le}(t_w - t_{sr}) = -\rho c \dot{V} \frac{dt_w}{dx} = -\rho c \dot{V} \frac{d(t_w - t_{sr})}{dx} \tag{13-13}$$

容易解得

$$t_w - t_{sr} = C \cdot \exp\left(-\frac{K_{le} \cdot x}{\rho c \dot{V}}\right) \tag{13-14}$$

根据边界条件：$x = 0$ 时，$t_w = t_{wi}$，有 $C = t_{wi} - t_{sr}$，其中 t_{wi} 为污水管段进口温度，于是又有

$$\frac{t_w - t_{sr}}{t_{wi} - t_{sr}} = \exp\left(-\frac{K_{le} \cdot x}{\rho c \dot{V}}\right) \tag{13-15}$$

从而污水管渠沿程温度可表示为：

$$t_w = t_{wi} \cdot \exp\left(-\frac{K_{le} \cdot x}{\rho c \dot{V}}\right) + t_{sr} \cdot \left[1 - \exp\left(-\frac{K_{le} \cdot x}{\rho c \dot{V}}\right)\right] \tag{13-16}$$

在污水管出口处，污水温度应该为污水管段出口温度，$t_w = t_{wo}$，则污水的可利用温差可表示为：

$$\Delta t_w = \left[1 - \exp\left(-\frac{K_{lm} \cdot x}{\rho c \dot{V}}\right)\right] \cdot (t_{wi} - t_{sr}) = \left\{1 - \exp\left[-\frac{2\pi \lambda_g \cdot x}{\rho c \dot{V} \cdot \ln(4L/d)}\right]\right\}(t_{wi} - t_{sr}) \tag{13-17}$$

由上式可知，要计算地下污水管渠的沿程温降 Δt_w，必须知道污水管中心埋深所在平面的土壤温度 t_{sr}。而且 t_{sr} 给出得越准确，计算结果也就越准确。

13.2.2 管渠水温分布的简化分析

在通过计算得出管渠水温的分布后，需进行相应的化简与结果分析。

考虑土壤温度呈指数变化，即

$$\frac{t_s - t_a}{t_c - t_a} = 1 - \exp\left(-|y| \sqrt{\frac{\pi}{aT}}\right) \tag{13-18}$$

那么：

$$t_{\mathrm{sr}} = \exp\left(-\mid L + \lambda_{\mathrm{g}}/h_{\mathrm{a}} \mid \sqrt{\frac{\pi}{aT}}\right)t_{\mathrm{a}} + \left[1 - \exp\left(-\mid L + \lambda_{\mathrm{g}}/h_{\mathrm{a}} \mid \sqrt{\frac{\pi}{aT}}\right)\right]t_{\mathrm{c}} \quad (13\text{-}19)$$

代入式 (13-6) 中整理可得:

$$q_{\mathrm{l}} = \frac{2\pi\lambda_{\mathrm{g}}}{\ln\left[2\dfrac{L + \lambda_{\mathrm{g}}/h_{\mathrm{a}}}{d} + \sqrt{4\left(\dfrac{L + \lambda_{\mathrm{g}}/h_{\mathrm{a}}}{d}\right)^2 - 1}\right]} \cdot \exp\left(-\mid L + \lambda_{\mathrm{g}}/h_{\mathrm{a}} \mid \sqrt{\frac{\pi}{aT}}\right)(t_{\mathrm{b}} - t_{\mathrm{a}})$$

$$-\frac{2\pi\lambda_{\mathrm{g}}}{\ln\left[2\dfrac{L + \lambda_{\mathrm{g}}/h_{\mathrm{a}}}{d} + \sqrt{4\left(\dfrac{L + \lambda_{\mathrm{g}}/h_{\mathrm{a}}}{d}\right)^2 - 1}\right]} \cdot \left[1 - \exp\left(-\mid L + \lambda_{\mathrm{g}}/h_{\mathrm{a}} \mid \sqrt{\frac{\pi}{aT}}\right)\right](t_{\mathrm{c}} - t_{\mathrm{b}})$$

定义管壁-大气单位管长传热系数为:

$$K'_{\mathrm{la}} = \frac{2\pi\lambda_{\mathrm{g}}}{\ln\left[2\dfrac{L + \lambda_{\mathrm{g}}/h_{\mathrm{a}}}{d} + \sqrt{4\left(\dfrac{L + \lambda_{\mathrm{g}}/h_{\mathrm{a}}}{d}\right)^2 - 1}\right]} \cdot \exp\left(-\mid L + \lambda_{\mathrm{g}}/h_{\mathrm{a}} \mid \sqrt{\frac{\pi}{aT}}\right)$$

$$(13\text{-}20)$$

定义管壁-恒温层单位管长传热系数为:

$$K'_{\mathrm{lc}} = \frac{2\pi\lambda_{\mathrm{g}}}{\ln\left[2\dfrac{L + \lambda_{\mathrm{g}}/h_{\mathrm{a}}}{d} + \sqrt{4\left(\dfrac{L + \lambda_{\mathrm{g}}/h_{\mathrm{a}}}{d}\right)^2 - 1}\right]} \cdot \left[1 - \exp\left(-\mid L + \lambda_{\mathrm{g}}/h_{\mathrm{a}} \mid \sqrt{\frac{\pi}{aT}}\right)\right]$$

$$(13\text{-}21)$$

则实际污水管渠单位管长散热量可表示为:

$$q_{\mathrm{l}} = K'_{\mathrm{la}}(t_{\mathrm{b}} - t_{\mathrm{a}}) - K'_{\mathrm{lc}}(t_{\mathrm{c}} - t_{\mathrm{b}}) \quad (13\text{-}22)$$

结合实际情况, 并运用理论推导论证, 发现各定义当量参数与各实际情况参数存在如下关系:

(1) 当量单位管长土壤传热系数是管壁-大气单位管长传热系数和管壁-恒温层单位管长传热系数之和:

$$K_{\mathrm{lm}} = K_{\mathrm{la}} + K_{\mathrm{lc}} = K'_{\mathrm{la}} + K'_{\mathrm{lc}} \quad (13\text{-}23)$$

(2) 当量单位管长总传热系数也可由管壁-大气单位管长传热系数和管壁-恒温层单位管长传热系数表示:

$$K_{\mathrm{le}} = \frac{h_{\mathrm{w}}\pi d(K_{\mathrm{la}} + K_{\mathrm{lc}})}{K_{\mathrm{la}} + K_{\mathrm{lc}} + h_{\mathrm{w}}\pi d} \quad (13\text{-}24)$$

(3) 当量环境温度与污水管渠中心埋深所在平面的土壤温度相等:

$$t_{\mathrm{e}} = \frac{K_{\mathrm{la}}t_{\mathrm{a}} + K_{\mathrm{lc}}t_{\mathrm{c}}}{K_{\mathrm{la}} + K_{\mathrm{lc}}} = t_{\mathrm{sr}} \quad (13\text{-}25)$$

有了以上的结论后, 为了便于计算和分析, 在满足一定条件时, 可以对土壤的当量传热系数进行简化。

(1) 令 $H_{\mathrm{a}} = \dfrac{\lambda_{\mathrm{g}}}{h_{\mathrm{a}}}$, 一般而言, $L \gg H_{\mathrm{a}}$, 所以当量单位管长土壤传热系数可简化为:

$$K_{\mathrm{lm}} \approx \frac{2\pi\lambda_{\mathrm{g}}}{\ln\left[2\dfrac{L}{d} + \sqrt{4\left(\dfrac{L}{d}\right)^2 - 1}\right]} \approx \frac{2\pi\lambda_{\mathrm{g}}}{\ln\left(4\dfrac{L}{d}\right)} \quad \left(\frac{L}{d} > 2\right) \quad (13\text{-}26)$$

污水管中心埋深所在平面的土壤温度 t_{sr} 的分布可简化为:

线性分布时:

$$t_{sr} = t_a \cdot \left(1 - \frac{L}{H}\right) + t_c \cdot \frac{L}{H} \qquad (13\text{-}27)$$

指数分布时:

$$t_{sr} = t_a \cdot \exp\left(-L\sqrt{\frac{\pi}{aT}}\right) + t_c \cdot \left[1 - \exp\left(-L\sqrt{\frac{\pi}{aT}}\right)\right] \qquad (13\text{-}28)$$

(2) 一般而言,$h_w \pi d \gg K_{lm}$,所以:

据式 (13-9),污水管管壁温度可近似为污水管内污水温度:

$$t_b \approx t_w \qquad (13\text{-}29)$$

据式 (13-11),当量单位管长总传热系数可近似为当量单位管长土壤传热系数:

$$K_{le} \approx K_{lm} \qquad (13\text{-}30)$$

通过敏感性分析,可知:

(1) 埋深 L 通过两方面影响污水沿程温降,其一是影响当量单位管长总传热系数 K_{le},其二是影响当量环境温度 t_e,且两者影响趋势一致,但埋深 L 主要通过改变当量环境温度来影响污水沿程温降。

(2) 各影响因素中,L 对 Δt_w 影响程度最大,x、$\dot{V}$、λ_g、K_{le} 四个影响程度相同,t_{wi}、t_a 影响程度相当,t_c 影响程度最小。

(3) 由于 λ_g 变化范围很小,t_c 与 t_{wi} 相当且变化范围也较小,污水沿程温降的 4 个主要影响因素为:大气温度 t_a、当量单位管长传热系数 K_{le}、污水流量 $\dot{V}$、缓冲距离 x。

(4) 污水沿程温降小,主要是因为流量较大、土壤导热系数 λ_g 较小、埋深 L 较大导致 K_{lm} 较小。

13.2.3   土壤对水温降低的缓冲作用

图 13-2 是管渠内污水温度沿程变化曲线图。曲线 1 为未利用污水由于沿程散热,温度的变化曲线;曲线 3 是利用后不考虑污水自恢复能力的温度变化曲线;曲线 2 是利用后污水温度的实际变化曲线,由于土壤的缓冲作用,污水温度沿程恢复了 Δt_{gr},称之为土壤缓冲温降。

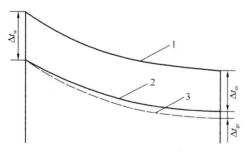

图 13-2   污水温度沿程变化曲线

从图中可以看出,土壤缓冲温降和环保允许温降一起决定了污水可利用温差的大小:

$$\Delta t_w = \Delta t_{er} + \Delta t_{gr} \qquad (13\text{-}31)$$

式中　　Δt_w——污水可利用温差,℃;

　　　　Δt_{er}——环保允许温降,℃;

Δt_{gr} ——土壤缓冲温降，℃。

在考虑对污水处理的影响，即在控制污水出口温度 t_{wo}（即污水处理厂进口温度）的情况下，如果不考虑污水的自恢复能力，则污水的可利用温差是 $\Delta t_{\mathrm{w}} = t_{\mathrm{wi}} - t_{\mathrm{wo}}$，考虑污水自恢复能力后，由于土壤的缓冲作用，则污水的可利用温差增加了 Δt_{gr}。

污水进行热能利用后，定义污水管上游污水温度的变化为 Δt_{i}，污水管出口处污水温度变化为 Δt_{o}，则如上图所示，存在这样一个事实，冬季工况，经过沿程流动，下游污水温度变化幅度 Δt_{o} 小于 Δt_{i}，导致这种现象的原因就是土壤的缓冲作用，把土壤的这种缓冲作用叫作污水温度的自恢复能力。

如果污水利用前污水管上游温度为 t_{wi1}，下游温度为 t_{wo1}，利用后，污水管上游温度为 t_{wi2}，下游温度为 t_{wo2}，则根据污水管上、下游污水温度变化的定义：

$$\Delta t_{\mathrm{o}} = t_{\mathrm{wo1}} - t_{\mathrm{wo2}} \tag{13-32}$$

由式（13-16）可得：

$$t_{\mathrm{wo}} = t_{\mathrm{wi}} \cdot \exp\left(-\frac{K_{\mathrm{le}} \cdot x}{\rho c \dot{V}}\right) + t_{\mathrm{sr}} \cdot \left[1 - \exp\left(-\frac{K_{\mathrm{le}} \cdot x}{\rho c \dot{V}}\right)\right] \tag{13-33}$$

联解式（13-32）和式（13-33），有：

$$\Delta t_{\mathrm{o}} = \Delta t_{\mathrm{i}} \cdot \exp\left(-\frac{K_{\mathrm{le}} \cdot x}{\rho c \dot{V}}\right) = \Delta t_{\mathrm{i}} \cdot \exp\left(-\frac{2\pi\lambda_{\mathrm{g}} \cdot x}{\rho c \dot{V} \cdot \ln(4L/d)}\right) \tag{13-34}$$

定义土壤的缓冲温降为污水管上、下游污水温度变化之差：

$$\Delta t_{\mathrm{gr}} = \Delta t_{\mathrm{i}} - \Delta t_{\mathrm{o}} \tag{13-35}$$

在此基础上，再定义土壤缓冲能力为土壤的缓冲温降与污水管上游污水温度变化的商：

$$\varepsilon = \frac{\Delta t_{\mathrm{i}} - \Delta t_{\mathrm{o}}}{\Delta t_{\mathrm{i}}} \times 100\% = \left[1 - \exp\left(-\frac{2\pi\lambda_{\mathrm{g}} \cdot x}{\rho c \dot{V} \cdot \ln(4L/d)}\right)\right] \times 100\% \tag{13-36}$$

从式（13-36）可以看出，土壤缓冲能力与恒温层温度、气温等地区气象参数无关，土壤的缓冲温降又可表示为：

$$\Delta t_{\mathrm{gr}} = \varepsilon\Delta t_{\mathrm{i}} = \frac{\varepsilon}{1-\varepsilon}\Delta t_{\mathrm{o}} \tag{13-37}$$

通过上述的计算和对实际工程的分析，可以得出如下结论：

(1) 由于土壤散热的影响，污水下游温度变化将小于上游温度变化。

(2) 土壤缓冲能力与土壤温度、大气温度无关。

(3) 管渠埋深和直径是影响污水沿程温度分布和土壤缓冲温降最主要的因素。

(4) 污水散热损失和温降主要发生在小支渠内，主干渠的散热和温降很小。

13.3　最大环保可利用温差

在严寒地区，最冷月极端天气里不仅对污水的热能利用很不利，而且即使污水未被利用，也有可能因为污水温度过低，影响污水的正常处理。所以在严寒地区，必须考虑污水利用对污水处理的影响，利用污水处理厂进口温度延续时间图和不保证天数法确定污水环保允许温降。污水的环保允许温差与不保证的天数有关，它的取值将可能关系到污水处理的效率和运行成本。在有条件的情况下，可以对环保允许温差的增大产生的效益与因为污水利用温差增大而对污水处理产生的影响进行经济效益和社会效益等多方面的评估，在有效评估后对环保允许温差的大小进行权衡，并由此确定污水热能利用规模。

污水热能利用对污水处理的影响评估需要解决两个方面的问题，其一是如何考虑土壤散热对污水温度的影响，其二是如何确定污水处理允许的污水热能利用温降。

污水管渠埋设于地下，将通过土壤向低温大气散热，也就是说，污水热能即使不加以利用，也会以散热的形式而损失掉，对污水处理造成影响。污水热能被利用一部分之后，散热损失将会减小。

在污水热能资源评估中的可利用温差实际上是技术可利用最大温差。为了保证污水处理的效果，提出环保可利用温差的概念。

13.3.1　环保可利用温差的计算

环保可利用温差（Δt_{ep}）等于环保允许温降（Δt_{ed}）与土壤缓冲温降（Δt_{gr}）之和。环保允许温降根据污水处理不保证天数法确定，如图 13-3 所示。

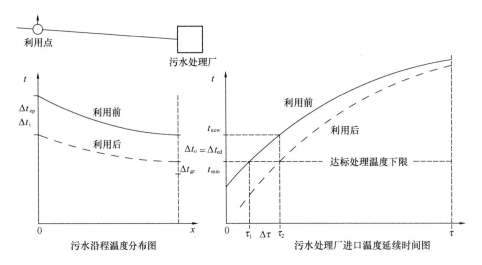

图 13-3　环保可利用温差与环保利用温降

计算环保可利用温差的具体方法如下：

（1）确定污水达标处理的进口温度下限 t_{min}；

（2）确定污水处理不保证天数 $\Delta\tau$；

（3）在进口温度延续时间图上，确定温度下限 t_{min} 对应的延续时间为 τ_1；

（4）在进口温度延续时间图上，确定延续时间 $\tau_2 = \tau_1 + \Delta\tau$ 的对应温度 t_{new}；

（5）得出环保允许温降：$\Delta t_{ed} = t_{new} - t_{min}$；

（6）环保可利用温差：

$$\Delta t_{ep} = \Delta t_{ed} + \Delta t_{gr} = \frac{\Delta t_{ed}}{1 - \varepsilon} \qquad (13\text{-}38)$$

在该方法中，污水达标处理温度下限 t_{min}（一般为 7℃）和污水处理不保证天数 $\Delta \tau$（例如一年的 5%，18 天）需要科学确定，必须综合污水处理效果、处理成本、污水热能资源化的经济与节能减排效益等诸多因素而最优化确定。

在严寒地区，污水的环保可利用温差一般小于污水的技术可利用温差，污水热能利用规模也可按污水环保可利用温差确定。由于污水环保允许温降的不确定性，为了能更大限度地合理提高污水热能利用的同时又保证污水处理的效率，则需要对两者间利弊做出更准确的评估。

13.3.2　污水处理保效控制

为了控制污水热能资源化对污水处理效果和费用的负面影响，必须采取总量控制与局部控制相结合的方法，通过控制污水的利用温差来控制污水热能的开采规模，真正实现大气环境与水环境的双重环保。

1. 总量控制

对于污水热能利用的总体规划，如果控制好进入污水处理厂的温度，从而控制污水的可利用温差，即控制一个城市的污水利用总量，则污水的热能利用不会对污水处理产生影响，把这种控制策略叫作总量控制。

土壤缓冲温降与污水的温度大小无关，污水处理厂和城市污水总管的位置确定后，土壤缓冲温降可以根据已知条件求出。污水环保最大允许温降可以根据污水处理厂进口温度延续时间图和不保证天数法来确定，从而可确定污水环保最大可利用温差，由此温差确定的污水热能利用规模即为整个城市的污水热能利用最大规模，各分散式利用点的污水热能利用规模总量不能超过城市污水热能利用最大规模。

2. 局部控制

在项目立项前期，如果知道污水环保允许温降和土壤缓冲温降，即可求出污水的环保可利用温差，进而根据污水利用点实测污水温度求得污水利用后温度，这是对集中式利用来说的。反过来说，对于分散式利用，由于每个利用点的污水温度可能不一样，污水环保可利用温差也就不一样，不能采用总量控制的方法确定的污水环保可利用温差来确定分散式污水利用点的规模。

在这种情况下，如果知道了污水正常处理温度下限，则可根据污水处理厂进口温度延续时间图和不保证天数法来确定环保允许温降。根据污水处理厂进口温度（此时为污水正常处理温度下限，亦为污水管渠出口温度）、污水利用点到污水处理厂的距离和污水管布置相关参数等条件，可以反算污水环保允许温降，算法如图 13-4 所示。

由式（13-15）和式（13-33），可得污水利用点污水利用后温度：

$$t_{wi} = t_w \cdot \frac{1}{\exp\left(-\dfrac{K_{le} \cdot x}{\rho c \dot{V}}\right)} + t_e \cdot \left[1 - \frac{1}{\exp\left(-\dfrac{K_{le} \cdot x}{\rho c \dot{V}}\right)} \right] \qquad (13\text{-}39)$$

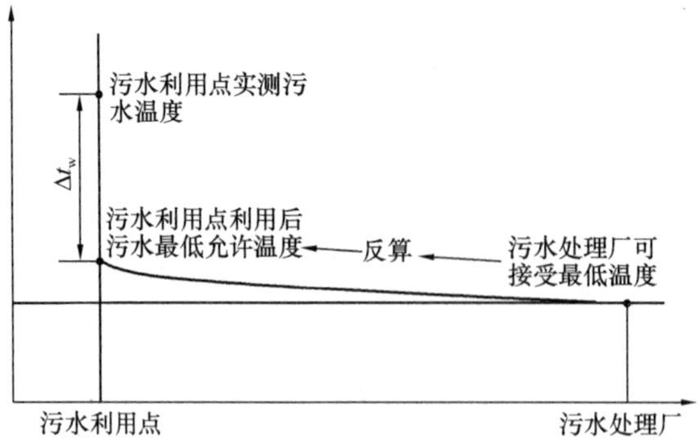

图 13-4　分散利用点局部控制反算环保利用温差示意图

式中　　t_{wi}——污水进口温度，此处为污水利用点污水利用后的温度，℃；

　　　　t_w——污水管渠任意点温度，此处为污水正常处理下限温度，℃。

　　污水利用后，将沿污水渠流到污水处理厂进行处理，污水处理厂进口温度即为污水管渠内污水的出口温度，如果已知污水处理厂对污水正常处理的温度下限，即已知式（13-39）中的 t_w，可以很容易地求出污水的进口温度，即污水利用后的最低允许温度，污水利用点利用前污水的温度与求出的污水利用后最低允许温度的差值，就是污水环保最大可利用温差。分散式利用点只有在这个温差内对污水进行热能利用，才不会对污水处理产生影响。每个分散式利用点只有遵循环保利用原则，才不会破坏城市集中式污水利用总体规划，才能实现污水热能资源化的大气和水体环境双重节能与环保。

13.4　污水热能资源化的节能减排收益评估

　　污水作为冷热源，不排渣、不排烟，污水密闭循环，与其他设备或系统不接触，经过换热设备后留下冷量或热量返回污水干渠，无大气环境污染问题，对大气环境真正实现"零排放"。不仅如此，因为热泵利用而节约大量原煤，减少燃煤，就相应地减少向大气排放 CO_2、SO_2、NO_x 等有害成分，这一点对防止大气污染的贡献更是不可忽视的。本节将污水源热能利用与城市热网和冷水机组相对比，通过介绍单位体积污水和单位面积建筑节能环保量两种方法，从两个角度分析污水热能利用的大气环境环保效益，并提出夏季空调期节煤量的概念，把污水热能利用的大气环境环保效益计算方法标准化、系统化，并计算得出多种条件下污水热能利用的节能量和减排量。

13.4.1　单位体积污水节能环保效益

　　1. 单位体积污水节煤量

　　规定热泵机组冬季综合能效系数为 COP_h，污水源热泵系统冬季工况下，污水换热器的换热量 Q 按下式计算：

$$Q = \rho \cdot c \cdot \Delta t_w \tag{13-40}$$

污水冬季可供热量 Q_h 可按下式计算：

$$Q_h = \rho c \cdot \Delta t_w (t_{wi}) \cdot \frac{COP_h}{COP_h - 1} \qquad (13\text{-}41)$$

假设污水源热泵机组采用火力驱动，则污水热能利用消耗的一次能源量为：

$$Q_1 = \frac{Q_h}{COP_h \cdot \eta_e \cdot \eta_d} \qquad (13\text{-}42)$$

式中　η_e ——火力发电效率，取 $\eta_e = 33\%$；

　　　η_d ——电力输送效率，取 $\eta_d = 0.95$。

对城市热网，供热 Q_h 所需的一次能源量为：

$$Q_2 = \frac{Q_h}{\eta_b \cdot \eta_n} \qquad (13\text{-}43)$$

式中　η_b ——锅炉的效率，取 $\eta_b = 75\%$；

　　　η_n ——热网热能输送效率，取 $\eta_n = 0.9$。

由此可以得出利用 $V\mathrm{m}^3$ 污水可节省的标准煤（以下简称"标煤"）量为：

$$\Delta M = \frac{\Delta Q}{q_c} = \frac{Q_h}{q_c} \left(\frac{1}{\eta_b \cdot \eta_n} - \frac{1}{COP_h \cdot \eta_e \cdot \eta_d} \right) \qquad (13\text{-}44)$$

式中　q_c ——标煤的热值，取 $q_c = 29274\mathrm{kJ/kg}$。

从而可知节煤率为：

$$\varphi_m = \frac{\Delta Q}{Q_2} \times 100\% = \left(1 - \frac{\eta_b \cdot \eta_n}{COP_h \cdot \eta_e \cdot \eta_d} \right) \times 100\% \qquad (13\text{-}45)$$

　　求出单位体积污水热能的节煤量，就可根据具体项目的具体污水流量求出该项目的节煤量。需要说明的是，如果需要求供暖期的节煤量，则需要知道该地区的供暖期天数和每天热泵机组运行的时间，即污水流量代表的是整个供暖期的总流量。当然，在实际工程项目中，考虑到各热用户功能的不同，在计算一次能源消耗量的时候还需考虑同时使用系数。

2. 单位体积污水节电量

　　同样，对单位体积污水流量，污水源热泵系统夏季工况下，污水换热器的换热量 Q 按式（13-40）计算，污水夏季可供冷量 Q_c 可按下式计算：

$$Q_c = \rho c \cdot \Delta t_w (t_{wi}) \cdot \frac{COP_c}{COP_c - 1} \qquad (13\text{-}46)$$

通过分析计算，污水利用空调期节电量为：

$$\Delta E = \frac{Q_c}{3.6 \times 10^6} \left(\frac{1}{COP_{air}} - \frac{1}{COP_h} \right) \qquad (13\text{-}47)$$

式中　ΔE ——空调期节电量，$\mathrm{kW \cdot h}$；

COP_{air} ——风冷冷水机组制冷系数，取 $COP_{air} = 4$；

COP_c ——热泵机组夏季综合能效系数，$COP_c = 5$。

从而可知节电率为：

$$\varphi_m = \left(1 - \frac{COP_{air}}{COP_c}\right) \times 100\% \tag{13-48}$$

在考虑多种空调使用系数的情况下，如果知道某个地区的空调期天数和每天热泵机组运行的时间，或者知道了污水空调期总流量，就可以很方便地求出该地区利用污水源热泵系统供冷的节电量。

如果需要进一步知道某个地区的年节煤量，只需将空调期节电量转换成节煤量，然后将空调期和供暖期节煤量相加即可，转换公式参照下式：

$$\Delta M_s = \frac{\Delta E}{q_c \cdot \eta_e} \tag{13-49}$$

当然，也可以直接求出全年的污水总流量，根据式（13-44）直接求得污水热能利用全年节煤量。

3. 单位体积污水大气污染物削减量

大气污染物主要包括 CO_2、NO_x、SO_2 和粉尘等，各种污染物的排放定额，可据表13-2确定。

燃煤污染物的排放定额　　　　　　　　　　表 13-2

污染物	CO_2	SO_2	NO_x	粉尘
g/MJ	115.12	8.12	0.43	0.53
t/t 标煤	3.37	0.238	0.013	0.016
g/(kW·h电)	1.126	0.0123	0.0016	0.0082

从表中可以清楚地知道消耗 1t 标煤的大气污染物排放定额，如果知道某地区的年节煤量，则可以很容易地得到利用污水源热泵系统的年大气污染物消减量。

$$\Delta m_i = \Delta M \cdot \Delta R_i \tag{13-50}$$

式中　i ——取1、2、3、4分别代表 CO_2、SO_2、NO_x 和粉尘；

Δm_i ——年大气污染物削减量，t；

ΔR_i ——标煤的污染物排放定额，t/t 标煤。

结合上面的分析，可以知道：

（1）影响污水节能环保效益的主要因素是污水的可利用温差，可利用温差越大，效益越大。

（2）节煤率和节电率与污水可利用温差无关，只与热能利用效率和机组综合效能系数有关。

为了能更好地说明各种污水利用温差下单位体积污水的节能环保效益，现将各污水利用温差下单位体积污水热能利用的节能减排量的相关数据整理如下，见表13-3。

单位体积污水的节能环保效益　　　　　　　表 13-3

	利用温差 （℃）	1.5	2	2.5	3	3.5	4	4.5	5	5.5	6
节能	ΔM(kg)	0.196	0.262	0.327	0.393	0.458	0.523	0.589	0.654	0.720	0.785
	φ_m(%)	46.2	46.2	46.2	46.2	46.2	46.2	46.2	46.2	46.2	46.2
	ΔE (kW·h)	0.109	0.146	0.182	0.219	0.255	0.292	0.328	0.365	0.401	0.438
	φ_e(%)	20.0	20.0	20.0	20.0	20.0	20.0	20.0	20.0	20.0	20.0
减排	Δm_1(kg)	0.6615	0.8819	1.1024	1.3229	1.5434	1.7639	1.9844	2.2049	2.4254	2.6458
	Δm_2(kg)	0.0467	0.0623	0.0779	0.0934	0.1090	0.1246	0.1401	0.1557	0.1713	0.1869
	Δm_3(kg)	0.0026	0.0034	0.0043	0.0051	0.0060	0.0068	0.0077	0.0085	0.0094	0.0102
	Δm_4(kg)	0.0031	0.0042	0.0052	0.0063	0.0073	0.0084	0.0094	0.0105	0.0115	0.0126

13.4.2　单位面积建筑的节能环保效益

1. 单位面积建筑节煤量

单位面积建筑物采暖期耗热量可用下式表示：

$$Q_{m^2c} = 24 \times 3600 N_c \cdot q_c \cdot \varphi \tag{13-51}$$

式中　Q_{m^2c}——单位面积建筑物供暖年耗热量，J/m²；

　　　　N_c——供暖期天数；

　　　　q_c——单位建筑面积热负荷指标，W/m²；

　　　　φ——平均热负荷系数，可按表 13-4 取值。

部分城市的采暖平均热负荷系数（取室内设计温度为 18℃）　　　表 13-4

城市	采暖室外计算温度(℃)	采暖期日平均温度(℃)	平均热负荷系数 φ
哈尔滨	−26	−9.5	0.625
长春	−23	−8.0	0.634
沈阳	−19	−5.7	0.641
牡丹江	−24	−9.1	0.645
锦州	−15	−4.0	0.667
大连	−11	−1.4	0.669
济南	−7	0.9	0.684
北京	−9	−0.9	0.700
石家庄	−8	−0.2	0.700
兰州	−11	−2.5	0.707
西安	−5	1.1	0.735

单位面积建筑采用污水源热泵供暖，供暖期耗煤量计算公式可由下式表示：

$$m_{a1} = \frac{Q_{m^2}}{COP_h \cdot \eta_e \cdot \eta_d \cdot q_c} \tag{13-52}$$

单位面积建筑城市热网供暖，供暖期耗煤量计算公式：

$$m_{a2} = \frac{Q_m^2}{\eta_b \cdot \eta_n \cdot q_c} \tag{13-53}$$

利用污水热能单位面积建筑物的供暖期节煤量为：

$$\Delta M_a = m_{a2} - m_{a1} = \frac{Q_m^2}{q_c}\left(\frac{1}{\eta_b \cdot \eta_n} - \frac{1}{COP_h \cdot \eta_e \cdot \eta_d}\right) \tag{13-54}$$

利用污水热能单位面积建筑物的供暖期节煤率为：

$$\varphi_{ma} = \frac{m_{a2} - m_{a1}}{m_{a2}} \times 100\% = \left(1 - \frac{\eta_b \cdot \eta_n}{COP_h \cdot \eta_e \cdot \eta_d}\right) \times 100\% \tag{13-55}$$

从上式可知，单位面积建筑供暖期节煤率与单位体积污水热能利用节煤率相等。

由式 (13-51) 可知，单位面积建筑的节能量主要与供暖期天数、单位建筑面积热负荷指标和平均热负荷系数有关，经过对典型供暖城市的平均热负荷系数的计算研究得出，平均热负荷系数变化范围不大（波动 0.1 左右），对单位面积建筑的节能量和减排量的影响远小于其他两个因素，为了简化计算，可以把平均热负荷系数看成定值，取 $\varphi = 6.5$。不同供暖期天数和不同单位建筑面积热负荷指标情况下的单位面积建筑节煤量如表 13-5 所示。

单位面积建筑供暖期节煤量（单位：kg/m²）　　　　　表 13-5

N_c(天) / q_c(W/m²)	60	70	80	90	100	110	120	130	140	150	160	170	180	190
15	1.18	1.38	1.57	1.77	1.97	2.17	2.36	2.56	2.76	2.95	3.15	3.35	3.54	3.74
20	1.57	1.84	2.10	2.36	2.62	2.89	3.15	3.41	3.67	3.94	4.20	4.46	4.72	4.99
25	1.97	2.30	2.62	2.95	3.28	3.61	3.94	4.26	4.59	4.92	5.25	5.58	5.91	6.23
30	2.36	2.76	3.15	3.54	3.94	4.33	4.72	5.12	5.51	5.91	6.30	6.69	7.09	7.48
35	2.76	3.22	3.67	4.13	4.59	5.05	5.51	5.97	6.43	6.89	7.35	7.81	8.27	8.73
40	3.15	3.67	4.20	4.72	5.25	5.77	6.30	6.82	7.35	7.87	8.40	8.92	9.45	9.97
45	3.54	4.13	4.72	5.31	5.91	6.50	7.09	7.68	8.27	8.86	9.45	10.04	10.63	11.22
50	3.94	4.59	5.25	5.91	6.56	7.22	7.87	8.53	9.19	9.84	10.50	11.15	11.81	12.47
55	4.33	5.05	5.77	6.50	7.22	7.94	8.66	9.38	10.10	10.83	11.55	12.27	12.99	13.71
60	4.72	5.51	6.30	7.09	7.87	8.66	9.45	10.24	11.02	11.81	12.60	13.39	14.17	14.96
65	5.12	5.97	6.82	7.68	8.53	9.38	10.24	11.09	11.94	12.79	13.65	14.50	15.35	16.21
70	5.51	6.43	7.35	8.27	9.19	10.10	11.02	11.94	12.86	13.78	14.70	15.62	16.53	17.45
75	5.91	6.89	7.87	8.86	9.84	10.83	11.81	12.79	13.78	14.76	15.75	16.73	17.72	18.70
80	6.30	7.35	8.40	9.45	10.50	11.55	12.60	13.65	14.70	15.75	16.80	17.85	18.90	19.95
85	6.69	7.81	8.92	10.04	11.15	12.27	13.39	14.50	15.62	16.73	17.85	18.96	20.08	21.19
90	7.09	8.27	9.45	10.63	11.81	12.99	14.17	15.35	16.53	17.72	18.90	20.08	21.26	22.44
95	7.48	8.73	9.97	11.22	12.47	13.71	14.96	16.21	17.45	18.70	19.95	21.19	22.44	23.69
100	7.87	9.19	10.50	11.81	13.12	14.43	15.75	17.06	18.37	19.68	21.00	22.31	23.62	24.93

2. 单位面积建筑节电量

单位面积建筑物空调期耗冷量可用下式表示：

$$Q_{m^2e} = 24 \times 3600 N_e \cdot q_e \cdot \psi \tag{13-56}$$

式中 Q_{m^2e}——单位面积建筑物空调期耗冷量，J/m^2；

N_e——空调期天数；

q_e——单位建筑面积冷负荷指标，W/m^2；

ψ——空调综合使用系数，$\psi=0.7$。

空调冷负荷的构成比较复杂，对于一个具体工程，可能得同时考虑窗墙比修正系数、围护结构面积比修正系数、保温修正系数、气候修正系数、日平均系数、年平均系数、空间同时使用系数、时间同时使用系数等，但经过各种情况计算，各种系数修正后的空调综合使用系数波动不大，为了简化计算，综合所有因素，取空调综合使用系数为 $\psi=0.7$。

若用污水源热泵系统对建筑进行供冷，单位面积建筑物的空调期节电量为冷水机组空调系统空调期供冷耗电量与污水源热泵系统空调期供冷耗电量之差，其计算公式为：

$$\Delta E_{m^2} = \frac{Q_{m^2e}}{3.6 \times 10^6}\left(\frac{1}{COP_{air}} - \frac{1}{COP_c}\right) \tag{13-57}$$

单位面积建筑节电率与单位体积污水热能利用节电率相同。取 $\psi=0.7$，不同空调期天数和不同单位建筑面积热负荷指标情况下的单位面积建筑空调期节电量如表 13-6 所示。

单位面积建筑空调期节电量（单位：kg/m²）   表 13-6

N_e(天) / q_e(W/m²)	60	70	80	90	100	110	120	130	140	150	160	170	180	190
15	0.756	0.882	1.008	1.134	1.260	1.386	1.512	1.638	1.764	1.890	2.016	2.142	2.268	2.394
20	1.008	1.176	1.344	1.512	1.680	1.848	2.016	2.184	2.352	2.520	2.688	2.856	3.024	3.192
25	1.260	1.470	1.680	1.890	2.100	2.310	2.520	2.730	2.940	3.150	3.360	3.570	3.780	3.990
30	1.512	1.764	2.016	2.268	2.520	2.772	3.024	3.276	3.528	3.780	4.032	4.284	4.536	4.788
35	1.764	2.058	2.352	2.646	2.940	3.234	3.528	3.822	4.116	4.410	4.704	4.998	5.292	5.586
40	2.016	2.352	2.688	3.024	3.360	3.696	4.032	4.368	4.704	5.040	5.376	5.712	6.048	6.384
45	2.268	2.646	3.024	3.402	3.780	4.158	4.536	4.914	5.292	5.670	6.048	6.426	6.804	7.182
50	2.520	2.940	3.360	3.780	4.200	4.620	5.040	5.460	5.880	6.300	6.720	7.140	7.560	7.980
55	2.772	3.234	3.696	4.158	4.620	5.082	5.544	6.006	6.468	6.930	7.392	7.854	8.316	8.778
60	3.024	3.528	4.032	4.536	5.040	5.544	6.048	6.552	7.056	7.560	8.064	8.568	9.072	9.576
65	3.276	3.822	4.368	4.914	5.460	6.006	6.552	7.098	7.644	8.190	8.736	9.282	9.828	10.374
70	3.528	4.116	4.704	5.292	5.880	6.468	7.056	7.644	8.232	8.820	9.408	9.996	10.584	11.172
75	3.780	4.410	5.040	5.670	6.300	6.930	7.560	8.190	8.820	9.450	10.080	10.710	11.340	11.970
80	4.032	4.704	5.376	6.048	6.720	7.392	8.064	8.736	9.408	10.080	10.752	11.424	12.096	12.768

如果需要进一步知道某个地区的全年节煤量，只需将空调期节电量转换成节煤量，然后将空调期和供暖期节煤量相加即可，转换公式参照下式：

$$\Delta M_\mathrm{s} = \frac{\Delta E_\mathrm{m^2}}{q_\mathrm{c} \cdot \eta_\mathrm{e}} \tag{13-58}$$

需要说明的是，节煤不一定就是省钱，用煤量与用电量的多少与经济效益没有绝对的关系，需考虑燃煤单价和电力单价。

3. 单位面积建筑大气污染物削减量

单位面积建筑的大气污染物削减量与单位体积污水的大气污染物削减量的计算方法类似，也是根据单位面积建筑年节煤量，按照污染物排放定额，分别算出 CO_2、NO_x、SO_2 和粉尘的年消减量。

仍取 $\varphi = 6.5$，不同供暖期天数和不同单位建筑面积热负荷指标情况下的单位面积建筑大气污染物消减量如表 13-7～表 13-10 所示。

单位面积建筑供暖期 CO₂ 削减量（单位：kg/m²）　　　　表 13-7

N_c(天) \ q_c(W/m²)	60	70	80	90	100	110	120	130	140	150	160	170	180	190
15	3.98	4.64	5.31	5.97	6.63	7.30	7.96	8.62	9.29	9.95	10.61	11.28	11.94	12.60
20	5.31	6.19	7.08	7.96	8.84	9.73	10.61	11.50	12.38	13.27	14.15	15.04	15.92	16.80
25	6.63	7.74	8.84	9.95	11.06	12.16	13.27	14.37	15.48	16.58	17.69	18.79	19.90	21.01
30	7.96	9.29	10.61	11.94	13.27	14.59	15.92	17.25	18.57	19.90	21.23	22.55	23.88	25.21
35	9.29	10.83	12.38	13.93	15.48	17.03	18.57	20.12	21.67	23.22	24.77	26.31	27.86	29.41
40	10.61	12.38	14.15	15.92	17.69	19.46	21.23	23.00	24.77	26.53	28.30	30.07	31.84	33.61
45	11.94	13.93	15.92	17.91	19.90	21.89	23.88	25.87	27.86	29.85	31.84	33.83	35.82	37.81
50	13.27	15.48	17.69	19.90	22.11	24.32	26.53	28.75	30.96	33.17	35.38	37.59	39.80	42.01
55	14.59	17.03	19.46	21.89	24.32	26.76	29.19	31.62	34.05	36.48	38.92	41.35	43.78	46.21
60	15.92	18.57	21.23	23.88	26.53	29.19	31.84	34.49	37.15	39.80	42.45	45.11	47.76	50.41
65	17.25	20.12	23.00	25.87	28.75	31.62	34.49	37.37	40.24	43.12	45.99	48.87	51.74	54.62
70	18.57	21.67	24.77	27.86	30.96	34.05	37.15	40.24	43.34	46.43	49.53	52.63	55.72	58.82
75	19.90	23.22	26.53	29.85	33.17	36.48	39.80	43.12	46.43	49.75	53.07	56.38	59.70	63.02
80	21.23	24.77	28.30	31.84	35.38	38.92	42.45	45.99	49.53	53.07	56.61	60.14	63.68	67.22
85	22.55	26.31	30.07	33.83	37.59	41.35	45.11	48.87	52.63	56.38	60.14	63.90	67.66	71.42
90	23.88	27.86	31.84	35.82	39.80	43.78	47.76	51.74	55.72	59.70	63.68	67.66	71.64	75.62
95	25.21	29.41	33.61	37.81	42.01	46.21	50.41	54.62	58.82	63.02	67.22	71.42	75.62	79.82
100	26.53	30.96	35.38	39.80	44.22	48.65	53.07	57.49	61.91	66.34	70.76	75.18	79.60	84.02

单位面积建筑供暖期 SO₂ 削减量（单位：kg/m²）　　　表 13-8

$q_c(W/m^2)$ \ N_c(天)	60	70	80	90	100	110	120	130	140	150	160	170	180	190
15	0.281	0.328	0.375	0.422	0.468	0.515	0.562	0.609	0.656	0.703	0.750	0.796	0.843	0.890
20	0.375	0.437	0.500	0.562	0.625	0.687	0.750	0.812	0.874	0.937	0.999	1.062	1.124	1.187
25	0.468	0.547	0.625	0.703	0.781	0.859	0.937	1.015	1.093	1.171	1.249	1.327	1.405	1.484
30	0.562	0.656	0.750	0.843	0.937	1.031	1.124	1.218	1.312	1.405	1.499	1.593	1.687	1.780
35	0.656	0.765	0.874	0.984	1.093	1.202	1.312	1.421	1.530	1.640	1.749	1.858	1.968	2.077
40	0.750	0.874	0.999	1.124	1.249	1.374	1.499	1.624	1.749	1.874	1.999	2.124	2.249	2.374
45	0.843	0.984	1.124	1.265	1.405	1.546	1.687	1.827	1.968	2.108	2.249	2.389	2.530	2.670
50	0.937	1.093	1.249	1.405	1.562	1.718	1.874	2.030	2.186	2.342	2.499	2.655	2.811	2.967
55	1.031	1.202	1.374	1.546	1.718	1.890	2.061	2.233	2.405	2.577	2.748	2.920	3.092	3.264
60	1.124	1.312	1.499	1.687	1.874	2.061	2.249	2.436	2.623	2.811	2.998	3.186	3.373	3.560
65	1.218	1.421	1.624	1.827	2.030	2.233	2.436	2.639	2.842	3.045	3.248	3.451	3.654	3.857
70	1.312	1.530	1.749	1.968	2.186	2.405	2.623	2.842	3.061	3.279	3.498	3.717	3.935	4.154
75	1.405	1.640	1.874	2.108	2.342	2.577	2.811	3.045	3.279	3.514	3.748	3.982	4.216	4.451
80	1.499	1.749	1.999	2.249	2.499	2.748	2.998	3.248	3.498	3.748	3.998	4.248	4.497	4.747
85	1.593	1.858	2.124	2.389	2.655	2.920	3.186	3.451	3.717	3.982	4.248	4.513	4.778	5.044
90	1.687	1.968	2.249	2.530	2.811	3.092	3.373	3.654	3.935	4.216	4.497	4.778	5.060	5.341
95	1.780	2.077	2.374	2.670	2.967	3.264	3.560	3.857	4.154	4.451	4.747	5.044	5.341	5.637
100	1.874	2.186	2.499	2.811	3.123	3.436	3.748	4.060	4.372	4.685	4.997	5.309	5.622	5.934

单位面积建筑供暖期 NOₓ 削减量（单位：kg/m²）　　　表 13-9

$q_c(W/m^2)$ \ N_c(天)	60	70	80	90	100	110	120	130	140	150	160	170	180	190
15	0.015	0.018	0.020	0.023	0.026	0.028	0.031	0.033	0.036	0.038	0.041	0.044	0.046	0.049
20	0.020	0.024	0.027	0.031	0.034	0.038	0.041	0.044	0.048	0.051	0.055	0.058	0.061	0.065
25	0.026	0.030	0.034	0.038	0.043	0.047	0.051	0.055	0.060	0.064	0.068	0.073	0.077	0.081
30	0.031	0.036	0.041	0.046	0.051	0.056	0.061	0.067	0.072	0.077	0.082	0.087	0.092	0.097
35	0.036	0.042	0.048	0.054	0.060	0.066	0.072	0.078	0.084	0.090	0.096	0.102	0.107	0.113
40	0.041	0.048	0.055	0.061	0.068	0.075	0.082	0.089	0.096	0.102	0.109	0.116	0.123	0.130
45	0.046	0.054	0.061	0.069	0.077	0.084	0.092	0.100	0.107	0.115	0.123	0.131	0.138	0.146
50	0.051	0.060	0.068	0.077	0.085	0.094	0.102	0.111	0.119	0.128	0.136	0.145	0.154	0.162
55	0.056	0.066	0.075	0.084	0.094	0.103	0.113	0.122	0.131	0.141	0.150	0.160	0.169	0.178
60	0.061	0.072	0.082	0.092	0.102	0.113	0.123	0.133	0.143	0.154	0.164	0.174	0.184	0.194
65	0.067	0.078	0.089	0.100	0.111	0.122	0.133	0.144	0.155	0.166	0.177	0.189	0.200	0.211
70	0.072	0.084	0.096	0.107	0.119	0.131	0.143	0.155	0.167	0.179	0.191	0.203	0.215	0.227

续表

N_c(天) q_c(W/m²)	60	70	80	90	100	110	120	130	140	150	160	170	180	190
75	0.077	0.090	0.102	0.115	0.128	0.141	0.154	0.166	0.179	0.192	0.205	0.218	0.230	0.243
80	0.082	0.096	0.109	0.123	0.136	0.150	0.164	0.177	0.191	0.205	0.218	0.232	0.246	0.259
85	0.087	0.102	0.116	0.131	0.145	0.160	0.174	0.189	0.203	0.218	0.232	0.247	0.261	0.276
90	0.092	0.107	0.123	0.138	0.154	0.169	0.184	0.200	0.215	0.230	0.246	0.261	0.276	0.292
95	0.097	0.113	0.130	0.146	0.162	0.178	0.194	0.211	0.227	0.243	0.259	0.276	0.292	0.308
100	0.102	0.119	0.136	0.154	0.171	0.188	0.205	0.222	0.239	0.256	0.273	0.290	0.307	0.324

单位面积建筑供暖期粉尘削减量（单位：kg/m²）　　　　表 13-10

N_c(天) q_c(W/m²)	60	70	80	90	100	110	120	130	140	150	160	170	180	190
15	0.019	0.022	0.025	0.028	0.031	0.035	0.038	0.041	0.044	0.047	0.050	0.054	0.057	0.060
20	0.025	0.029	0.034	0.038	0.042	0.046	0.050	0.055	0.059	0.063	0.067	0.071	0.076	0.080
25	0.031	0.037	0.042	0.047	0.052	0.058	0.063	0.068	0.073	0.079	0.084	0.089	0.094	0.100
30	0.038	0.044	0.050	0.057	0.063	0.069	0.076	0.082	0.088	0.094	0.101	0.107	0.113	0.120
35	0.044	0.051	0.059	0.066	0.073	0.081	0.088	0.096	0.103	0.110	0.118	0.125	0.132	0.140
40	0.050	0.059	0.067	0.076	0.084	0.092	0.101	0.109	0.118	0.126	0.134	0.143	0.151	0.160
45	0.057	0.066	0.076	0.085	0.094	0.104	0.113	0.123	0.132	0.142	0.151	0.161	0.170	0.180
50	0.063	0.073	0.084	0.094	0.105	0.115	0.126	0.136	0.147	0.157	0.168	0.178	0.189	0.199
55	0.069	0.081	0.092	0.104	0.115	0.127	0.139	0.150	0.162	0.173	0.185	0.196	0.208	0.219
60	0.076	0.088	0.101	0.113	0.126	0.139	0.151	0.164	0.176	0.189	0.202	0.214	0.227	0.239
65	0.082	0.096	0.109	0.123	0.136	0.150	0.164	0.177	0.191	0.205	0.218	0.232	0.246	0.259
70	0.088	0.103	0.118	0.132	0.147	0.162	0.176	0.191	0.206	0.220	0.235	0.250	0.265	0.279
75	0.094	0.110	0.126	0.142	0.157	0.173	0.189	0.205	0.220	0.236	0.252	0.268	0.283	0.299
80	0.101	0.118	0.134	0.151	0.168	0.185	0.202	0.218	0.235	0.252	0.269	0.286	0.302	0.319
85	0.107	0.125	0.143	0.161	0.178	0.196	0.214	0.232	0.250	0.268	0.286	0.303	0.321	0.339
90	0.113	0.132	0.151	0.170	0.189	0.208	0.227	0.246	0.265	0.283	0.302	0.321	0.340	0.359
95	0.120	0.140	0.160	0.180	0.199	0.219	0.239	0.259	0.279	0.299	0.319	0.339	0.359	0.379
100	0.126	0.147	0.168	0.189	0.210	0.231	0.252	0.273	0.294	0.315	0.336	0.357	0.378	0.399

4. CO_2 年削减密度

经过上面的分析计算，可以得到 CO_2 的年削减量，为了更好地说明污水热能利用对大气环境的环保效益，这里给出 CO_2 的年削减密度的概念。

$$\rho_{CO2} = \frac{\Delta m_1}{A_t} \qquad (13\text{-}59)$$

式中　ρ_{CO_2} ——CO_2 年削减密度，$t/(km)^2$。

　　　A_t ——城市市区总面积，$(km)^2$。

　　通过计算 CO_2 的年削减密度，可以从宏观上更好把握污水源热泵系统利用的环保效益，从而为项目决策者对项目决策提供更清晰的思路。

第 14 章

城市污水热能资源规划技术

污水所蕴含的热能，是一种城市废热，若不加以利用，就会白白排放，不会产生任何价值。城市污水热能是一种有限的公共资源，在技术和市场成熟的条件下，应该纳入公共管理的范畴，有节制、有规划地科学合理利用，使之取得最大的经济效益与环保效益，并规范行业的健康发展。

14.1 城市污水热能的定位

居住相对集中、具备一定规模的城市，其污水量比较大，水量、水温相对稳定。并且随着城市的不断发展，污水量将会不断增加，城市污水热源具备相当大的开发潜力。污水源热泵的热源取自城市污水，因此，城市污水的流量及温度势必将影响着污水源热泵的供热能力及其稳定性，而取水点的布置是否合理，很大程度上影响着污水源热泵水源的流量稳定性。因此需要对整个城市污水资源进行论证，为城市污水利用提供科学依据，为办理取水许可审批提供依据。通过对污水水源的分析评价，初步论证拟选供水水源的可靠性与合理性，为城市污水取水方案的确定提供依据。因此，城市污水热能是一种公共资源，必须纳入公共管理，接受监督，科学规划，合理开采，适当收费。理由如下：

（1）绝大多数的公共资源和能源，例如石油、矿石、风能等，在科学技术成熟之前，对人类几乎没有任何价值。但是，随着科技的进步，这些资源开始造福人类，发挥它们的功效，也就开始被政府部门纳入公共管理之中。城市污水热能也一样，随着污水源热泵技术的逐渐成熟，市场越来越大，必须有统一的管理部门介入管理与监控。

（2）城市污水热能开发利用与污水达标处理之间存在矛盾。污水热能利用可以取得巨大的经济效益，更多的是一种私营行为，污水处理致力于保护环境和水资源，更多的是一种公营行为。如果无节制的利用污水热能，必将给污水处理厂的运营和水环境保护造成沉重压力，这是私与公之间的矛盾，需要公共机构介入调和。为了协调二者之间的关系，取得最大的经济效益和社会效益，必须将二者纳入同一部门进行管控。

（3）既然要对污水热能进行监管，需要投入一些人力物力，因此对污水热能开发项目适当收取开采费或管理费也是合理的，但需要严谨论证收费方式和标准。

既然要将污水热能纳入公共管理，就必须对城市污水热能进行科学的规划和严格的审批。下面介绍城市污水热能的规划方法。

14.2　城市污水热能资源化规划的目的与任务

14.2.1　规划的目的与意义

城市污水热能资源规划的目的是增加污水处理厂的经济收益，维持合理的利润空间，保证污水处理厂的正常运行，这样才能实现污水处理率达标的要求。除了增加城市居民污水处理收费标准和引进市场化运营机制等途径外，增加污水热能资源化项目，通过合理的热能利用收费，也是增加水务部门和污水处理厂经济效益的重要措施之一。

城市污水热能资源化与环境保护既有相互促进的一面，也有相互抵触的一面。做好城市污水热能资源化的规划，最大限度地扬长避短，才能让二者协调发展，取得最大的社会效益。

城市污水热能资源化与环境保护相互促进的一面，主要体现在：

（1）节省燃煤，减少 CO_2、SO_2、NO_x 等大气污染物的排放，保护和改善城市的大气环境。

（2）为水务部门或污水处理厂提供市场化经营途径和资金来源，增加经济收益，更好地保障污水处理效果和达标排放。

城市污水热能资源化与水资源及环境保护相互抵触的一面，主要体现在污水热能的过分提取，导致污水温度降低和微生物活性降低，最终可能导致污水处理费用增加和处理效果难以达标。

可以通过以下途径实现城市污水热能资源化整体规划的协调性：

（1）对于城市污水热能的分散式利用，通过对利用点相互间的距离和相对利用量的优化控制，尽量增加污水热能利用的比例，同时控制污水的温度降低幅度，而不影响污水的处理效果。

（2）对于城市污水热能的集中式利用，通过在污水处理厂建立集中热泵供热站或换热站，合理规划热能的输送半径等参数，使之与厂区内和周边建筑群优化匹配，争取全部污水的热能利用，增加污水处理厂的经济收益。

（3）对于拟建的规划区或开发区，结合各区域的建筑功能和地势、污水管渠的合理分合与走势、污水处理厂的合理位置等，从污水热能资源化的角度给出合理的建议和佐证材料。

14.2.2　规划的主要任务

污水热能资源化规划需要完成以下工作任务，以保证规划的科学性、前瞻性、实用性、指导性。

（1）通过现场调研，进行市区内各污水渠流量、水温、水深的实测，形成污水参数的基本数据库。这是污水热能资源化规划的基础，也是整个工作最艰辛、最重要的部分。

（2）根据渠深、流量、地质条件、利用负荷等情况，通过理论求解和数值仿真，建立水温的土壤缓冲能力模型，在此基础上给出污水热能利用点最小距离和最大供应面积的判据。这是分散式污水热能利用规划的理论基础与理论成果。

（3）根据污水处理厂的实际处理数据，分析污水处理的特点，绘制水量、水温的延续时间图，在此基础上确定合理的污水可利用温差和污水热能分散利用的最大规模。

（4）根据现场勘查数据和污水管网现状及近期规划图，确定污水主脉络图和污水汇出点，根据土壤缓冲模型确定各汇出点的允许最低温度，并规划出各主脉络的热能利用程度和规模。

（5）绘制污水热能分散利用的规划图纸，明确分散利用的准入原则。

（6）考察污水处理厂及其周边建筑或工业情况，在污水处理厂建设集中式热泵供热站为建筑物提供采暖，或建设换热站为工业提供冷却水，对热泵（换热）站的技术、规模、位置、供应半径、投资与收益等进行规划，并对这一区域的水资源利用做出规划和建议。

（7）对于新城区或者正在开发的区域，进行预先规划，结合各区域的建筑功能和地势，对污水管渠的合理分合与走势、污水处理厂的合理位置等提供规划建议，对这一区域某些建筑的采暖空调形式给出指导意见。

（8）在以上优化规划的基础上，对分散式和集中式利用分别进行污水热能资源化所带来的环保效益和经济效益的评估。在此基础上，分别计算给出分散式或集中式利用时，水务部门对建筑业主或污水处理厂每利用1t污水应该收取的合理费用（或每m² 建筑全年应该收取的污水利用费用）。

14.3　污水热能资源化规划原则

城市污水热能资源化规划主要包含污水处理厂集中利用规划、市区管渠分散利用规划以及新城区发展规划三部分。市区管渠分散利用的规划主要依据城市污水"脉络"的形式进行。由于各局部区域的污水流量和温度不一样，而且上下游之间的污水热能利用相互影响，这使得"点"规划在技术操作上不可行；而针对整个城市作单一的"面"规划又显得过于简单，给将来的污水热能项目审批带来困难。因此按照污水脉络进行规划和控制是折中的适当方法。由此形成的城市污水热能资源化规划应遵循以下原则：

（1）总量控制原则：为了避免市区内污水热能分散利用过度，对污水处理厂的污水达标处理造成太大冲击，必须对分散利用的总规模进行限制。限制措施有：

1）市区内所有污水源热泵工程（不论是在市区内哪条污水管渠上取水）的供应建筑面积之和，必须不得超过城市环保可供规模。

2）本着城市均衡发展的考虑，各污水主脉络上的所有污水源热泵工程的供应建筑面积之和，建议不超过该脉络的环保可供规模。

（2）局部控制原则：由于城市功能的多样性，发展的不均衡性，使得污水源热泵工程必须视具体情况灵活安排。安排的原则有：

1）在同一污水主脉络上，污水源热泵工程的位置在满足分散间距的前提下可以灵活安排，其规模在不超过该脉络"技术可供规模"的前提下可以灵活安排。

2）允许某一主脉络污水源热泵的规模在"环保可供规模"与"技术可供规模"之间灵活安排，但是所有主脉络的供应规模仍必须满足整个市区的总量控制。

（3）优先准入原则：为了尽快、充分地发挥污水源热泵的节能、环保优势，促进城市多元化健康发展，申请建设的污水源热泵规模首先不得超过"脉络剩余最大可供规模"，其次不得超过"城市剩余最大可供规模"，即可允许开工建设，无需考虑后续工程的可能性而予以限制。

（4）勘查准入原则：一个污水源热泵工程开工建设之前，必须对其污水源进行必要的现场勘查，在勘察数据的基础上确定其实际可供规模，避免上游利用对下游利用造成预计之外的冲击。没有经过勘查的工程不能获得批准。

14.4　污水热能资源化规划方法

城市污水热能资源化规划程序与方法如图 14-1 所示，具体如下：

（1）了解规划的目的与意义，明确评估与规划的任务，调查规划地的自然条件、气候条件、水文条件、城市规划目标、社会和经济现状、污水资源开发现状等基本情况，正确把握污水热能资源化环境评估与规划的方向和重点。熟悉相关的法律、法规和相关技术标准、规范，地方性准则、规划、政策、指导性建议等，保证评估与规划程序的科学性、前瞻性、实用性和指导性。

（2）调研城市污水管渠现状与未来规划，确定污水脉络以及勘查点的位置和基本参数；调研污水处理厂的各年运行数据，以及各污水提升泵站、水文观测站的运行数据。形成污水热能资源勘查方案，实施污水热能资源现场勘查，了解各主污水渠的尺寸、污水流量、水温、水深走向等污水热能参数和 pH、BOD、COD、SS、TDS、固态成分等水质参数，形成污水参数的基本数据库。这是污水热能资源化规划的基础，也是整个工作最艰辛、最重要的工作之一。

（3）对污水参数的基本数据库进行分析处理，得出诸如污水温度、流量等各种特征参数和分布趋势曲线，如水温和流量的延续时间图等，对有关技术难点进行理论分析或求解，为污水热能环境评估与规划作前期准备。

（4）对各污水脉络的热能资源进行评估，确定各脉络的评估计算流量、技术可利用温差和技术可供规模。

（5）对单位体积污水和单位供应建筑面积的污水热能资源化的初投资与运行费用进行分析，评估污水热能资源化的经济效益。

（6）对单位体积污水和单位建筑面积的污水热能资源化进行节煤、节电、减排效益评估。

（7）分别计算城市总量控制与脉络局部控制的环保利用温差、环保开采量与开采率、环保供应面积，进行城市污水热能分散利用规划。

（8）调研污水处理厂及其周边建筑或工业情况，进行供需匹配考察，计算污水处理厂处理排放水的热能集中利用供应能力与供应半径，对热泵（换热）站的技术、规模、位置、投资与收益等进行规划，对节能减排与经济效益进行评估，并对污水处理厂附近区域的水资源利用做出规划和建议。

（9）对于拟建的规划区或开发区，结合各区域的建筑功能和地势，对污水的流量按建筑面积或者人口进行合理地预测；对污水管渠的分合与走势、污水处理厂的合理位置、新城区污水热能资源化的规模、集中建设位置、建筑功能分布等，从污水热能资源化的角度给出合理化建议和佐证材料，对这一区域的建筑的采暖空调形式给出指导意见。

（10）在以上优化规划的基础上，对分散式和集中式污水热能资源化进行经济收益评估，建议水务部门对建筑业主或污水处理厂给出每利用 1t 污水应该收取的合理费用（或

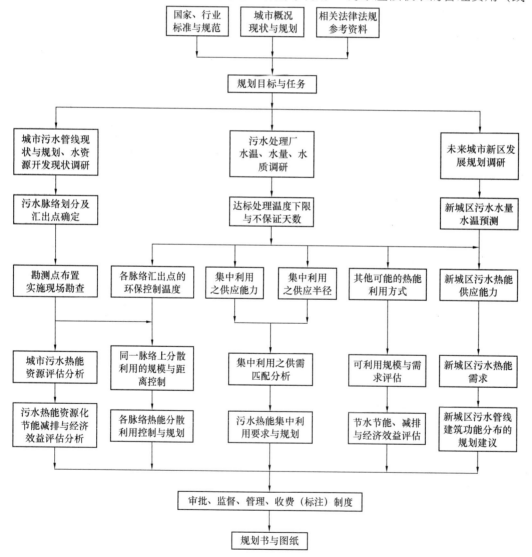

图 14-1   城市污水热能资源化规划程序与方法

每 m² 建筑全年应该收取的污水利用费用），完善城市污水利用的收费制度。

11. 完善污水热能资源化项目的审批、管理与运作模式，促进城市污水热能利用向产业化、市场化发展，统筹兼顾，实现节约燃煤、大气减排、经济创收、污水处理达标的多重目的，取得最大的社会效益。

12. 形成项目环境评估与规划书，内容包括但不限于上述各条。

14.5　污水热能开采收费的探讨

单纯从节约一次能源、减少大气污染物排放量、保护环境的角度来说，毫无疑问，政府、业主、工程师都应该大力推广污水热能资源化项目，但是从经济效益角度来说，只有在能取得较大经济效益的前提下，开发商和业主才可能选择污水热能资源化项目。

污水热能资源化项目的经济效益主要取决于电价。当电价为 0.85 元/(kW·h)时，污水源热泵的年运行成本将与接城市热网一样。当电价高于 0.85 元/(kW·h)时，污水源热泵虽依然节能减排，却会出现经济亏损。污水源热泵的经济性主要取决于电价和煤价之间的等值程度。

例如，1kg 标煤的热值为 7000kcal（合 29400kJ），其发电量为

$$P_{se} = \frac{29400 \times 0.33 \times 0.95}{3600} = 2.56(kW \cdot h)/kg$$

也就是说 1kg 标煤可以发电 2.56kW·h（发 1kW·h 电需要 0.39kg 标煤），如果按煤的单价为 750 元/t，那么煤的等值电价为

$$e = \frac{750}{2560} = 0.293 \, 元/(kW \cdot h)$$

而实际电价为 0.85 元/(kW·h)，说明火电提价太多，造成了污水源热泵节能费钱的局面。

污水热能作为一种公共资源，对其开采利用必须由政府相关部门进行统筹管理，并适当收取管理费。从鼓励污水热能资源化，鼓励变废为宝、节能减排的角度来看，管理费的收取不能过重，对大型项目可以考虑减缓、减免。在污水源热泵技术推广的起始阶段，应当免除。

管理费的收取可以有两种形式，方式一是一次性收取，即根据污水热能资源化工程的规模一次性收取污水热能开采管理费，该种方式的管理费收取与工程建设的投资回收年限密切相关，投资回收年限越短，管理费收取比例可以适当增加。开采管理费一般按照项目投资的一定比例进行收取，该种方式一般在经济收益不是很明显的南方地区（以空调为主）适用。方式二是逐年收取。逐年按照工程规模（建筑面积）收取污水热能开采管理费，必须以污水源热泵工程的实际经济收益为基础。经济收益是指：工程业主建设污水源热泵供热站，收取用户热费，在扣除投资、折旧、人工、运行等费用后实现的利润；或者与接入城市热网相比节省了的采暖费。年开采费可按照年经济收益的一个较小比例进行收

取，而究竟以多大的比例收取合适，需要根据具体工程的规模、效益、地理位置、当地经济水平、当地政策等因素，研究论证决定。

单位建筑面积年开采管理费的计算公式为：

$$f_{\mathrm{g}} = \left[\frac{i\,(1+i)^n}{(1+i)^n - 1}(C_{\mathrm{hn}} - C_{\mathrm{hp}}) + f_{\mathrm{hn}} - \frac{24 \times N \cdot q \cdot \varphi}{COP_{\mathrm{m}}} \cdot k \cdot e \right] \cdot \eta \qquad (14\text{-}1)$$

式中　　f_{g} ——污水热能开采管理费，元 /m²；

　　　　i ——资金回收系数，一般取 10%；

　　　　n ——设备使用寿命，一般为 25 年；

　　　C_{hn} ——单位面积热网入网费，元 /m²；

　　　C_{hp} ——单位面积热泵站造价，元 /m²；

　　　f_{hn} ——单位面积包烧费，元 /m²；

　　　　N ——采暖天数，d；

　　　　q ——单位面积热负荷指标，kW /m²；

　　　　φ ——平均负荷系数，与室外气温密切相关；

　　COP_{m} ——热泵系统平均效能，与污水温度密切相关；

　　　　k ——辅助能耗扩容系数，一般为 1.2～1.3；

　　　　e ——污水源热泵用电电价，元 /(kW · h)；

　　　　η ——管理费收取比例，例如可取 5%。

参考文献

[1] 钱剑峰，任启峰，徐莹，等. 污水源热泵系统污水侧声空化防除垢与强化换热特性研究[J]. 太阳能学报，2018，39(10)：2728-2736.

[2] 庄兆意，刁乃仁，张承虎，等. 直接式污水源热泵机组两换热器的设计计算[J]. 山东建筑大学学报，2012，27(06)：592-596.

[3] 吴德珠，张承虎. 污水调节池对污水热能利用影响研究[J]. 能源与节能，2012(07)：53-55.

[4] 段万军，马世君，丁力群，等. 城市污水换热器的方案对比与设计[J]. 节能技术，2012，30(03)：228-232.

[5] 赵宏伟，张承虎，李智，等. 矩形汽水管式热网加热器结构创新与应用[J]. 节能技术，2012，30(03)：199-202.

[6] 庄兆意，齐杰，张承虎，等. 直接式污水源热泵系统的关键技术分析[J]. 暖通空调，2011，41(10)：96-101.

[7] 庄兆意，张承虎，潘亚文，等. 直接式污水源热泵规模化利用及其关键技术分析[J]. 可再生能源，2011，29(03)：141-145.

[8] 吴学慧，孙德兴，杨维好. 纳米涂层在污水源热泵中的抗垢性研究[J]. 中国矿业大学学报，2011，40(03)：357-361.

[9] 孙德兴，张承虎，庄兆意. 污水源热泵供暖空调中的新概念与新名词[J]. 暖通空调，2010，40(06)：126-129.

[10] 徐莹. 城市污水流变与换热特性研究[D]. 哈尔滨：哈尔滨工业大学，2009.

[11] 徐莹，李鑫，伍悦滨，等. 污水源热泵系统中换热器污垢热阻的实验研究[J]. 暖通空调，2009，39(05)：67-70.

[12] 钱剑峰，张力隽，张吉礼，等. 直接式与间接式污水源热泵系统供热性能分析[J]. 湖南大学学报(自然科学版)，2009，36(S2)：94-98.

[13] 庄兆意，吴德珠，张承虎，等. 污水源热泵机组夏季运行工况实测与分析[J]. 可再生能源，2009，27(06)：109-112.

[14] 庄兆意，孙德兴，张承虎，等. 污水源热泵系统优化设计[J]. 暖通空调，2009，39(09)：111-114.

[15] 徐莹，张承虎，孙德兴. 城市污水源热泵工质流变特性研究[J]. 节能技术，2009，27(03)：201-204.

[16] 黄磊. 污水厂二级出水用于污水源热泵系统几个问题的探讨[D]. 哈尔滨：哈尔滨工业大学，2008.

[17] 张力隽. 污水源热泵直接系统技术要点及其与间接系统的比较[D]. 哈尔滨：哈尔滨工业大学，2008.

[18] 赵明明. 热泵冷热源污水的换热特性研究[D]. 哈尔滨：哈尔滨工业大学，2008.

[19] 张承虎. 提取冷水凝固潜热的换热理论与装置[D]. 哈尔滨：哈尔滨工业大学，2008.

[20] 吴荣华，徐莹，孙德兴，等. 污水源热泵渠温受地温作用下的温变模型[J]. 哈尔滨工业大学学报，2008，40(12)：1986-1990.

[21] 庄兆意，徐莹，李鑫，等. 污水源热泵机组冬季运行工况实测与分析[J]. 暖通空调，2008(11)：133-136.

[22] 庄兆意，贾眖烨，孙德兴. 变频技术在污水源热泵系统中的应用研究[J]. 可再生能源，2008(05)：63-67.

[23] 吴荣华，徐莹，孙德兴，等. 污水源热泵干渠取水降温后的可恢复特性[J]. 哈尔滨工业大学学报，2008(06)：901-904.

[24] 庄兆意. 污水源热泵系统的工况研究与优化设计[D]. 哈尔滨：哈尔滨工业大学，2007.

[25] 李鑫. 污水源热泵系统中换热器内污垢生长特性研究[D]. 哈尔滨：哈尔滨工业大学，2007.

[26] 张承虎，吴荣华，刘志斌，等. 污水源热泵系统双级水泵运行特性研究[J]. 哈尔滨工业大学学报，2007(10)：1601-1605.

[27] 马广兴，孙德兴. 某宾馆污水源热泵空调系统冰蓄冷空调的应用[J]. 山西建筑，2007(09)：179-180.

[28] 吴荣华，孙德兴，张成虎，等. 城市污水源热泵的应用与研究现状[J]. 哈尔滨工业大学学报，2006(08)：1326-1329.

[29] 吴荣华. 城市原生污水源热泵系统研究与工程应用[D]. 哈尔滨：哈尔滨工业大学，2005.

[30] 张承虎，吴荣华，马广兴，等. 污水源热泵系统污水干渠横向取水研究[J]. 哈尔滨商业大学学报(自然科学版)，2005(05)：583-587.

[31] 吴荣华，孙德兴，马广兴. 城市污水源热泵系统的节能与环保评价法[J]. 中国给水排水，2005(12)：103-106.

图书在版编目(CIP)数据

城市污水热能资源化理论与技术应用 = Theory and
Technology Application of Urban Sewage Thermal
Energy Resource Utilization / 张承虎，黄欣鹏，孙德
兴编著. — 北京：中国建筑工业出版社，2021.6
（城市能源碳中和丛书）
ISBN 978-7-112-26231-1

Ⅰ. ①城… Ⅱ. ①张… ②黄… ③孙… Ⅲ. ①城市污
水处理－资源化－研究 Ⅳ. ①X703

中国版本图书馆 CIP 数据核字(2021)第 118902 号

丛书策划：齐庆梅　张文胜
责任编辑：齐庆梅
责任校对：张　颖

城市能源碳中和丛书

城市污水热能资源化理论与技术应用

Theory and Technology Application of Urban Sewage Thermal
Energy Resource Utilization

张承虎　黄欣鹏　孙德兴　编著

*

中国建筑工业出版社出版、发行(北京海淀三里河路9号)
各地新华书店、建筑书店经销
北京红光制版公司制版
北京建筑工业印刷厂印刷

*

开本：787 毫米×1092 毫米　1/16　印张：17¾　字数：404 千字
2021 年 6 月第一版　　2021 年 6 月第一次印刷
定价：**88.00** 元
ISBN 978-7-112-26231-1
(37256)